高等院校数字艺术精品课程系列教材

3ds Max
三维艺术与设计50课

全彩慕课版

黄亚娴 魏丽芬 主编 / 吴喜华 尹燕 万蔚 副主编

人民邮电出版社

北　京

图书在版编目（CIP）数据

3ds Max三维艺术与设计50课：全彩慕课版 / 黄亚
娴，魏丽芬 主编. -- 北京：人民邮电出版社，2023.11
高等院校数字艺术精品课程系列教材
ISBN 978-7-115-61806-1

Ⅰ. ①3… Ⅱ. ①黄… ②魏… Ⅲ. ①三维动画软件－
高等学校－教材 Ⅳ. ①TP391.414

中国国家版本馆CIP数据核字(2023)第088980号

内 容 提 要

全书共 12 章，50 课时，首先介绍了 3ds Max 的基本操作，包括熟悉 3ds Max 操作界面、三维软件工作流程；然后系统讲解了工作中常用的各种建模方法，包括修改器建模、二维图形建模，以及最重要的多边形建模；接着讲解了灯光与摄影机的建立与设置方法，在材质与贴图教学单元，详细讲解了材质编辑器的使用方法，以及高级物理材质的应用技巧；而后又对环境效果、场景渲染设置进行了详细的讲解；最后讲述了动画设置方法、轨迹视窗的操作技巧，以及粒子系统的设置方法。本书配备了丰富的项目案例，每个案例都是一个典型的设计模板，读者可以直接将其套用到实际的工作中。

本书采用"教程+案例"和"完全案例"的编写形式，技术实用，讲解清晰。本书不仅可以作为图像处理和平面设计初、中级读者的学习用书，也可以作为大中专院校相关专业及平面设计培训班的教材。

◆ 主　　编　黄亚娴　魏丽芬
　　副主编　吴喜华　尹　燕　万　蔚
　　责任编辑　刘　佳
　　责任印制　王　郁　焦志炜
◆ 人民邮电出版社出版发行　　北京市丰台区成寿寺路 11 号
　　邮编　100164　电子邮件　315@ptpress.com.cn
　　网址　https://www.ptpress.com.cn
　　天津市银博印刷集团有限公司印刷
◆ 开本：787×1092　1/16
　　印张：14.25　　　　　　　　2023 年 11 月第 1 版
　　字数：473 千字　　　　　　 2023 年 11 月天津第 1 次印刷

定价：79.80 元

读者服务热线：(010)81055256　印装质量热线：(010)81055316
反盗版热线：(010)81055315
广告经营许可证：京东市监广登字 20170147 号

FOREWORD ——————————————— 前言

本书全面贯彻党的二十大精神，以社会主义核心价值观为引领，传承中华优秀传统文化，坚定文化自信，使内容更好体现时代性、把握规律性、富于创造性。

为了配合院校教学的开展，本书采用了最新形式的课堂教学结构，展开对知识内容的讲述。教师可以将本书的内容无缝地安插到教学课程中，这大大减少了教师的课前准备工作。

全书采用"教程 + 案例"和"完全案例"的形式编写，极大地降低了学生的学习难度。书中每个教学单元都配备了教学视频，便于教师备课，以及学生在上课前的预习。另外，本书还附带了教学源文件和素材文件，便于教学工作的开展和学生学习的温故。

- ■ 配合教学。全书内容共分为 50 课时，每个课时都按照 45 分钟的教学课时编排，便于课堂教学。
- ■ 无缝并入教学课时。全书 50 课时的教学内容可以分为必修课和选修课两部分，如果教学课时较短，全书可以压缩至 35 个必修课时展开教学，其他选修课内容可以交由学生课下演练。如果教学课时灵活，可以将选修课并入课堂，带领学生学习。
- ■ 视频讲解。全书在每个课时、每个技术难点的位置都配备了专业严谨的视频教学内容，教师可以借鉴这些教学视频开展课前准备工作，学生可以在课前观看视频进行预习。
- ■ 专业编写团队。本书集合了几十位一线教师的多年教学经验讲述内容贴合学校教学形式，易于学生学习掌握。
- ■ 迎合行业就业。本书编排了丰富的教学案例，这些案例都取自实际的工作中，这可以使学生的学习更加真实地贴合实际工作中的行业要求。

本书由黄亚娴，魏丽芬任主编，吴喜华、尹燕任副主编。由于编者水平有限，书中难免有疏漏之处，敬请读者批评指正。

编者
2023 年 6 月

CONTENTS —————————— 目录

CONTENTS 目录

CONTENTS ———————————————— 目录

CONTENTS

第8章 材质与贴图

第9章 环境效果设置

CONTENTS ——————————————————————————— 目录

CONTENTS ——————————————— 目录

3ds Max 是目前最专业的三维软件之一，该软件由 Autodesk 公司推出，是一个基于 Windows 操作系统的优秀三维制作软件。因其具有应用范围广泛、功能强大、易于学习和掌握等优点，而深受广大用户的喜爱。3ds Max 自 1996 年正式面世以来已经荣获了近百项行业大奖，获得了业内人士的诸多好评。当前软件最新版本为 3ds Max 2022，相对于老版本，该软件功能更强大，具有更强的交互性和兼容性。

本章将为读者介绍 3ds Max 2022 的工作环境和基础操作，使读者快速进入 3ds Max 三维制作的精彩世界。

学习目标

◆ 熟悉 3ds Max 在行业中的作用与地位
◆ 简单掌握软件界面布局与功能分布
◆ 了解整个软件的工作流程

1.1 课时 1：3ds Max 在工作中有何优势？

3ds Max 支持多种类型的建模方法，在材质编辑、动画设定、渲染输出、合成特效等方面有着优秀的表现，所以该软件的应用范围非常广泛。下面简单了解一下 3ds Max 在设计行业中的应用效果。

学习指导：

本课内容属于选修课。

本课时的学习时间为 30~40 分钟。

本课的知识点是熟悉 3ds Max 在行业中的应用。

1.1.1 工业造型设计

3ds Max 拥有多种建模方法，使我们在表现模型的结构与形态时更为精确，且结合强大的材质、灯光和渲染功能，可使对象质感更为逼真，因此 3ds Max 常被应用于工业产品设计中，图 1-1 和图 1-2 为使用 3ds Max 创建的工业造型效果图。

图 1-1

图 1-2

1.1.2 建筑效果展示

3ds Max 与著名的建筑制图软件 AutoCAD 同为 Autodesk 公司的产品，具有很好的兼容性，将这些软件配合使用，可以使建筑模型在保证视觉效果的同时又不失准确性，从而将建筑效果图表现得淋漓尽致。图 1-3 和图 1-4 为使用 3ds Max 创建的建筑效果图。

图 1-3

图 1-4

1.1.3　广告和视频特效

动画设置功能是 3ds Max 的重要组成部分，在 3ds Max 中，对象的自身属性、变换参数、形体编辑、材质等参数大多数都可以设置为动画。这些特点使 3ds Max 成为制作影视广告和片头等动画的首选软件。图 1-5 为使用 3ds Max 制作的短片截图。

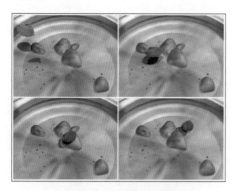

图 1-5

1.1.4　游戏开发

3ds Max 在角色动画制作方面的能力日益强大，整合完善了角色动画模块、骨骼系统功能，等针对角色动画的编辑修改器。现在通过 3ds Max，用户可以创建各式各样的虚拟现实效果以及生动逼真的动画场景，全方位胜任游戏的开发工作。图 1-6 和图 1-7 为使用 3ds Max 制作的游戏内容截图。

图 1-6

图 1-7

1.2　课时 2：3ds Max 的界面有何特点？

初学 3ds Max 的读者，需要对软件的界面和布局有所熟悉和认识，这样可以尽快进入 3ds Max 的创作空间。下面来熟悉 3ds Max 2022 的工作界面和功能布局。

学习指导：

本课内容属于必修课。

本课时的学习时间为 30~40 分钟。

本课的知识点是熟悉 3ds Max 2022 的界面与布局。

课前预习：

扫描二维码观看视频，对本课知识点进行学习和演练。

1.2.1　初始化界面

在安装完成 3ds Max 2022 后，启动软件进入软件主界面，如图 1-8 所示。界面的默认颜色为灰黑色，较暗的界面色彩可以保护我们的眼睛。

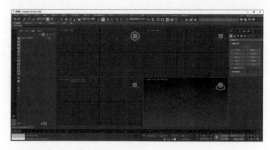

图 1-8

灰黑色的用户界面虽然非常炫酷，但并不适合图书的插图演示与印刷，所以在讲解之前，本书对软件的初始界面进行了更改。读者可以根据自己的喜好及应用范围进行更改，或者保持 3ds Max 2022 默认的用户界面。

（1）执行"自定义"→"自定义默认设置切换器"命令，打开"自定义 UI 与默认设置切换器"对话框。

（2）在"用户界面方案"列表框中选择"ame-light"选项，如图 1-9 所示。

图 1-9

（3）单击"设置"按钮，系统会加载所选择的界面方案，在加载完毕后将弹出"自定义 UI 与默认设置切换器"警示框，提示用户在下次重新启动 3ds Max 时生效，如图 1-10 所示。

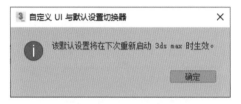

图 1-10

（4）关闭 3ds Max 2022，再次启动后软件会显示为亮灰色界面。

3ds Max 拥有强大丰富的功能，所以其软件界面包含的模块也非常丰富。通过归纳，可以将 3ds Max 的界面定义为 12 个区域，如图 1-11 所示。接下来对其逐一进行学习。

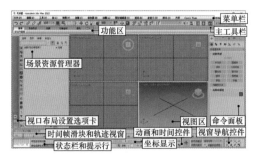

图 1-11

1.2.2 标题栏与菜单栏

在 Windows 操作系统下工作的软件，其界面布局形式是基本相同的。3ds Max 软件界面的上端是标题栏和菜单栏。标题栏会显示当前文档的名

称和软件的名称。菜单栏则包含了 3ds Max 所有的菜单命令。

单击"文件"菜单则会展开与文档操作相关的命令内容。菜单中有些命令选项显示为灰色，表明该命令当前不可执行；有些命令名称的右侧会显示相应的快捷键，通过按快捷键可以快速地调用指定的命令；有些命令名称后还带有黑色三角，单击黑色三角即可弹出其下一级子菜单；有些命令后带有省略号，执行该命令会弹出设置对话框，如图 1-12 所示。

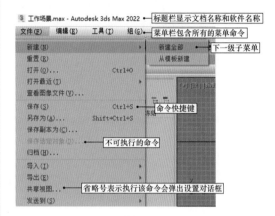

图 1-12

1.2.3 主工具栏

在菜单栏的下方就是主工具栏，主工具栏包含了常用的对象变换与管理命令按钮，如图 1-13 所示。

图 1-13

主工具栏包含的工具按钮非常多，如果当前显示器无法显示完整的主工具栏，可以将鼠标光标置于主工具栏的空白处，光标将变为手掌形态，拖曳鼠标可以左右移动主工具栏的内容，将隐藏的工具按钮显示在界面中，如图 1-14 所示。

图 1-14

1.2.4 功能区

在主工具栏的下端是功能区，功能区为用户提供了多边形建模操作中的各项工具面板。在功能区选择"建模"选项卡，然后单击"多边形建模"面板按钮，即可展开与多边形建模相关的命令按钮，如图 1-15 所示。

图 1-15

在功能区的右侧有"显示完整的功能区"按钮和"显示设置"按钮。单击"显示完整的功能区"按钮,功能区将完整显示。单击"显示设置"按钮,即可打开"显示设置下拉菜单",在下拉菜单中可以选择不同的显示方式,如图 1-16 所示。

图 1-16

1.2.5 场景资源管理器

为了对场景内的对象进行管理,3ds Max 提供了"场景资源管理器"面板,场景内所有的对象将会以列表的形式在面板内展示。

在菜单栏执行"文件"→"打开"命令,打开本书附带文件 /Chapter-01/ 餐厅 .max。在"场景资源管理器"面板中可以看到,场景中所有的对象都以列表形式陈列出来,如图 1-17 所示。

图 1-17

利用"场景资源管理器"面板可以对场景对象进行快速选择,对于一个大型三维场景来讲,"场景资源管理器"的作用还是非常重要的,它可以使对象编辑工作变得更加清晰和有条理。

1.2.6 工作视图

在整个 3ds Max 的工作界面中,工作视图占据了大部分的区域空间。工作视图是用户在工作时最为重要的视图窗口。默认状态下,视图区共划分成 4 个面积相等的视图,分别为"顶"视图、"前"视图、"左"视图、"透视"视图,带有黄框的视图是当前被激活的工作视图,如图 1-18 所示。

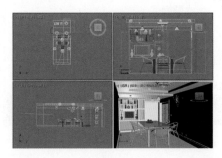

图 1-18

根据工作需求,还可以对当前工作视图的布局方式进行调整。将鼠标光标置于工作视图的分割线位置,鼠标光标将变为箭头状态,单击并拖动鼠标即可对窗口的布局方式进行调整,如图 1-19 所示。在工作视图的分割线位置右击会弹出"重置视图"命令,选择该命令后视图布局会恢复至初始状态。

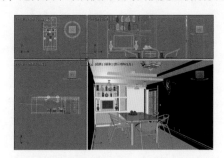

图 1-19

在软件界面的最左侧提供了"视口布局设置"选项卡,单击"创建新的视口布局选项卡"按钮,可以打开"标准视口布局"设置面板,在面板中选择新的视口布局形式,视口布局会根据设置进行调整,如图 1-20 所示。

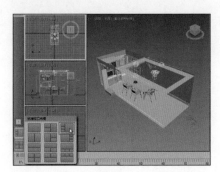

图 1-20

1.2.7 面板区域

在视图窗口的右侧是面板区域，在 3ds Max 中面板区域是最重要的功能模块，其中包含了创建对象、编辑对象、设置动画等多种功能。面板区域包含 6 组选项卡按钮，分别为建立、修改、层次、运动、显示、实用工具，如图 1-21 所示。选择对应的选项卡按钮，即可打开该面板。由于面板区域中包含的命令非常繁杂，在学习相关功能时再进行详细讲述，在此就不再讨论了。

图 1-21

1.2.8 动画控制及其他辅助功能区域

在 3ds Max 软件界面的下端区域，包含了丰富的命令按钮和信息展示内容。这些内容主要分为动画设置功能区、视图控制功能区，以及辅助信息展示区。

1. 时间滑块与轨迹视窗

在视图的下端是时间滑块与轨迹视窗区域，拖动时间滑块可以在不同的时间设置动画，单击"打开迷你曲线编辑器"按钮可以打开"轨迹视窗"窗口，在"轨迹视窗"中可以对动画帧进行精确控制，如图 1-22 所示。

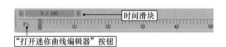

图 1-22

2. 状态栏和提示行

在 3ds Max 工作界面的左下角是状态栏和提示行区域。左侧的文本框是"MAXScript 迷你侦听器"显示栏。右侧上端是状态栏，显示了当前所选择的物体数目、坐标位置和目前视图的网格单位等内容。右侧下端的文字是提示行，使用简单明了的语言提示用户在当前状态下可以执行什么操作，如图 1-23 所示。

图 1-23

在 3ds Max 中可以使用"MAXScript"脚本语言编写所有的操作命令，"MAXScript 迷你侦听器"显示栏用于显示脚本在场景中执行时的状态。

3. 坐标显示区域

坐标显示区域主要用于显示当前选择对象在场景中的坐标位置。对坐标参数进行修改，可以调整对象在场景中的位置。单击"孤立当前选择对象"按钮，视图内将单独显示选择的对象内容，其他对象将会隐藏。单击"选择锁定切换"按钮，会将选择的对象进行锁定，其他对象将无法选择，如图 1-24 所示。

图 1-24

4. 动画控制与视图调整

在 3ds Max 软件界面的右下角，分别是动画设置命令区域与视图调整命令区域，如图 1-25 所示。执行"动画和时间控件"命令，可以在场景中设置动画，查看动画效果。

执行"视图导航控件"命令，可以对当前视图的显示状态进行调整。工作视图的调整与管理是非常重要的操作，因为在工作中需要频繁地调整视图，观察场景。对于这些操作方法，读者可以参考本节教学视频进行学习。

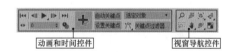

图 1-25

1.3 课时 3：完成第一个场景动画

当设计师接到一项三维设计项目时，首先要对制作内容进行规划，然后进行具体的制作工作。三维设计项目包含的技术内容还是非常丰富的，整体来看可以分为 5 个环节：建立模型、设置材质、设置灯光和摄影机、设置动画，以及渲染与输出，如图 1-26 所示。

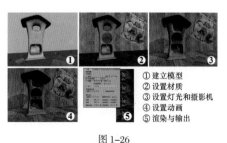

① 建立模型
② 设置材质
③ 设置灯光和摄影机
④ 设置动画
⑤ 渲染与输出

图 1-26

如果三维制作项目内容比较简单单一，例如室内效果图制作，那么整个制作过程可以由一个人完成；如果项目内容非常庞大繁杂，例如，动画片或动画电影，那么就会成立制作团队，由多人配合制作完成整个项目。无论是一人工作，还是多人配合工作，其工作分工和制作流程都是按照上述 5 个环节进行的。下面通过具体的操作，对 3ds Max 的工作流程作简单的了解。

学习指导：

本课内容属于必修课。

本课时的学习时间为 40~50 分钟。

本课的知识点是熟悉 3ds Max 的工作流程。

课前预习：

扫描二维码观看视频，对本课知识进行学习和演练。

1.3.1 建立模型

在开始项目工作时，第一项工作内容往往是建立模型。因为当前的场景是空白的，需要把设计项目中的各项内容都搭建出来。3ds Max 提供了丰富的建模方法，几乎包含了当前计算机三维环境中所有的建模方法。

简单的建模方法有基础型和复合对象建模方法，复杂的建模方法有网格、多边形、面片和 NURBS 建模方法。图 1-27、图 1-28 所示为使用 3ds Max 创建的两个室内场景。关于建模方法将在本书第 3 ~ 6 章中进行详细的讲解。

图 1-27

图 1-28

1.3.2 设置材质

场景模型建立完毕后，接下来就是为模型设置材质与贴图。材质和贴图在三维设计工作中占有十分重要的地位，准确地设置材质可以让模型呈现逼真的形态。

3ds Max 提供的材质和贴图功能非常强大，所有现实世界中的质感都可以模拟出来。有关材质与贴图的知识将在本书第 8 章进行具体详解。下面通过具体操作来了解材质的设置方法。

（1）打开本书附带文件 /Chapter-01/ 宇宙勘测 .max。在主工具栏选择"选择对象"工具，在"透视"视图中选择"飞行器"对象，如图 1-29 所示。

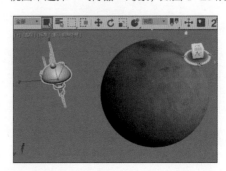

图 1-29

（2）在主工具栏单击"材质编辑器"按钮，打开"Slate 材质编辑器"对话框，如图 1-30 所示。

提示

当按下键盘上的 <M> 键，可以快速打开"材质编辑器"对话框。如果无法顺利打开，请检查输入法是否为英文输入法。

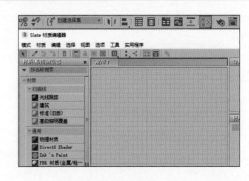

图 1-30

（3）在"Slate 材质编辑器"对话框的左侧是"材质 / 贴图浏览器"面板，展开"材质"→"通用"卷展栏，该卷展栏内包含了最常用的材质类型。

（4）在"通用"卷展栏内双击"物理材质"，此时在"视图 1"面板内会建立一个材质类型为"物理材质"的新材质，如图 1-31 所示。

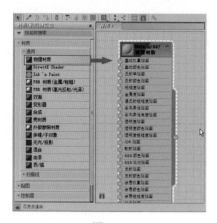

图 1-31

（5）在"Slate 材质编辑器"对话框的右下角是"材质参数"面板，面板内展示了当前材质的所有参数。

（6）在"材质参数"面板的"预设"卷展栏内，选择"上光陶瓷"材质预设选项，此时材质将会模拟陶瓷的质感，如图 1-32 所示。

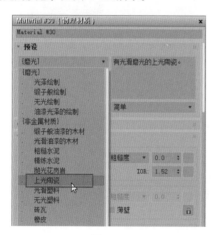

图 1-32

（7）在"基础颜色和反射"参数组内，单击"基础颜色"色块，在弹出的"颜色选择器"对话框中将"基础颜色"色块设置为浅蓝色，如图 1-33 所示。

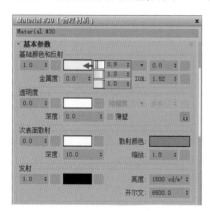

图 1-33

（8）此时材质就设置好了，接下来需要将材质指定给选择模型对象。在"Slate 材质编辑器"对话框的工具栏内单击"将材质指定给选定对象"按钮，材质将会赋予当前选择的模型，如图 1-34 所示。

图 1-34

（9）关闭"Slate 材质编辑器"对话框，在主工具栏单击"渲染产品"按钮，对当前被激活的"透视"视图进行渲染，查看模型设置材质后的效果，如图 1-35 所示。

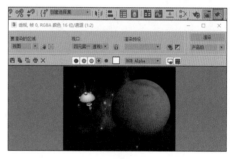

图 1-35

1.3.3 设置灯光和摄影机

场景建模和材质设置工作完成后，就需要添加灯光和摄影机，灯光决定了场景的光源方向、整体气氛和阴影分布等因素；摄影机决定了视图视角、透视关系等因素，另外摄影机本身也可以设置动画。灯光与摄影机的设置，是优秀三维作品的关键。有关灯光和摄影机具体的使用方法，将在本书第 7 章中进行详细讲解。下面通过具体操作来了解灯光与摄影机设置方法。

（1）继续第 1.3.2 小节的操作，在"创建"面板上端，单击"摄影机"按钮，然后在"对象类型"卷展栏内单击"目标"命令按钮。接着在"备用镜头"选项组内选择"24mm"选项，设置摄影机镜头焦距。

（2）此时可以在场景内创建目标摄影机，在

"顶"视图内由左至右单击并拖动鼠标即可创建目标摄影机,如图1-36所示。

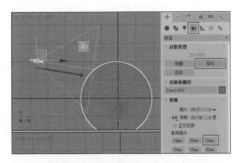

图1-36

（3）在主工具栏内单击"选择并移动"命令按钮,在"顶"视图和"前"视图对摄影机位置进行调整。

（4）单击"透视"视图,视图被激活,然后按下<C>键,将"透视"视图转变为摄影机视图,如图1-37所示。

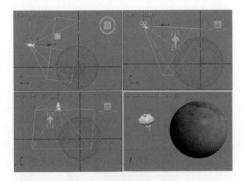

图1-37

（5）在"创建"面板上端单击"灯光"按钮,然后在面板上端的灯光类型下拉栏内选择"标准"选项,接着单击"目标平行光"按钮,在"顶"视图单击并拖动鼠标,即可创建目标平行光对象,如图1-38所示。

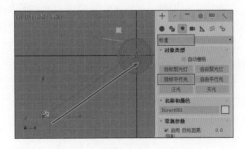

图1-38

（6）使用"选择并移动"工具在"顶"视图和"前"视图中分别对灯光对象的位置进行调整,如图1-39所示。

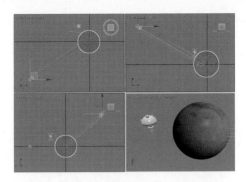

图1-39

（7）打开"修改"命令面板,对新建立的目标平行光的参数进行设置,如图1-40所示。

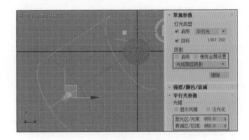

图1-40

（8）打开"创建"面板,在"标准"灯光类型中单击"泛光"按钮,在"顶"视图内单击建立泛光灯,如图1-41所示。

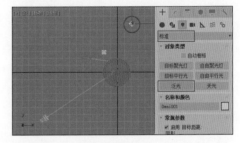

图1-41

（9）打开"修改"命令面板,对新建立的泛光灯对象的参数进行设置,如图1-42所示。

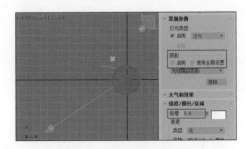

图1-42

（10）设置完毕后,激活"摄影机"视图,在主工具栏内单击"渲染产品"按钮渲染场景,观察设置灯光后的效果,如图1-43所示。

图 1-43

1.3.4 设置动画

灯光和摄影机设置完毕后，就需要进行动画的设置。在 3ds Max 中几乎所有的对象参数都可以定义为动画，例如：对象位置、角度、尺寸、材质信息等。现实世界中所有的动画效果都可以在 3ds Max 中模拟出来。有关动画的相关知识，将在本书第 11 章和第 12 章中进行详细的讲解。下面通过具体的操作来了解动画的设置方法。

（1）继续 1.3.3 小节的操作，在"场景资源管理器"面板内单击"飞行器"对象，将其同时选择，如图 1-44 所示。

图 1-44

（2）在视图下端向右拖动时间滑块，调整其位置至第 100 帧位置，在动画设置按钮区域单击"自动关键点"按钮，此时会打开自动创建关键帧模式，如图 1-45 所示。

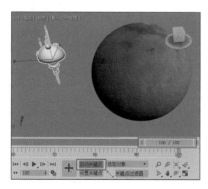

图 1-45

（3）选择"选择并移动"工具，在"顶"视图沿 x 轴和 y 轴向左下方移动飞行器模型，如图 1-46 所示。此时时间滑块下端将会自动创建关键帧。

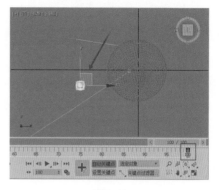

图 1-46

（4）选择"选择并旋转"工具，在视图下端的变换参数栏内将 z 轴参数设置为 175.0，如图 1-47 所示。

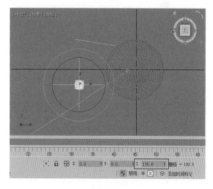

图 1-47

（5）此时动画已经设置完毕，单击"自动关键点"按钮关闭自动创建关键帧模式。

（6）在动画控制按钮区域单击"播放动画"按钮，对设置的动画效果进行观察，如图 1-48 所示，可以看到"飞行器"模型组旋转着飞行至视图以外的区域。

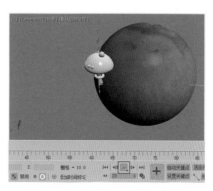

图 1-48

1.3.5　渲染与输出

　　场景的渲染与输出是工作流程中最后一个环节。只有对场景进行渲染，才能看到场景中的材质、照明、大气效果的最终设置效果。如果场景内没有设置动画，场景只需渲染一个静态的画面就可以。激活渲染视图后，在主工具栏中单击"渲染产品"按钮，即可将视图进行渲染。

　　如果场景中包含动画设置，就需要将场景渲染输出为视频文件，或者渲染成带有序列编号的图片。有关具体的渲染技术，将在本书第 10 章中进行详细的讲解。接下来通过简单的操作将当前场景渲染为动画视频。

　　（1）在菜单栏执行"渲染"→"渲染设置"命令，打开"渲染设置"对话框。

　　（2）在"公用参数"卷展栏下的"时间输出"选项组中，单击"范围"单选按钮，此时可以定义渲染动画的时间帧范围。在"输出大小"选项组内可以设置渲染动画的尺寸，如图 1-49 所示。

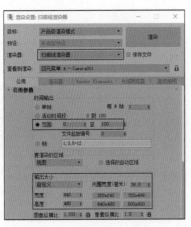

图 1-49

　　（3）在"渲染输出"选项组中单击"文件"按钮，会弹出"渲染输出文件"对话框，在对话框内设置渲染输出文件的文件名、文件格式，以及保存位置，定义动画视频的保存方式，如图 1-50 所示。

提示

　　渲染动画时，保存设置是非常重要的。如果不设置保存路径，那么最终渲染结果将无法保存。

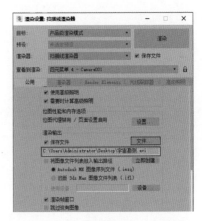

图 1-50

　　（4）最后单击"渲染"按钮，对动画场景进行渲染。完毕后，可以从指定的保存路径找到动画文件。读者也可以打开本书附带文件 /Chapter-01/宇宙勘测 .avi，观察生成后的动画效果。

通过前面讲述的内容，大家已经对 3ds Max 的工作环境和工作流程有了一些认识。接下来将学习 3ds Max 中常用的基础操作，内容包括创建对象的方法、选择对象的方式、对象变换操作，以及多种对齐命令。另外，还会讲述辅助绘图工具的使用方法，通过这些辅助工具可以精确定位对象的位置，使创建的模型更加精确。

学习目标

◆ 熟练掌握对象的选择与管理方法

◆ 熟练掌握各种变换操作工具

◆ 正确理解不同复制操作之间的区别

◆ 熟练掌握辅助工具的使用方法

2.1 课时 4：如何创建与选择对象？

在 3ds Max 中创建对象的方法非常灵活，通过"创建"菜单和"创建"面板中的命令，可以创建各种对象。

在对创建对象进行调整与编辑之前，需要先选择对象。3ds Max 提供了丰富且高效的对象选择方式，通过这些方式，用户可以快速准确地选择目标对象。本课将详细讲述创建与选择对象。

学习指导：

本课内容属于必修课。

本课时的学习时间为 40~50 分钟。

本课的知识点是熟悉创建对象的流程，熟练掌握对象的选择方法。

课前预习：

扫描二维码观看视频，对本课知识点进行学习和演练。

2.1.1 创建对象

在 3ds Max 中可以通过多种途径创建对象。在菜单栏中执行"创建"菜单的各项命令可以创建对象；也可以打开"创建"面板，单击相应的按钮创建对象。

通常情况下，对象的创建包含三个基本步骤：首先执行创建对象命令；然后激活一个视口确认创建对象的位置；最后通过单击并拖动鼠标定义对象的基本创建参数。

1. 通过菜单命令创建对象

"创建"菜单栏包含了所有可以创建的对象，用户可以通过执行菜单中的命令创建对象。在菜单栏选择"创建"命令展开"创建"菜单，观察该菜单中的灰色分割线，可以发现创建对象被分为了 5 个大类，如图 2-1 所示。

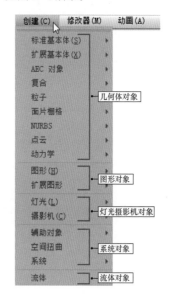

图 2-1

在菜单栏中执行"创建"→"标准基本体"→"茶壶"命令，然后在"透视"视图中单击并拖动鼠标，即可创建茶壶对象，如图 2-2 所示。

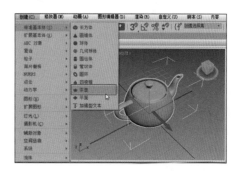

图 2-2

2. 使用创建面板创建对象

在软件界面的右侧是"创建"面板，"创建"面板中为用户提供了 7 个次命令面板，分别是"几何体""图形""灯光""摄影机""辅助对象""空间扭曲"和"系统"次面板。选择不同的次面板，即可创建对应的对象。

"创建"面板在默认状态下，显示的是"几何体"次面板，在该面板的下拉列表中，为用户提供了不同类型的几何体，选择不同的选项，即可创建相对应的几何体对象。在下拉列表内选择"粒子系统"选项，此时会呈现粒子对象的创建命令按钮，如图 2-3 所示。

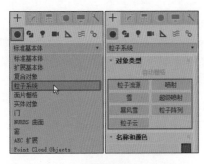

图 2-3

在"创建"面板单击"辅助对象"按钮，打开"辅助对象"次面板。单击"指南针"按钮，然后在"透视"视图中单击并创建辅助对象，如图 2-4 所示。

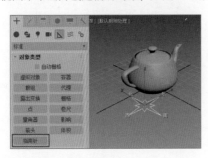

图 2-4

2.1.2 对象选择

在 3ds Max 中大多数命令都是对选定对象执行的，用户只有在视口中选择对象，然后才能执行相应的命令，因此选择操作是非常重要的基础操作。

3ds Max 提供了多种对象选择工具，以及对象选择命令。除了专门用于选择对象的"选择对象"工具外，还可以使用变换工具、"按名称选择"命令等选择对象。在"选择过滤器"下拉列表中可以按照场景对象的类型选择对象。下面通过具体操作进行学习。

1. 对象选择工具

在主工具栏提供了"选择对象"工具，使用该

工具在视图中单击即可选择目标对象。

（1）在菜单栏执行"文件"→"打开"命令，打开本书附带文件 /Chapter-02/"苹果 .max"文件。

（2）在主工具栏中单击"选择对象"工具按钮，然后在需要选择的对象上单击，即可将对象选中，如图 2-5 所示。

> **提示**
>
> 在主工具栏中，使用"选择并链接""绑定到空间扭曲""选择并移动""选择并旋转""选择并均匀缩放"和"选择并操纵"工具中的任意一种工具，在对象上单击同样可以选中对象。

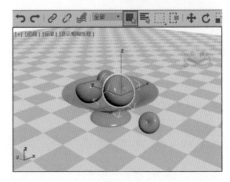

图 2-5

（3）在主工具栏中的"选择过滤器"下拉列表中，可以对选择的对象类别进行指定。

（4）在"选择过滤器"下拉列表中选择"摄影机"选项后，此时只能选择摄影机对象，如图 2-6 所示。

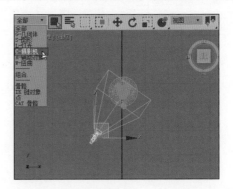

图 2-6

（5）在"选择过滤器"下拉列表中提供了 3ds Max 中所有的对象类型，选择过滤对象类型后，在场景中就只能对过滤对象进行选择和操作。

2. 区域选择

如果要同时选择多个对象，可以使用"选择对象"工具，单击并拖动鼠标绘制选择框对对象进行框选。

（1）打开本书附带文件 /Chapter-02/ "雕像 .max" 文件，并激活"顶"视图。

（2）在默认状态下，主工具栏中的"矩形选择区域"按钮为当前选择状态。

（3）使用"选择对象"工具，在"顶"视图中单击并拖动鼠标，将绘制出一个矩形选框，释放鼠标后，位于选框内部和触及的对象都将被选中，如图 2-7 所示。

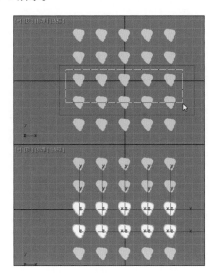

图 2-7

提示

在场景中的空白处单击，即可取消当前对象的选择状态。

（4）在主工具栏中长按"矩形选择区域"按钮，将弹出"区域"下拉选项，选择不同的选项可以创建不同的选择框，如图 2-8 所示。

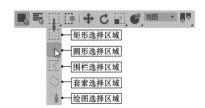

图 2-8

矩形选择区域：通过单击并拖动鼠标创建矩形的选择框。

圆形选择区域：通过单击并拖动鼠标创建圆形的选择框。

围栏选择区域：通过连续单击鼠标创建围栏形的选择框。

套索选择区域：通过单击并拖动鼠标创建不规则外形的选择框。

绘图选择区域：通过单击并拖动鼠标，在视图中进行涂抹，光标接触的对象都会被选中。

3. 窗口与交叉选框模式选择

在选框选择对象时，选框所接触覆盖的对象都会被选择，这种选择方式称为"交叉"选框模式。为了使对象选择操作更为精准，可以将选择方式设置为对象完全被圈入选择框时才会被选择，这种选择方式称为"窗口"选框模式。在主工具栏单击"窗口 / 交叉"按钮，即可开启该功能。

（1）在菜单栏执行"文件"→"打开"命令，打开本书附带文件 /Chapter-02/ "餐桌 .max" 文件。

（2）在默认状态下，主工具栏中的"窗口 / 交叉"按钮为"交叉"模式。

（3）使用"选择对象"工具绘制选框，选择框内包含的对象，以及选框边界接触的对象都将被选中，如图 2-9 所示。

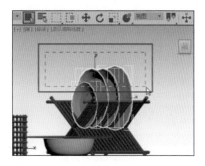

图 2-9

（4）在主工具栏单击"窗口 / 交叉"按钮，将其切换至"窗口"模式，然后再次在视图中单击并拖动鼠标绘制选框，这时只有处于选框内的对象才能被选择，如图 2-10 所示。

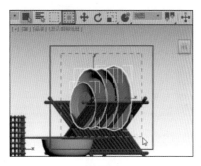

图 2-10

除了在主工具栏内设置"窗口 / 交叉"按钮，对框选模式进行切换外，还可以修改 3ds Max 的工作环境设置，将选择方式设置为按选框的绘制方向来定义"窗口"模式或"交叉"模式。

（1）在菜单栏执行"自定义"→"首选项"命令，打开"首选项设置"对话框。

（2）在"常规"选项卡下的"场景选择"选项组中，启用"按方向自动切换窗口/交叉"复选框，然后单击"确定"按钮完成设置，如图2-11所示。

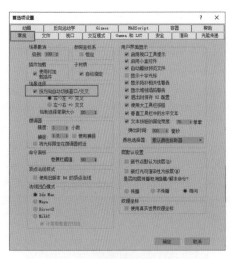

图2-11

（3）修改了"场景选择"选项后，此时3ds Max会根据选框的绘制方向来设定使用"窗口"模式或"交叉"模式。

提示

在设置了"场景选择"选项后，此时主工具栏中的"窗口/交叉"按钮将失去作用，无论该按钮处于什么状态都无法影响选框选择模式。

（4）在视图内由左至右绘制选框，使用"窗口"模式选择对象，由右至左绘制选框，则使用"交叉"模式选择对象，如图2-12所示。

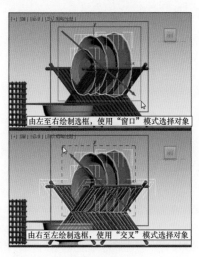

图2-12

4. 按名称选择

除了通过选框选择对象外，还可以通过对象的名称进行选择，这样的选择方式更精准。

（1）继续第2.1.1小节的操作，按下键盘上的<Ctrl + D>快捷键，取消对象的选择状态。

（2）在主工具栏中单击"按名称选择"按钮，打开"从场景选择"对话框。

（3）在对话框的"名称"列表中可以根据对象的名称进行选择，在对话框上端的"查找"文本框内输入文字，可以根据输入内容查找选择对象，如图2-13所示。

图2-13

仔细观察"从场景选择"对话框，可以看出该对话框与"场景资源管理器"面板极其类似，其实两者的功能是非常接近的，所以在新版的3ds Max中设置了"场景资源管理器"面板后，"按名称选择"命令基本就不再使用了。

5. 菜单中的选择命令

在菜单命令中也提供了常用的选择命令，结合这些命令的快捷键，可以在场景中快速选择对象。在菜单栏单击"编辑"菜单，在弹出菜单的下端可以看到这些命令，如图2-14所示。

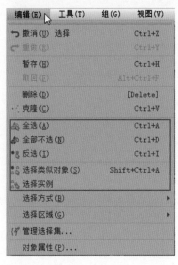

图2-14

"全选""全部不选"和"反选"3个命令非常简单，大多数绘图软件中都包含此类命令，读者可以尝试着操作并对其进行学习。

"选择类似对象"命令可以根据相同的材质或相同的类型，来选择同类对象。"选择实例"命令可以将场景中具有实例关联的模型全部选择，关于"选择实例"命令将在学习了对象复制后再进行详细介绍。

（1）使用"选择对象"工具在"前视图"单击选择盘子模型。

（2）在菜单栏执行"编辑"→"选择类似对象"命令，此时所有的盘子模型都将被选中，如图2-15所示。

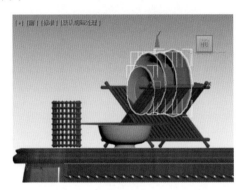

图2-15

2.2 课时5：如何高效管理对象？

当场景包含了很多对象时，就需要使用科学的方法管理这些对象。按照对象的特性和相关性，可以使用分组、分集合或分层方式进行管理。

对象的管理功能是非常重要的，尤其对于一个大型场景来讲，使用对应的方法管理繁杂的模型对象，可以极大地提升工作效率。

学习指导：

本课内容属于必修课。

本课时的学习时间为40~50分钟。

本课的知识点是熟练掌握管理对象的方法。

2.2.1 建立分组

在场景中有些模型是由多个子模型组合而成的。例如，桌子模型由1个桌面模型和4个桌腿模型组成，此时可以将多个子模型建立分组。将对象分组后，可以将其视为一个模型对象。用户可以随时打开和关闭组，来访问组中包含的子对象。

（1）在"场景资源管理器"对话框内，将"桌面01"及4个桌腿模型全部选择，如图2-16所示。

图2-16

（2）在菜单栏执行"组"→"组"命令，使选择的模型建立分组，此时会弹出"组"对话框，在"组"对话框中，可以对模型组的名称进行设置，设置完毕后单击"确定"按钮完成组的建立，如图2-17所示。

图2-17

（3）模型组建立完毕后，3ds Max会将组对象视为一个模型进行编辑。

（4）如果模型需要修改，还可以继续向组内添加其他模型，从而融合为一个组对象。

（5）在"场景资源管理器"对话框内选择"桌面02"模型，然后在菜单栏执行"组"→"附加"命令，接着在场景中选择"桌子"组对象，此时"桌面02"模型会附加至"桌子"组对象中，如图2-18所示。

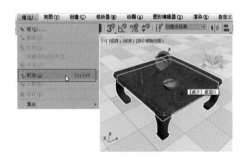

图2-18

（6）在菜单栏执行"组"→"炸开"命令，可以将选择的组对象炸开，取消已建立的分组。

在"组"菜单中还包含了很多的命令，这些命令的使用方法，可以通过本节教学视频进行详细学习。

2.2.2　建立选择集

除了对模型进行分组外，还可以通过建立选择集来管理有关联的模型。与建立分组不同，选择集可以快速选择多个对象，但选择集中的对象都是独立存在的。

（1）在主工具栏选择"选择对象"工具，然后在前视图将盘子和碗架同时选择。

（2）在主工具栏中的"创建选择集"文本框中单击，输入"盘子和碗架"并按下＜ Enter ＞键，为选择的模型建立选择集，如图 2-19 所示。

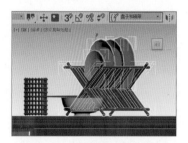

图 2-19

（3）在键盘上按下 <Ctrl + D> 快捷键，取消选择所有对象，在主工具栏中的"创建选择集"下拉列表中选择"盘子和碗架"选项，此时会根据选择集重新选择对象，如图 2-20 所示。

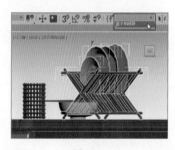

图 2-20

（4）在主工具栏中单击"编辑命名选择集"按钮，可以打开"命名选择集"对话框，在对话框内可以对选择集进行设置与修改，如图 2-21 所示。该对话框的使用方法，可以通过本节教学视频进行详细学习。

图 2-21

2.2.3　为对象分层

除了使用分组和选择集管理对象以外，还可以使用对象分层管理场景中的模型。层的概念来自建筑制图软件 AutoCAD，在场景中根据对象特征，将其放置在不同的层中，例如，将墙体放置在墙体层，将室内家具放置在家具层。下面通过具体操作来学习对象分层操作。

（1）在主工具栏单击"切换层资源管理器"按钮，会打开"场景资源管理器 - 层资源管理器"对话框，如图 2-22 所示。

图 2-22

提示

当前场景内所有的对象都放置在"0"层内，该层是场景默认层，因为场中至少要有一个层来装载所有对象。

（2）在视图内将"地板"和"桌子"模型同时选中，然后在"场景资源管理器 - 层资源管理器"对话框的工具栏内，单击"新建层"按钮。

（3）当前被选择的对象会放置在新建立的层，设置新层名称为"地板和桌子"，完成新层的建立，如图 2-23 所示。

图 2-23

（4）通过层可以对场景对象进行归类，使场景管理更加清晰有条理。关于"场景资源管理器 - 层资源管理器"对话框的使用方法，可以通过本节教学视频进行学习。

2.3　课时 6：如何变换对象？

在 3ds Max 中将移动、旋转、缩放对象，称为对象变换操作。3ds Max 包含 4 种变换工具，分别为"选择并移动"工具、"选择并旋转"工具、"选择并缩放工具（选择并均匀缩放、选择并非均匀缩放、选择并挤压）"，以及"选择并放置"工具。下面通过操作来学习这 4 种变换工具的使用方法。

学习指导：

本课内容属于必修课。

本课时的学习时间为 40~50 分钟。

本课的知识点是熟练掌握对象变换方法。

课前预习：

扫描二维码观看视频，对本课知识点进行学习和演练。

2.3.1　变换控制柄

选择不同的变换工具，对象中心将出现不同的变换控制柄，利用变换控制柄，用户可以在视图中执行变换操作。将鼠标指针置于控制柄上，拖动鼠标即可执行变换操作。变换操作不同，变换控制柄的操作方法也会有所区别。图 2-24 展示了 3 种变换控制柄的外观。

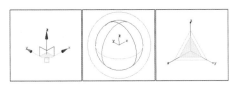

图 2-24

观察变换控制柄，可以看到变换控制柄的每个轴都有各自的颜色，3 个轴向按照 x、y 和 z 的顺序被定义为红色、绿色、蓝色三种颜色，而当控制柄的 1 个或 2 个轴被选择时会变成黄色。

2.3.2　移动对象

在主工具栏内选择"选择并移动"工具，然后在视图中可以选择拾取对象或移动对象。当光标置于对象区域时，光标的形态会转变为"十"字箭头状态。

（1）在菜单栏执行"文件"→"打开"命令，打开本书附带文件 /Chapter-02/"恐龙 .max"文件。

（2）在主工具栏中选择"选择并移动"工具，然后在"透视"视图中单击恐龙模型，选择该模型。

（3）对象被选中后，模型中心位置会出现移动控制柄，当光标处于对象表面时，其会变为"十"字箭头状态，如图 2-25 所示。

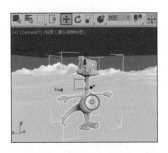

图 2-25

（4）"移动控制柄"由 3 个指向不同方向的箭头组成，箭头旁边标明了箭头指向的轴向名称。每两个箭头之间还有拐角线。

（5）当将鼠标放置于移动控制柄箭头上时，箭头会变为黄色，表示该轴向箭头处于选择状态，拖动鼠标即可沿指定的轴向移动对象，如图 2-26 所示。

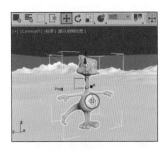

图 2-26

（6）拐角线表示两个轴向的共同方向，如图 2-27 所示，在区域拐角上单击并拖动鼠标即可在这两个轴向上任意移动对象的位置。

图 2-27

2.3.3　旋转对象

使用"选择并旋转"工具可以在视图中选择拾取对象，或者旋转对象。旋转操作同样也有旋转控制柄，为了便于旋转操作，控制柄被设计成圆环形。

（1）在主工具栏中单击"选择并旋转"工具按

钮，然后选择恐龙模型。

（2）恐龙模型中心处会显示旋转控制柄，旋转控制柄由3个圆环组成，其中红色、绿色、蓝色3个圆环分别代表了 x、y、z 3个轴向。

（3）将鼠标置于旋转控制轴圆环上，控制轴将会变为黄色，鼠标光标的形态也会转变为旋转箭头状态。

（4）拖动鼠标，即可沿指定坐标轴旋转对象，如图2-28所示。

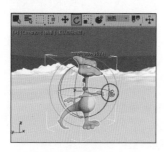

图 2-28

（5）在3个轴向控制柄外侧，与视图处于平行状态的还有两个圆环控制柄，分别为深灰色控制柄和浅灰色控制柄。深灰色控制柄为自由旋转控制柄，处于最外侧的浅灰色控制柄为视图旋转控制柄。

（6）将鼠标置于深灰色控制柄范围内，单击并拖动鼠标，可以无限制地自由旋转恐龙模型，如图2-29所示。

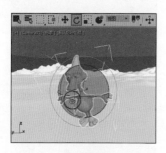

图 2-29

（7）将鼠标置于浅灰色的视图旋转控制柄处，单击并拖动鼠标，可以沿视图方向旋转恐龙模型，如图2-30所示。

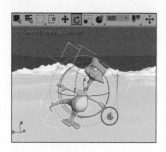

图 2-30

2.3.4　缩放对象

3ds Max为用户提供了3种缩放变换的工具，分别为"选择并均匀缩放"工具"选择并非均匀缩放"工具和"选择并挤压"工具。接下来通过具体操作来学习缩放变化工具的使用方法。

（1）在主工具栏中选择"选择并均匀缩放"工具，在视图中选择恐龙模型。

（2）将鼠标置于缩放控制柄中心处，单击并拖动鼠标等比例缩放恐龙模型，如图2-31所示。

图 2-31

（3）将鼠标置于缩放控制柄的轴向控制柄处，单击并拖动鼠标可以按坐标轴方向缩放恐龙模型，如图2-32所示。

图 2-32

（4）将鼠标置于轴向控制柄之间的斜线框处，单击并拖动鼠标可以同时向两个坐标轴方向缩放恐龙模型，如图2-33所示。

提示

由于缩放控制柄的出现，使"选择并均匀缩放"工具和"选择并非均匀缩放"工具之间的区别变得模糊，使用这两种工具中的任何一种都可以完成恐龙模型的等比例缩放和不等比例缩放两种变换。

图 2-33

（5）在主工具栏单击并按下"选择并非均匀缩放"工具按钮，在展开的工具栏中选择"选择并挤压"工具。

（6）"选择并挤压"工具不能对恐龙模型执行等比例缩放，只能执行不等比例缩放操作。

（7）"选择并挤压"工具对目标轴向进行缩放时，其他轴向将会出现相反的缩放效果，例如，沿 z 轴放大恐龙模型，那么恐龙模型在 x 轴与 y 轴方向将会缩小。

（8）将鼠标光标置于 z 轴缩放柄处，单击并拖动鼠标执行缩放操作，如图 2-34 所示。

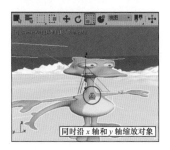

图 2-34

2.3.5 放置对象

除了常规的移动和旋转变换工具以外，3ds Max 还提供了"选择和放置"工具。该工具可以将选择的模型放置于目标模型的表面。

（1）在菜单栏执行"文件"→"打开"命令，打开本书附带文件 /Chapter-02/"胖牛 .max"文件。

（2）在"透视"视图选择"牛角 01"模型，此时需要将模型放置于牛头的对应位置。

（3）如果使用移动和旋转变换工具对牛角的位置进行调整，整个过程会非常烦琐。这时候可以使用"选择并放置"工具进行操作。

（4）在主工具栏选择"选择并放置"工具，在"透视"视图中单击并拖动"牛角 01"模型，可以看到模型会贴着牛头模型的表面进行移动，如图 2-35 所示。

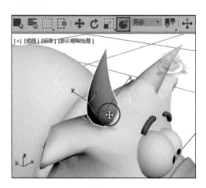

图 2-35

（5）在主工具栏右击"选择并放置"工具，此时会弹出"放置设置"对话框，在对话框内可以对"选择并放置"工具的操作方式进行设置，如图 2-36 所示。

图 2-36

关于"放置设置"对话框内的设置方法与应用技巧将在本节视频中为大家详细讲述。

2.3.6 变换坐标与坐标中心

在执行变换操作时，对象坐标轴的作用是非常重要的。因为坐标决定了对象的位置、角度等信息。为了进行各种复杂的变换操作，在 3ds Max 中提供了丰富强大的坐标管理系统。

1. 参考坐标系

参考坐标系可以指定对象在变换操作中所用的坐标系统。在主工具栏中，单击"参考坐标系"列表可以看到所有的坐标设置方式。选项包括"视图""屏幕""世界""父对象""局部""万向""栅格""工作""局部对齐"和"拾取"，如图 2-37 所示。

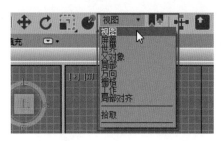

图 2-37

很多初学者可能会有疑问，为什么要设置这么多的坐标系统？这么多的坐标设置方式什么时候使用？坐标系统根据不同的变换操作进行设置。例如，在生活中要表述一个房子的位置，那就需要按照城市的坐标系统，设置某个区→某街道→某小区→某栋楼→某门牌。按照这个坐标系统，可以很快找到房子的位置，这套坐标系就同 3ds Max 的世界坐标系统。如果在场景中设置飞机在天空飞行和翻滚动作，就要根据飞机的自身坐标进行设置，这套坐标系统如同 3ds Max 的局部坐标系统。

（1）在菜单栏执行"文件"→"打开"命令，打开本书附带的文件 /Chapter-02/ "胖牛.max"文件。

（2）在主工具栏选择"选择并移动"工具，然后在视图中拾取"牛角"模型。

（3）在默认情况下 3ds Max 使用"视图"坐标系统。单击"参考坐标系"列表，选择"世界"坐标，如图 2-38 所示。

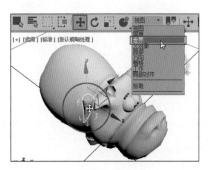

图 2-38

"世界"坐标就是当前场景的坐标系统。"世界"坐标的轴向是固定的，这就相当于现实世界中地面的坐标系统。

在每个工作视图的左下角有一个小的坐标轴，这个坐标轴就是世界坐标轴，用于显示当前内容与世界坐标之间的关系。我们在"参考坐标系"列表选择"世界"坐标后，对象的坐标轴将会与"世界"坐标轴向一致，如图 2-39 所示。

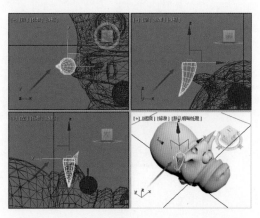

图 2-39

（1）使用"选择并移动"工具和"旋转并移动"工具调整"牛角"模型的位置和角度，使其与"牛头"模型对齐。

（2）如果使用"世界"坐标，"牛角"模型的 z 轴旋转坐标是垂直于地面的；如果希望牛角按照自身的中心轴向进行旋转，就要选择"局部"坐标，如图 2-40 所示。

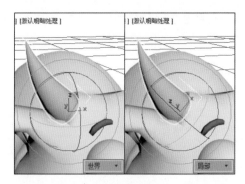

图 2-40

"局部"坐标就是使用对象自身的坐标系统，当对象的角度发生变换时，自身坐标轴向也会产生相应变换。

通过上述操作相信读者可以体会到，不同的坐标系统对于变换操作的影响。下面我们来看一下"视图"坐标系统与"屏幕"坐标系统。这两种坐标系统非常接近，在正交视图中（例如"顶"视图、"前"视图、"左"视图），"视图"坐标系统和"屏幕"坐标系统都是将水平方向设置为 x 轴，垂直方向设置为 y 轴。

两种坐标系统的区别是在"透视"视图，"透视"视图中"视图"坐标会使用"世界"坐标来设置坐标方向，而"屏幕"坐标依旧将视图的水平方向设置为 x 轴，垂直方向设置为 y 轴，如图 2-41 所示。

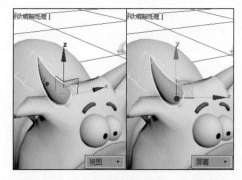

图 2-41

"视图"坐标系统是 3ds Max 默认使用的坐标系统，使用该坐标系统会使操作者有种在图纸上画图的感觉。不会受到坐标轴翻转的影响。"屏幕"坐标在"透视"视图和"摄影机"视图中按屏幕方向设置坐标轴方向，这样的优点是对象根据视图调整位置，便于调整整个画面构图。

除了上述的 4 种坐标系统外，其他坐标系统的功能如下。

"父对象"坐标系统

在两个对象间设置了链接关系后，选择的子对象根据父对象的坐标系。设置坐标方向。如果对象未链接至特定对象，则其为世界坐标系的子对象，其父坐标系与世界坐标系相同。

"万向"坐标系统

"万向"坐标系统与"Euler XYZ"旋转控制器一同使用，控制器用于对象的动画设置。所以"万向"坐标系会在设置动画时使用。

"栅格"坐标系统

"栅格"坐标系统可以根据场景中建立的"栅格"辅助对象的坐标系统来定义坐标轴。

"工作"坐标系统

"工作"坐标系统相当于自定义对象坐标轴，需要在"层次"面板的"工作轴"卷展栏内进行设置，根据操作需要，可以将对象的坐标轴设置为任意状态。

"局部对齐"坐标系统

"局部对齐"坐标系统用于编辑模型的次对象（顶点、线、面）。例如，让选择的顶点按自身方向进行变换，当选择多个顶点时，可以让每个顶点按自己的坐标方向进行移动或旋转。

"拾取"坐标系统

"拾取"坐标系统可以拾取使用场景中的对象，能将选择对象的坐标轴匹配在拾取对象坐的标轴上。

3ds Max 的坐标系统是非常重要的功能，该功能会直接影响对象的变换，本节配套视频会对上述功能进行详细讲述，读者一定要熟练掌握这些功能。

2. 坐标中心

在主工具栏内通过设置"使用轴点中心"工具，可以更改对象轴心点的位置。轴心点的位置会对旋转变换和缩放变换产生影响。

（1）在"创建"面板单击"茶壶"按钮，在场景中单击并拖动鼠标建立茶壶模型。

（2）观察茶壶模型。默认状态下对象轴心点的位置在茶壶模型的底部中心，如图 2-42 所示。

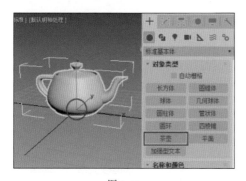

图 2-42

（3）在主工具栏内设置"使用轴点中心"工具，更改对象轴心点的位置，如图 2-43 所示。

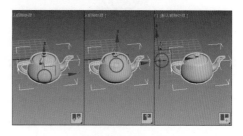

图 2-43

（4）因为旋转变换和缩放变换会参考轴心点的位置，对对象进行修改，所以轴心点的位置可以影响旋转变换和缩放变换得到的结果，如图 2-44 所示。

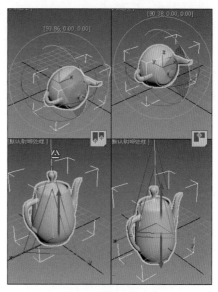

图 2-44

2.4 课时 7: 如何复制与阵列对象？

如果场景需要建立多个相同的模型，可以用复制功能进行创建。在 3ds Max 中为用户提供了多种复制模型的方法，每种方法各有特点。根据工作的不同需要，可以选择不同的复制方法进行操作。

3ds Max 的复制方法分为 3 类，分别为复制、镜像和阵列，下面通过具体操作进行学习。

学习指导：

本课内容属于必修课。

本课时的学习时间为 40~50 分钟。

本课的知识点是熟练掌握对象的复制方法。

课前预习：

扫描二维码观看视频，对本课知识点进行学习和演练。

2.4.1 项目案例——利用复制制作碰撞球玩具

如果需要复制相同的模型对象，可以使用"克隆"命令进行复制。"克隆"命令是日常工作中最为常用的操作。下面通过案例操作进行学习，图 2-45 所示为案例完成后的效果。

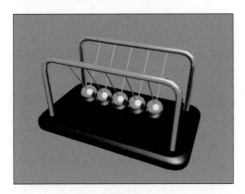

图 2-45

（1）在菜单栏执行"文件"→"打开"命令，打开本书附带文件 /Chapter-02/"玩具 .max"文件。

（2）在"前"视图选择"金属球"模型，然后在菜单栏执行"编辑"→"克隆"命令，此时会弹出"克隆选项"对话框，如图 2-46 所示。

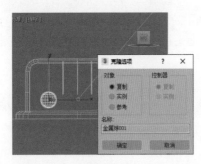

图 2-46

（3）在弹出的"克隆选项"对话框内单击"确定"按钮，完成复制操作。

> **提示**
>
> 新复制出的模型与原模型完全重合在一起，我们需要使用"选择并移动"工具调整模型的位置才能看到复制的对象。

（4）除了使用命令进行复制以外，还可以使用命令快捷键进行操作，选择需要复制的模型，在键盘上按下 <Ctrl + V> 快捷键执行"克隆"命令。

（5）在弹出的"克隆选项"对话框内单击"确定"按钮，完成复制操作。使用"选择并移动"工具调整复制模型位置，如图 2-47 所示。

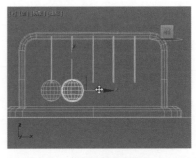

图 2-47

（6）配合快捷键，"克隆"命令可以一次复制多个模型，在键盘上按下 < Shift > 键的同时，沿 x 轴向右拖动"金属球"模型。

（7）松开鼠标时会弹出"克隆选项"对话框，与之前的对话框不同，这次对话框内出现了"副本数"参数栏，设置参数为4，然后单击"确定"按钮，如图 2-48 所示。

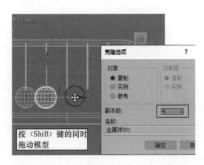

图 2-48

（8）此时会同时复制 4 个模型，并且复制模型间的间距会按照我们沿 x 轴移动模型的距离来设置，如图 2-49 所示。

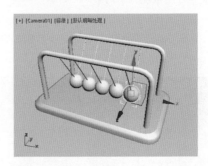

图 2-49

2.4.2 镜像对象

使用"镜像"工具可以将对象沿着指定轴镜像翻转，也可以在镜像的同时复制对象，创建出完全对称的两个对象。

3ds Max 三维艺术与设计 50 课（全彩慕课版）

（1）在菜单栏执行"文件"→"打开"命令，打开本书附带文件 /Chapter-02/ "蚂蚁 .max"文件。

（2）在场景内选择蚂蚁模型，接着在主工具栏单击"镜像"按钮，此时会弹出"镜像世界坐标"设置对话框，如图 2-50 所示。

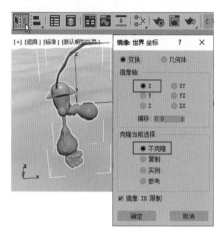

图 2-50

（3）此时模型会沿 *x* 轴执行镜像翻转。在"克隆当前选择"选项组内可以设置的蚂蚁模型的复制方式。在"克隆当前选择"选项组内选择"复制"选项。

（4）"偏移"参数可以设置复制的蚂蚁模型和原蚂蚁模型间距，设置"偏移"参数值为120.0，然后单击"确定"按钮，完成镜像复制操作，如图 2-51 所示。

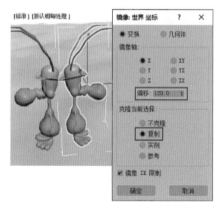

图 2-51

2.4.3 项目案例——使用阵列制作双螺旋模型

阵列命令可以使模型对象按规定的变换方式（移动距离、旋转角度和缩放比例）执行阵列复制。下面通过案例操作学习阵列命令。图 2-52 所示为案例完成后的效果。

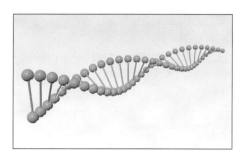

图 2-52

（1）在菜单栏执行"文件"→"打开"命令，打开本书附带的文件 /Chapter-02/ "阵列 .max"文件。

（2）在视图内拾取模型对象，然后在菜单栏执行"工具"→"阵列"命令。此时会弹出"阵列"对话框，如图 2-53 所示。

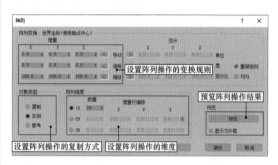

图 2-53

第 2 章 3ds Max 基础操作

23

提示

"阵列"对话框内的参数看似繁杂，其实在学习后会发现非常简单。关于该对话框的具体使用方法将在本节教学视频中详细讲述。

（3）在"阵列变换"选项组内，设置沿 *x* 轴进行阵列移动，设置移动距离为50.0。在"阵列维度"选项组内保持设置为1D阵列方式，复制数量为10。

（4）此时阵列对象沿 *x* 轴以50个单位的距离进行复制，单击"预览"按钮观察阵列效果，如图 2-54 所示。

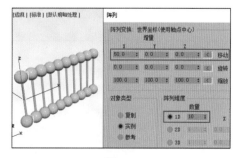

图 2-54

（5）接着在"阵列维度"选项组内设置阵列维

度为 2D 方式，复制数量为 10，阵列的方向为 y 轴，偏移距离为 50.0。

（6）此时阵列对象沿 x 轴以 50 个单位的距离复制 10 个模型，然后沿 y 轴以 50 个单位再次复制 10 次，此时复制对象会组成一个方阵，如图 2-55 所示。

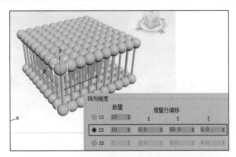

图 2-55

（7）在"阵列维度"选项组内设置阵列维度为 3D 方式，复制数量为 3，阵列的方向为 z 轴，偏移距离为 240.0。

（8）此时模型除了沿 x 轴和 y 轴进行阵列复制外，还会沿 z 轴方向进行复制，如图 2-56 所示。

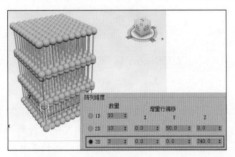

图 2-56

（9）以上操作是以移动变换为阵列方式，除了移动变换以外，还可以将旋转变换和缩放变换加入阵列复制中。

（10）在"阵列"对话框底部单击"重置所有参数"按钮，将对话框的参数全部重置。

（11）在"阵列变换"选项组内分别对移动、旋转变换和缩放变换参数进行设置，然后在"阵列维度"选项组内设置按 1D 方式复制 30 个模型，如图 2-57 所示。

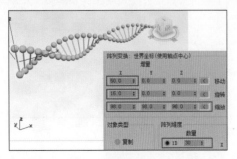

图 2-57

（12）此时模型在进行移动阵列复制的同时，还会沿 x 轴进行旋转变换阵列，而且每次阵列复制模型将会缩小 98%，单击"确定"按钮，完成阵列复制操作。

2.4.4 复制对象的类型

在 3ds Max 中，除了包含不同的复制方法外，还对复制出的对象类型进行了不同设置。在复制操作中，常常会看到复制对话框内提供了 3 种复制对象的类型，分别为复制独立对象、复制实例对象和复制参考对象。这 3 种类型的复制对象在后期的编辑中会有很大区别，下面通过具体操作进行学习。

1. 复制独立对象

在复制对象时如果选择"复制"类型，那么将会复制出一个完全独立的对象，与原对象没有任何关联。

（1）在菜单栏执行"文件"→"打开"命令，打开本书附带文件 /Chapter-02/"卡通人物 .max"文件。

（2）使用"选择并移动"工具在视图中拾取"卡通"模型。

（3）按下键盘上的 <Shift> 键，在"前"视图沿 x 轴拖动模型，执行移动并复制操作，此时会弹出"克隆选项"对话框，在对话框内设置克隆对象的类型为"复制"，如图 2-58 所示。

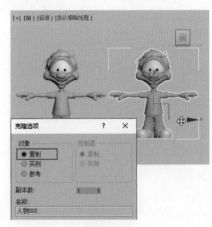

图 2-58

（4）如果克隆对象的类型是"复制"类型，那么复制出的对象与原对象是相互独立的，没有任何关联。

（5）在视图中选择原对象，然后打开"修改"命令面板，在面板内为模型添加"扭曲"编辑修改器，如图 2-59 所示。

图 2-59

（6）修改"扭曲"编辑修改器的参数，可以看到原模型产生了扭曲变形，但复制出的模型没有任何变化，如图 2-60 所示。

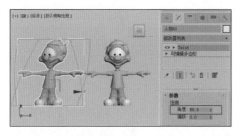

图 2-60

2. 复制实例对象

复制对象时如果选择"实例"类型，那么复制出的对象与原对象之间将会保持关联，对原对象添加的修改命令，同时会影响复制出的对象。

（1）将场景还原，然后再次执行克隆操作，选择克隆对象的类型为"实例"类型。

（2）对原模型添加"扭曲"编辑修改器，并调整修改器参数。

（3）此时并没有对复制出的实例模型进行操作，但是实例模型会同原模型产生相同的变化，实例模型与原模型之间存在关联，如图 2-61 所示。

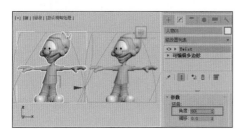

图 2-61

（4）对复制出的实例模型进行调整，原模型同样也会产生相同的变化，两者之间的关联是对等的。

（5）选择原对象或实例对象后，在菜单中执行"编辑"→"选择实例"命令，与之关联的实例对象会同时被选择。

3. 复制参考对象

如果使用"参考"类型复制对象，复制出的参考对象会受到原对象的影响，但是原对象不会受参考对象的影响。

（1）再次对模型进行复制，设置复制方式为"参考"类型。

（2）对原模型添加"扭曲"编辑修改器，并调整修改器参数。

（3）此时复制出的参考模型会同原模型产生相同的变化，参考模型与原模型之间存在关联。

（4）选择复制出的参考模型，在"修改"命令面板内对模型添加"挤压"编辑修改器。

（5）对"挤压"修改器的参数进行修改，可以看到参考模型的更改并没有影响原模型，如图 2-62 所示。

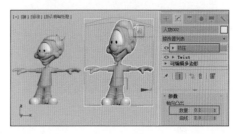

图 2-62

2.5 课时 8：辅助工具有何操作技巧？

为了使绘图更加精准，3ds Max 提供了一套辅助工具。借助辅助工具可以精确地设置对象参数、准确地设置对象位置。辅助工具包含栅格系统、捕捉工具，以及对齐工具。本课将详细讲述这些知识。

学习指导：

本课内容属于必修课。

本课时的学习时间为 40~50 分钟。

本课的知识点是熟练掌握辅助工具的操作技巧。

课前预习：

扫描二维码观看视频，对本课知识点进行学习和演练。

2.5.1 栅格系统

栅格系统如同绘图纸标注的标尺参考线，借助栅格可以更加准确地绘制和定义模型参数。3ds Max 提供了主栅格和栅格对象，另外还包括"自动栅格"功能。下面通过具体操作来学习这些功能。

1．主栅格

主栅格由沿世界坐标系 x 轴、y 轴和 z 轴的三个平面定义。这3个轴向都以世界坐标系的原点(0，0，0)为起点。主栅格如同地球的经纬坐标一样，是固定的，不能被移动或旋转。

（1）打开本书附带文件 /Chapter-02/ 吉他 / "吉他 .max" 文件，在默认状态下主栅格是可见的。

（2）执行"工具"→"栅格和捕捉"→"显示栅格"命令，当前被激活的工作视图将隐藏主栅格，如图 2-63 所示。

图 2-63

（3）在视口的左上角单击"常规"视口标签，在弹出的菜单中选择"显示栅格"选项，可以将主栅格设置为显示状态，如图 2-64 所示。

图 2-64

（4）执行"工具"→"栅格和捕捉"→"栅格和捕捉设置"命令，打开"栅格和捕捉设置"对话框。

（5）在"栅格和捕捉设置"对话框中选择"主栅格"选项卡，如图 2-65 所示。通过选项卡内的设置可以更改主栅格的显示方式。

图 2-65

2．栅格对象

栅格对象是一种辅助对象，当需要建立局部参考栅格或是在主栅格之外的区域构造平面时可以创建它。

（1）在"创建"主命令面板下的"几何体"次命令面板中，单击"圆柱体"按钮。

（2）在"透视"视图中单击并拖动鼠标创建圆柱体对象，如图 2-66 所示。

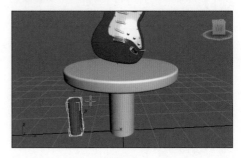

图 2-66

（3）在"创建"命令面板中单击"辅助对象"按钮，进入"辅助对象"命令面板，单击"栅格"按钮。

（4）在"透视"视图拖曳鼠标创建栅格对象，如图 2-67 所示。

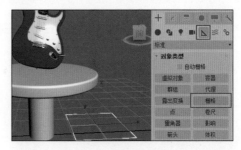

图 2-67

（5）使用移动变换工具，对网格辅助对象的高度位置进行调整，将网格对象与桌面对齐。

（6）保持栅格对象的选择状态，执行"工具"→"栅格和捕捉"→"激活栅格对象"命令，激活栅格对象，如图 2-68 所示。

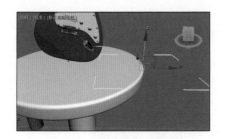

图 2-68

（7）打开"几何体"命令面板，单击"圆柱体"按钮，在"透视视图中"单击并拖动鼠标创建长方体。

（8）此时可以看到将以栅格对象为基本参照创建对象，如图 2-69 所示。

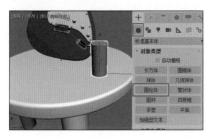

图 2-69

（9）选择栅格对象，按下键盘上的 <Delete>键删除栅格对象，此时主栅格将自动激活。

> **提示**
>
> 在该步骤中，也可以通过在菜单栏执行"工具"→"栅格和捕捉"→"激活主栅格"命令，激活主栅格。

3. 自动栅格

"自动栅格"功能可以自动捕捉场景模型的表面，并以单击时鼠标所接触的模型表面作为栅格来创建新的对象。

（1）在"几何体"命令面板中单击"圆柱体"按钮。

（2）在面板上端启用"自动栅格"复选框，在吉他模型的面板上单击并拖动鼠标创建圆柱体模型。

（3）此时会自动捕捉模型的表面，将模型的表面作为工作栅格创建模型，如图 2-70 所示。

图 2-70

2.5.2 捕捉工具

在 3ds Max 中提供了丰富的捕捉工具，捕捉工具也是重要的辅助绘图工具，它可以更加精确地定义鼠标的放置点，模型的绘制操作变得更加精确和高效。捕捉工具包括"2D 捕捉""2.5D 捕捉""3D捕捉""角度捕捉切换""百分比捕捉切换"和"微调器捕捉切换"。这些工具都各有特点，下面通过具体操作进行学习。

1. 2D 捕捉

在启用了"2D 捕捉"功能后，可以对视图中的主栅格进行捕捉，处于主栅格坐标位置的模型节点、边、面等也可以进行捕捉。"2D 捕捉"功能适合在二维视图绘图时使用，例如"前"视图、"左"视图等。

（1）在菜单栏执行"文件"→"打开"命令，打开本书附带文件 /Chapter-02/"木桶 .max"文件。

（2）在主工具栏中长按"捕捉开关"按钮，在弹出的扩展工具栏中选择"2D 捕捉"按钮，开启2D 捕捉功能。

> **技巧**
>
> 按下 < S > 键可以快速地打开与关闭捕捉功能。

（3）使用"移动并选择"工具在"透视视图"中移动鼠标，在栅格交叉点位置会出现捕捉端点，如图 2-71 所示。

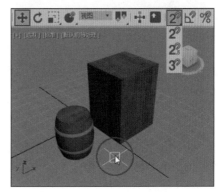

图 2-71

（4）在主工具栏右击"2D 捕捉"按钮，此时会弹出"栅格与捕捉设置"对话框，在"捕捉"选项卡面板内可以对捕捉的目标内容进行设置。

（5）在"捕捉"选项卡面板内选择"顶点"选项，此时就可以在视图内捕捉模型的顶点了，如图 2-72 所示。

图 2-72

在场景中进行观察，可以发现此时捕捉到的模型顶点，只能是处于主栅格坐标处的顶点，其他位置的顶点是无法捕捉的。

2. 3D 捕捉

在讲述"2.5D 捕捉"工具前，先来学习"3D 捕捉"工具，这样便于理解"2.5D 捕捉"工具的操作特点。与"2D 捕捉"工具不同，"3D 捕捉"工具可以捕捉到场景中任意位置的目标点。该工具也是默认的捕捉工具。

（1）在主工具栏选择"3D 捕捉"按钮，打开"3D 捕捉"功能。

（2）在"创建"命令面板中打开"辅助对象"次面板，单击"虚拟对象"按钮。

（3）在"透视"视图捕捉长方体右上角的顶点，然后单击并拖动鼠标创建"虚拟对象"，如图 2-73 所示。

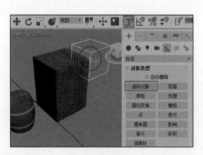

图 2-73

观察新建立的虚拟对象，可以看到虚拟对象是以捕捉到的顶点为中心而建立的。

3. 2.5D 捕捉

在学习了"3D 捕捉"工具后，下面学习"2.5D 捕捉"工具。"2.5D 捕捉"打开后，可以在三维场景中捕捉任意位置的目标点，但是在利用捕捉点进行绘图时，捕捉点会作用于主栅格坐标处。

（1）重复第 2.5.2 小节的操作，在主工具栏单击"2.5D 捕捉"工具，打开"2.5D 捕捉"功能。

（2）在"创建"命令面板中打开"辅助对象"次面板，单击"虚拟对象"按钮。

（3）再次在"透视"视图捕捉长方体右上角的

顶点，然后单击并拖动鼠标创建"虚拟对象"对象，如图 2-74 所示。

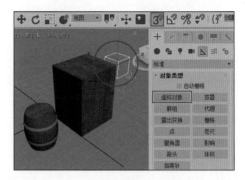

图 2-74

从表面来看，使用"2.5D 捕捉"和"3D 捕捉"所得到的绘制结果是一样的。按下 < Alt > 键并拖动鼠标滚轮调整视图，会发现所绘制的虚拟对象的中心点定位到了主栅格坐标处。使用"2.5D 捕捉"绘制时，虽然它能够捕捉三维场景的目标点，但是在绘图操作时会工作于主栅格坐标处，如图 2-75 所示，这就是两者间的区别。

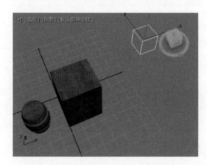

图 2-75

4. 其他捕捉工具

在主工具栏内还提供了另外 3 个捕捉工具，分别为"角度捕捉切换"工具、"百分比捕捉切换"工具、"微调器捕捉切换"工具，其功能如图 2-76 所示。利用这些工具可以捕捉角度、缩放百分比参数，以及在参数栏进行微调控制。关于这几个捕捉工具的使用方法，可以根据本节详细教学视频进行学习。

图 2-76

2.5.3 对齐工具

对齐工具可以将选择对象对齐至指定的目标点，使用对齐工具可以精确地设置对象的位置。在

3ds Max 中为用户提供 6 种对齐工具，分别是"对齐""快速对齐""法线对齐""放置高光""对齐摄影机"和"对齐到视图"。

在主工具栏中长按"对齐"命令按钮，将会弹出扩展工具栏，在该工具栏中包含了所有的对齐工具，如图 2-77 所示。

图 2-77

1. "对齐"工具与"快速对齐"工具

"对齐"工具与"快速对齐"工具是工作中较常用的对齐工具。使用"对齐"工具就可以将两个对象的位置、旋转角度、缩放比例进行对齐。"快速对齐"工具操作则比较简单快捷，它可以快速将两个对象的位置进行对齐，下面通过具体操作进行学习。

（1）在菜单栏执行"文件"→"打开"命令，打开本书附带文件 /Chapter-02/ 古典家具 / "古典家具 .max"文件。

（2）在场景内选择"窗户"模型，然后在主工具栏内单击"对齐"工具。

（3）此时光标将转变为拾取对象状态，单击"木桌"模型将其拾取，如图 2-78 所示。

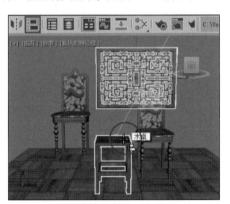

图 2-78

（4）在拾取了对齐目标对象后，会弹出"对齐当前选择（木桌）"对话框，如图 2-79 所示。

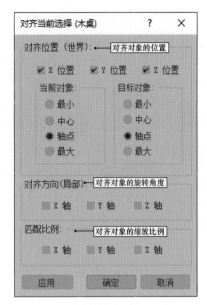

图 2-79

（5）"对齐"工具可以将对象的位置、旋转角度，以及缩放比例进行对齐。

（6）在"对齐当前选择"对话框内分为 3 部分，由"对齐位置""对齐方向""匹配比例"3 个选项组组成。

（7）在"对齐当前选择（木桌）"对话框上端的"对齐位置"选项组内进行设置，将窗户和木桌对象沿 x 轴对齐，如图 2-80 所示。

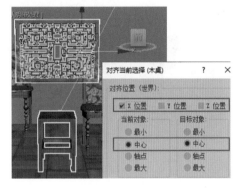

图 2-80

（8）关于"对齐当前选择（木桌）"对话框的详细设置方法，请参看本节教学视频进行学习。

使用"快速对齐"工具可以将选择对象与目标对象的位置快速对齐。

（1）打开本书附带文件 /Chapter-02/ 房间一角 / "房间一角 .max"文件。

（2）在视图内选择"球体"模型，然后在主工具栏单击"快速对齐"工具。

（3）在视图中拾取"椅子"模型组，此时可以看到球体模型将自身轴心点与椅子模型组的模型中心点进行了快速对齐，如图 2-81 所示。

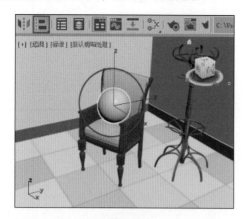

图 2-81

提示

使用"快速对齐"工具进行操作时，如果选择的目标对象是单个对象，而并非模型组，那么将以当前对象的轴心点为基准与目标对象的轴心点对齐。

（4）选择球体模型，然后在主工具栏单击"快速对齐"工具，在视图中拾取"衣帽架"模型。

（5）衣帽架模型是单独的模型，所以球体与衣帽架的轴心点进行了对齐，如图 2-82 所示。

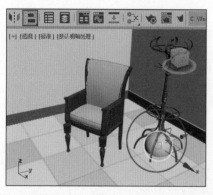

图 2-82

2. 其他对齐方式

在 3ds Max 的对齐工具中，"法线对齐""放置高光""对齐摄影机"这 3 种对齐工具，虽然操作的工作对象不同，但是其背后的工作原理是相同的，它们都是根据模型表面法线进行对齐操作的，下面通过具体操作来学习。

（1）打开本书附带文件 /Chapter-02/ "胖牛 .max"文件。

（2）在视图内选择"牛角"模型，然后在主工具栏单击"法线对齐"工具。

（3）在"牛角"模型表面单击并拖动鼠标，设定要进行对齐的选择面，如图 2-83 所示。

提示

在设定对齐面时，可以看到一个蓝色的箭头，该箭头的指向方向就是法线方向。关于法线的具体知识将在第 3 章为大家讲述。在这里简单地讲，法线方向就是模型面的朝向方向，法线是标注模型面朝向的辅助线。

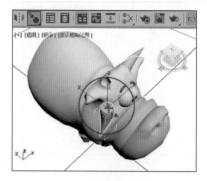

图 2-83

（4）接下来在"牛头"模型表面单击并拖动鼠标拾取对齐的目标面，松开鼠标会弹出"法线对齐"对话框，如图 2-84 所示。

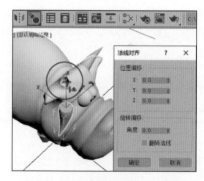

图 2-84

（5）在"法线对齐"对话框内可以根据当前对齐位置进行位置偏移，以及角度旋转。

"放置高光"和"对齐摄影机"工具可以将灯光和摄影机对象与模型表面对齐。"放置高光"工具可以调整灯光的位置，使高光区域出现在模型的指定位置。"对齐摄影机"工具可以调整摄影机的位置，使摄影机的视角与模型的指定区域对齐。这两个工具与"法线对齐"工具相同，都是根据模型表面的法线进行对齐操作的。

（1）打开本书附带文件 /Chapter-02/ 藤椅 / "藤椅 .max"文件。

（2）在视图中选择"目标聚光灯"对象，然后在主工具栏单击"放置高光"工具。

（3）在"椅子坐垫"模型表面单击并拖动鼠标，可以看到灯光对象会随着鼠标的拖动变换位置，如图 2-85 所示。

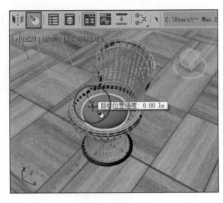

图 2-85

仔细观察拾取点位置，会有一段蓝色的辅助线，这就是模型表面的法线方向箭头。所以"放置高光"工具是根据模型表面的法线方向来匹配灯光的照射方向的。

（1）打开本书附带文件 /Chapter-02/"飞机 .max"文件。

（2）在视图中选择"目标摄影机"对象，然后在主工具栏单击"对齐摄影机"工具。

（3）在飞机模型表面单击并拖动鼠标，光标所处位置会出现模型面的法线箭头，如图 2-86 所示。

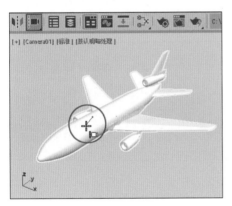

图 2-86

（4）松开鼠标，摄影机对象会根据模型面的法线方向进行匹配，这样摄影机的视角就对齐到了拾取点位置。

最后就是"对齐到视图"工具，该工具的使用方法非常简单，可以将选择对象与当前激活的视图进行对齐。

（1）打开本书附带文件 /Chapter-02/"圆规 .max"文件。

（2）首先在"透视"视图观察圆规模型的坐标方向，这样可以更好地理解下一步的对齐操作，如图 2-87 所示。

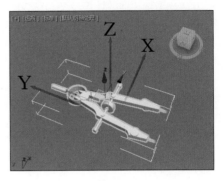

图 2-87

（3）激活"顶"视图，在主工具栏单击"对齐到视图"工具，此时会弹出"对齐到视图"对话框，如图 2-88 所示。

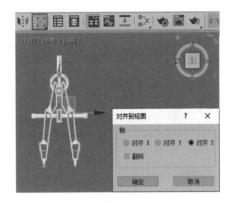

图 2-88

（4）在"对齐到视图"对话框内可以设置与视图对齐的轴向，以及在对齐过程中翻转选项。试着选择不同的轴向观察模型与视图的对齐效果。

在生活中很多事物都是由基础的形体组成的，比如长方体、球体、圆柱体等模型。在 3ds Max 中提供了丰富的基础模型，利用这些基础模型可以快速搭建三维场景。基础形体建模是 3ds Max 中最简单的建模方式，易于操作和掌握。

基础形体模型的创建过程非常简单直观，用户只需单击相应的创建命令按钮，然后在场景视图内单击并拖动鼠标，即可生成三维形体。创建完毕后，在"修改"命令面板可以对模型的参数进行设置和修改。本章主要向读者介绍 3ds Max 中的基础形体的建立和编辑方法。

学习目标

◆ 熟练掌握各种参数模型的创建方法

◆ 正确理解塌陷、法线、平滑组 3 个关键词

◆ 正确掌握修改器的工作模式

◆ 熟练掌握与建模相关的常用修改器

3.1 课时 9: 基础模型有哪些分类？

在 3ds Max 中提供了丰富的基础几何体模型，整体来讲，基础模型可以分为，本体和建筑对象两大类。几何基本体包含的是以几何体为原型的模型形体；建筑对象则是包含了建筑场景中的模型形体。

学习指导：

本课内容属于选修课。

本课时的学习时间为 30~40 分钟。

本课的知识点是熟悉 3ds Max 中基础模型的分类。

3.1.1 几何模型

基础几何模型看起来比较呆板、简陋，但是合理的设置模型参数，依然可以创建出生动的场景模型，图 3-1 所示的卡通玩偶模型就是由基础几何模型创建的。在本章稍后的章节中，将带领大家制作该案例。几何模型的创建命令放置在两个面板中，分别是标准基本体和扩展基本体，下面逐一进行学习。

图 3-1

1. "标准基本体"面板

启动 3ds Max 后，"标准基本体"面板就会出现在默认的"创建"面板中，单击面板中的命令按钮，即可创建基础模型。标准基本体面板共包含 11 种基本体模型，图 3-2 展示了这些模型的外观特征。

图 3-2

2. "扩展基本体"面板

在"创建"命令面板上端的下拉菜单中，选择"扩展基本体"选项，可以打开"扩展基本体"建立面板。"扩展基本体"面板共包含 13 种基本体模型，相比于"标准基本体"面板所包含的模型，"扩展基本体"面板所包含的模型的外形更加复杂多样，图 3-3 展示了"扩展基本体"模型的外观。

图 3-3

3.1.2 建筑对象

由于 3ds Max 被广泛地应用于建筑制图行业，因此，软件内提供了丰富的建筑场景所需要的模型对象，例如门、窗等。只需单击并拖动鼠标既可创建模型，这大大提升了绘图工作效率。建筑对象共包含 4 类工具命令，分别为 AEC 扩展对象、楼梯对象、门对象和窗口对象。

AEC 是"Architecture, Engineering & Construction"（建筑设计、工程设计与施工服务）的英文缩写，AEC 泛指与建筑施工相关的行业。AEC 扩展对象就是建筑行业中所需的模型。其实楼梯、门和窗口对象都可以归为 AEC 扩展对象，但是由于这几个分类中包含的工具非常丰富，因此，就单独列出了独立的面板。

1. AEC 扩展对象

在"创建"命令面板上端的下拉菜单中选择"AEC 扩展"选项，打开"AEC 扩展"建立面板。面板包含植物、栏杆和墙 3 种模型，栏杆和墙可以快速地搭建建筑场景，值得一提的是"植物"工具命令中包含了丰富的植物模型，只需单击即可创建复杂的植物模型。图 3-4 展示了"AEC 扩展"模型的创建效果。

图 3-4

2. "楼梯"模型

"楼梯"模型是建筑设计常见的模型，在"创建"命令面板上端的下拉菜单中选择"楼梯"选项，打开"楼梯"建立面板。面板中共包含 4 种模型，分别为直线楼梯、L 型楼梯、U 型楼梯和螺旋楼梯。图 3-5 展示了"楼梯"模型的创建效果。

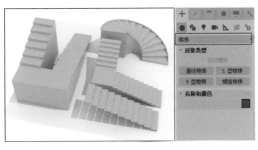

图 3-5

3. "门"模型

在"创建"命令面板上端的下拉菜单中选择"门"选项，打开"门"建立面板。面板中包含 3 种常用的"门"模型，根据门的开合方式被命名为枢轴门、推拉门和折叠门。图 3-6 展示了"门"模型的创建效果。

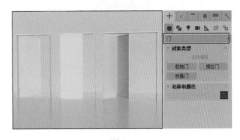

图 3-6

4. "窗口"模型

在"窗口"模型中，几乎包含了所有建筑造型中的窗户形态，这些"窗户"模型不但外形生动，而且提供了设置窗口开合的控制参数，这极大地体现了模型控制的灵活性。在"创建"命令面板上端的下拉菜单中选择"窗"选项，打开"窗"建立面板。面板中共包含 6 种"窗"模型，图 3-7 展示了"窗"模型的创建效果。

图 3-7

3.2 课时 10：如何创建与编辑基础模型？

在了解了 3ds Max 所包含的基础模型后，下面来学习基础模型的创建与编辑方法。3ds Max 创建模型的方法很灵活，读者可以根据工作中的不同要求，选择不同的创建方法。模型在创建后，包含一些基本属性，例如分段、平滑组、参数塌陷等。这些属性会影响下一步对模型的深入编辑，本课将对这些内容进行讲解。

学习指导：

本课内容属于必修课。

本课时的学习时间为 40~50 分钟。

本课的知识点是熟练掌握模型的创建方法，理解模型的基本属性。

课前预习：

扫描二维码观看视频，对本课知识点进行学习和演练。

3.2.1 模型创建方法

基础模型的创建方法非常简单，在视图中单击并拖动鼠标即可完成创建。在场景中单击并拖动鼠标的创建方法，称为交互式创建方法，这种方法可以直观地控制创建模型的外观特征。如果需要创建更精确的模型，可以使用键盘输入参数的方式来创建。下面通过具体操作进行学习。

1. 交互式创建模型

3ds Max 提供了多种视图，这样便于用户观察模型的各个角度。在任意视图单击并拖动鼠标都可以创建模型，但在创建前一定要先想清楚模型的朝向和摆放方式，这样才能选择正确的视图进行创建工作。以上这一点往往是初学者易忽略的。

（1）启动 3ds Max 后，在"创建"命令面板中单击"平面"按钮。

（2）此时如果要创建场景的地面，就在"顶"视图单击并拖动鼠标。

（3）如果在"前"视图或"左"视图创建"平面"模型，那就创建出了类似墙体的立面模型，如图 3-8 所示。

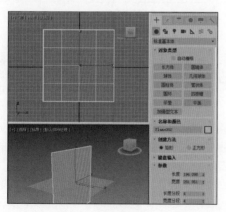

图 3-8

（4）在"创建"命令面板单击"圆柱体"按钮，在"透视"视图单击并拖动鼠标，绘制出圆柱体的半径。半径设置后，移动鼠标即可设置圆柱体的高度，高度设置完毕后单击，完成圆柱体的创建，如图 3-9 所示。

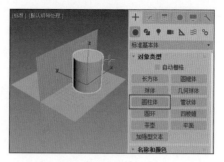

图 3-9

（5）在圆柱体创建完毕后，此时"圆柱体"按钮还是处于激活状态，在"参数"卷展栏内可以修改参数，改变圆柱体的外形，如图 3-10 所示。

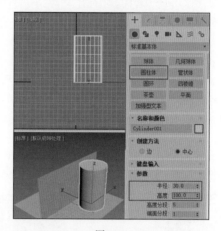

图 3-10

（6）设置完毕参数后，在视图中右击，完成圆柱体的创建。此时"圆柱体"按钮将取消激活状态，同时与模型相关的设置面板也会消失。

（7）如果想要再次修改圆柱体的参数，可以打开"修改"命令面板，如图 3-11 所示。

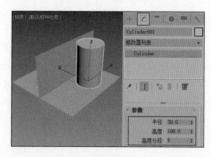

图 3-11

2. 键盘创建模型

除了交互式创建模型的方法外，还可以通过键盘输入的方式创建模型，这样创建模型的优势是更加精准。

（1）在"创建"命令面板单击"长方体"按钮，在面板下端展开"键盘输入"卷展栏。

（2）在"键盘输入"卷展栏内有两组参数，上端"x、y、z"参数栏设置模型建立的坐标位置，下端"长度、宽度、高度"参数栏设置模型的外观。

（3）在"键盘输入"卷展栏内输入参数，然后单击"创建"按钮，即可根据输入的参数建立模型，如图3-12所示。

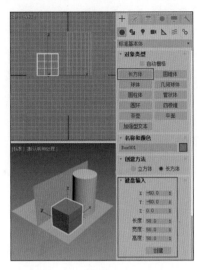

图3-12

大部分的基础模型创建工具，都包含"键盘输入"卷展栏。参数设置栏会根据模型的特征有所变化，但工作原理都是相同的。读者可以试着用键盘输入的方式创建其他的基础模型。

3.2.2 设置模型的名称与颜色

在创建基础模型的过程中，3ds Max会自动为新创建的新模型设置名称和颜色。为了便于识别与管理，用户也可以自定义模型的名称和颜色。

（1）在"创建"命令面板单击"球体"按钮，然后在"透视"视图单击并拖动鼠标，创建球体模型。

（2）此时在"创建"面板下端的"名称和颜色"卷展栏内，会自动生成模型名称和颜色，如图3-13所示。

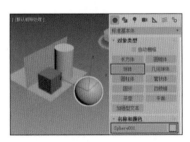

图3-13

（3）在"球体"按钮处于激活状态时，可以在"名称和颜色"卷展栏修改模型的名称和颜色。

（4）单击名称栏右侧的"色块"按钮，此时会弹出"对象颜色"对话框，在对话框内可以修改模型的颜色，如图3-14所示。

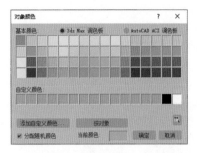

图3-14

对象颜色是对象的一个基本属性，也是3ds Max管理对象的方法，指定的特殊颜色，有助于用户快速识别场景对象。除了模型对象外，像灯光、摄影机等对象也拥有颜色属性。在视图内对象会以默认颜色进行显示。

3.2.3 模型塌陷

基础模型在创建之后，都是带有控制参数的，比如宽度、高度和半径参数等。通过修改控制参数可以调整模型的外形。对模型执行"塌陷"操作后，模型的基础参数将会消失，此时如果想要修改模型的形状，就需要对模型的子对象（顶点、线、面）进行修改了。

（1）在场景内选择"长方体"模型，然后打开"工具"命令面板。

（2）在"工具"命令面板中单击"塌陷"工具按钮，此时在"工具"面板下端会出现"塌陷"卷展栏。

（3）在卷展栏内单击"塌陷选定对象"按钮，对选择的长方体模型进行"塌陷"操作，如图3-15所示。

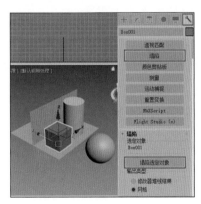

图3-15

（4）模型在塌陷后，打开"修改"命令面板，可以看到长方体模型的基础参数消失，取而代之的是子对象编辑命令面板。

（5）在"修改"命令面板上端的"堆栈栏"内选择"顶点"子对象。

（6）此时模型的顶点就可以进行编辑了，在视图中选择顶点并调整位置。

（7）随着顶点位置被调整，长方体的外形也会被更改，如图 3-16 所示。

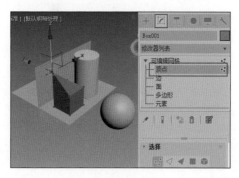

图 3-16

3ds Max 的高级建模方法，就是通过对模型的子对象（点、边、面）进行调整，进而进行建模操作的。关于这些方法将在稍后的章节中进行讲述。

3.2.4　模型的法线

在计算机三维环境中，模型的面是有朝向的，也就是说模型的面有正面和反面。法线用于标注模型面的正面朝向。模型面的正面可以被正常渲染，而反面无法渲染。

（1）在视图中选择塌陷后的长方体模型。

（2）在"修改"命令面板上端的"堆栈栏"内选择"多边形"子对象。

（3）在视图中单击长方体模型顶面，将顶面多边形面选择，如图 3-17 所示。

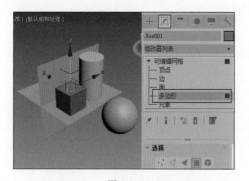

图 3-17

（4）在键盘上按下 < Delete > 键，将选择的多边形面删除。

（5）在菜单栏执行"渲染"→"渲染设置"命令，此时会弹出"渲染设置"对话框。

（6）在"渲染设置"对话框上端单击"渲染器"

下拉选项栏，将渲染器设置为"扫描线渲染器"选项。

（7）激活"透视"视图，然后在"渲染设置"对话框单击"渲染"按钮，对"透视"视图进行渲染，如图 3-18 所示。

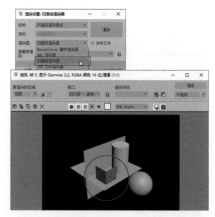

图 3-18

在渲染画面中可以看到，删除顶面后的长方体内侧的两个面消失了，这是因为这两个面是朝向内侧的，当前渲染的是面的背面，所以无法正常渲染。为了便于观察模型面的朝向，可以打开法线显示选项。

（1）在"修改"命令面板的"选择"卷展栏内，选择"显示法线"选项。

（2）在视图中单击选择长方体的侧面多边形面，选择面的表面会出现蓝色的法线辅助线，如图 3-19 所示。

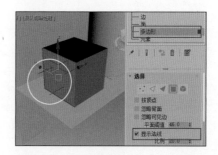

图 3-19

法线辅助线垂直于模型面，用于标注出面的朝向。如果模型面是倾斜的，那么法线辅助线也会呈现倾斜状态。在第 2 章所学习的多种对齐命令，都是参考模型的法线方向进行工作的。

3.2.5　设置平滑组

在 3ds Max 中建立的模型，其模型面的数量是固定的。通过设置模型面的光滑组属性，可以使转折面制作模拟出光滑的转折效果。

（1）在场景中单击圆柱体模型将其选中，打开"修改"命令面板，此时可以对模型的参数进行修改。

（2）在"参数"卷展栏内，试着关闭和开启"光滑"选项。

（3）随着对"光滑"选项的设置，可以看到圆柱体侧面转折面光滑属性也会变化，如图3-20所示。

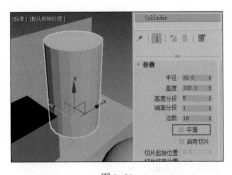

图3-20

在模型被执行塌陷操作后，基础设置参数将会消失。此时可以进入模型的子对象编辑模式，选择需要设置光滑属性的网格面，对其定义光滑组设置。关于光滑组的方法，将会在稍后的章节进行讲述。

3.2.6 关于模型的分段数量

在建立基础模型时，除了要设置模型的尺寸外，还要设置模型的分段数量。有些模型的分段数量并不会直接影响模型的外观，所以很多初学者对于模型的分段设置不是很理解。

如果当前建立的基础模型不再进行修改了，那没有必要对模型的分段进行设置，如果下一步需要对模型外形进行再次编辑调整，那么需要精确地设置分段参数。

（1）在场景中单击圆柱体模型将其选择，打开"修改"命令面板，对模型的参数进行修改。

（2）在键盘上按下＜F3＞键，将当前视图模式切换为线框视图模式，在线框模式下可以更清晰地观察模型的分段结构。

（3）在"参数"卷展栏内，对圆柱体的"高度分段"参数进行设置，可以看到圆柱体的高度分段数量并不会影响圆柱体的外观，如图3-21所示。

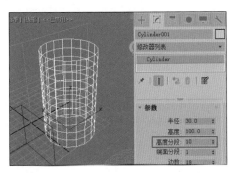

图3-21

（4）在"修改"面板上端，单击"修改器列表"下拉栏，选择"弯曲"修改器，如图3-22所示。

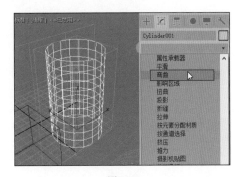

图3-22

（5）在"修改"命令面板展开"参数"卷展栏，此时可以对编辑修改器的参数进行设置。

（6）设置"角度"参数为90.0，此时圆柱体会弯曲90°，如图3-23所示。

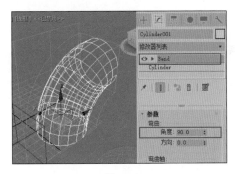

图3-23

（7）在"修改"命令面板上端的"堆栈栏"内选择"Cylinder"选项，此时可以对圆柱体的基础参数进行修改。

（8）在"参数"卷展栏内对圆柱体的"高度分段"参数进行修改，可以看到高度分段数量变化时，圆柱体的弯曲外形也会产生变化，如图3-24所示。

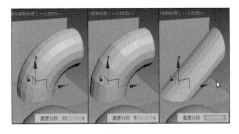

图3-24

3.2.7 项目案例——卡通玩偶爵士乐老布

为了巩固我们前面所学习的知识，在本节将安排一组项目案例操作，带领大家制作卡通玩偶爵士乐老布。通过案例操作，一方面对基础模型操作方法进行练习，另一方面熟悉项目案例的建模流程。

图 3-25 是项目案例完成后的效果。读者可以结合本课教学视频进行学习和演练。

图 3-25

3.3 课时 11：修改器如何工作？

基础模型在创建后，可以利用修改器命令对模型的外形进行变形修改，使模型产生更丰富的变化，从而符合场景的需求。

修改器命令是 3ds Max 中非常重要的一项功能。有些修改器命令可以快速地修改模型外形；有些修改器命令可以设置模型贴图；而有些修改器命令则可以制作模型动画。熟练掌握修改器命令可以简化操作，提升工作效率。在学习这些修改器命令之前，首先要了解修改器命令的工作原理。本课将对上述内容进行详细讲解。

学习指导：

本课内容属于必修课。

本课时的学习时间为 40~50 分钟。

本课的知识点是熟悉创建对象的流程，熟练掌握对象的选择方法。

课前预习：

扫描二维码观看视频，对本课知识点进行学习和演练。

3.3.1 "修改"命令面板

通过前面内容学习，相信各位读者对于"修改"命令面板已经非常熟悉了。对象在建立之后，其参数都是在"修改"命令面板中进行设置与修改的。除了设置模型的参数，"修改"命令面板也是修改器命令的设置面板，下面通过具体操作进行学习。

1. 设置修改器面板

选择场景中的对象后，在"修改"命令面板可为对象添加修改器，3ds Max 包含的修改器非常多，为了让用户便于查找与选择，所以编辑修改器按照类型进行了分类。

（1）启动 3ds Max 后，在"创建"面板内选择"茶壶"按钮。在场景中单击并拖动鼠标创建茶壶模型。

（2）在"参数"卷展栏内对茶壶的参数和外观进行设置，如图 3-26 所示。

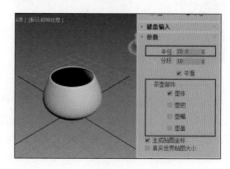

图 3-26

（3）打开"修改"面板，在面板上端单击"修改器列表"下拉栏，即可为对象添加修改器。

（4）在"修改器列表"中选择"挤压"编辑修改，然后在"参数"卷展栏对修改器参数进行设置，如图 3-27 所示。

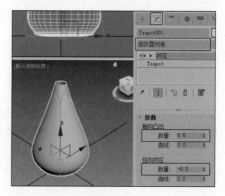

图 3-27

除了在"修改器列表"下拉栏内选择修改器以外，3ds Max 还可以将常用的修改器，以按钮形式陈列在"修改"命令面板上端。

（1）在"修改"命令面板上端"堆栈栏"窗口的下端，提供了一排按钮。

（2）单击右侧的"配置修改器集"按钮，可以弹出"修改器命令配置"菜单。

（3）在配置菜单中选择"显示按钮"命令，修改器命令按钮将会显示在"修改"面板上端，如图 3-28 所示。

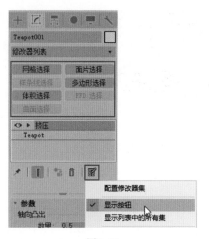

图 3-28

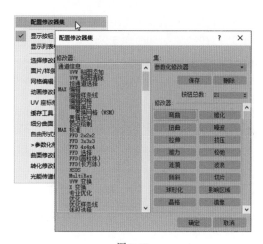

图 3-30

2. 修改器堆栈栏

理论上用户可以为选择对象添加无数个修改器命令，但是添加的修改器命令越多，占用计算机的运算资源也就越多。所以应该合理地设置与管理修改器命令。

"修改"命令面板上端的"堆栈栏"就是专门用于管理修改器的窗口。为对象添加的所有修改器都会陈列在堆栈栏窗口内。另外，堆栈栏还可以修改或删除修改器命令。

在当前场景，已经为茶壶模型添加了两个修改器了，分别为"挤压"和"弯曲"修改器。在"堆栈栏"窗口内，可以切换到不同的数据层，例如，选择最底层的"Teapot"层，可以对茶壶模型的创建参数进行修改；如果选择"挤压"修改器层，则可以对"挤压"修改器参数进行修改。

（1）在"堆栈栏"窗口选择"Teapot"层，然后在"参数"卷展栏内可以修改茶壶模型的基础参数，如图 3-31 所示。

提示

在配置菜单的下半部分是修改器分类集，选择不同的集合，"修改"面板上端将呈现不同的修改器按钮。当按钮集合在面板上呈现时，配置菜单中集合的名字前会出现一个箭头指示图标。

（4）在配置菜单中选择"参数化修改器"命令，"参数化修改器"集中的修改器将呈现在"修改"命令面板上端。

（5）单击"弯曲"按钮为模型添加修改器，并对修改器参数进行设置，如图 3-29 所示。

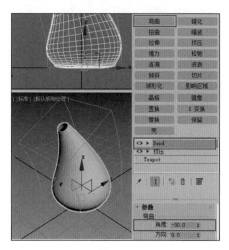

图 3-29

为了节省"修改"命令面板的空间，所以将修改器命令按钮进行了隐藏。单击"配置修改器集"按钮，在弹出的配置菜单中再次选择"显示按钮"命令，此时会隐藏修改器按钮。

在配置菜单中选择"配置修改器集"命令，会弹出"配置修改器集"对话框，在该对话框内可以对修改器的配置集进行修改和自定义，如图 3-30 所示。关于修改器集的配置方法将在本节配套的教学视频中详细讲解。

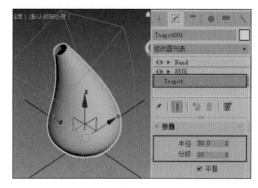

图 3-31

（2）在"堆栈栏"窗口选择"挤压"层，然后对"挤压"修改器的参数进行修改。

（3）为了只观察"挤压"修改器的变形效果，而不受上层修改器的影响，可以单击"显示最终结

果开 / 关切换"按钮，关闭显示最终结果，只显示当前工作层的效果，如图 3-32 所示。

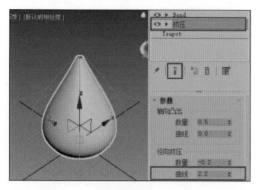

图 3-32

（4）在"堆栈栏"窗口选择"Bend"层就回到了修改数据层的最上层了。

（5）此时，如果只想观察"弯曲"修改器效果，可以暂时将"挤压"修改器隐藏显示。

（6）在"堆栈栏"窗口单击"挤压"层前端的眼睛图标，将其关闭，此时"挤压"修改器效果将会隐藏，如图 3-33 所示。

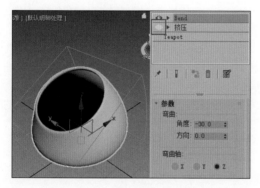

图 3-33

通过上述操作相信大家已经能够体会到"堆栈栏"的优势了，模型的所有数据都完整保存了下来，用户可以随时返回底层，对数据进行修改。这一点极大地提升了建模工作的灵活性。

3. 修改器的堆栈顺序

"堆栈栏"是修改器命令的管理窗口，在"堆栈栏"内可以更改修改器的顺序，也可以随时添加和删除新的修改器。在这里需要注意的是修改器的堆栈顺序，会直接影响模型的最终外观效果。

（1）在"堆栈栏"窗口选择最底层的"Teapot"茶壶层，然后在"修改器列表"下拉栏内选择"网格选择"进行修改。

（2）此时在堆栈栏可以看到茶壶模型层上端添加了新的"网格选择"修改器，如图 3-34 所示。

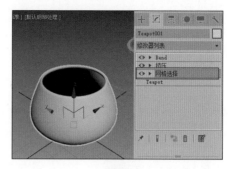

图 3-34

提示

"网格选择"修改器用于选择模型的子对象（点、线、面），该修改器并不能对子对象进行修改，使用"网格选择"修改器在选择了模型子对象后，可以利用其他修改器对选择集进行修改与变形。

（3）在"堆栈栏"内单击"网格选择"修改器前端的三角箭头，将修改器的子对象层展开。

（4）在子对象层内选择"顶点"子对象，此时就选择了茶壶模型的顶点，如图 3-35 所示。

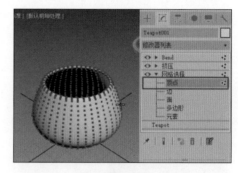

图 3-35

（5）在"修改"面板下端的"软选择"卷展栏内激活"使用软选择"选项，然后在"前"视图内框选中茶壶模型的下半部分，如图 3-36 所示。

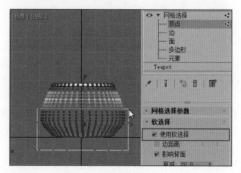

图 3-36

（6）在堆栈栏内选择最上层的修改器，此时由于修改器的目标由模型转变为顶点，因此得到的模型外形也会发生改变。

（7）观察堆栈栏内的修改器管理层，在修改器名称的右侧会出现顶点符号，表明当前修改器的工作目标是顶点子对象，如图3-37所示。

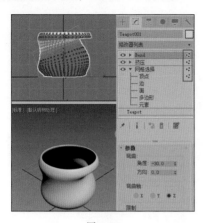

图3-37

（8）在堆栈栏内再次选择"网格选择"修改器，然后在堆栈栏下端单击"从堆栈中移除修改器"按钮，则将选择的修改器删除，此时茶壶模型恢复至原来的状态，如图3-38所示。

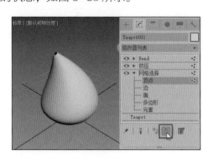

图3-38

通过上述操作，可以看出在"堆栈栏"内设置修改器的方法是非常灵活的，用户可以根据建模工作的需要自由地添加、删除修改器。此时，初学者一定要注意，修改器命令的添加顺序会影响模型的最终结果。

在堆栈栏内单击并拖动"Bend"修改器层至"挤压"修改器层的下端，对茶壶模型先执行"弯曲"修改器再执行"挤压"修改器，此时模型外形和操作前相比产生了较大变化，如图3-39所示。

图3-39

4. 对多个模型应用修改器

如果有多个对象需要使用相同的编辑修改器，此时可以对编辑修改器进行复制操作。

（1）在"创建"面板单击"茶壶"按钮，在场景中再次创建一个茶壶模型。

（2）选择已经添加了编辑修改器的茶壶，在"堆栈栏"窗口内右击已经添加的修改器，在弹出的快捷菜单中选择"复制"命令，如图3-40所示。

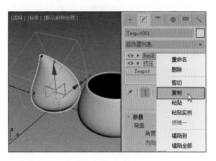

图3-40

（3）选择新建立的茶壶模型，然后在堆栈栏内右击，在弹出的菜单内选择"粘贴"命令，可以将修改器复制到新建模型中。

（4）按下＜Ctrl+Z＞快捷键，返回之前的状态，然后再次右击堆栈栏窗口，这次选择"粘贴实例"命令。

使用"粘贴实例"命令粘贴的修改器，与复制的原修改器之间会存在关联关系，也就是说调整其中一个对象修改器，另一个对象也会产生相同的变化，读者可以试着改变修改器的参数，观察两个模型之间的关联。具有关联关系的修改器，其名称在堆栈栏内将会以斜体呈现，如图3-41所示。

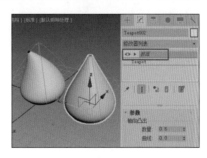

图3-41

在堆栈栏下端内单击"使唯一"按钮，可以使关联的修改器唯一化，也就是说将当前修改器与关联的修改器取消关联关系。

3.3.2 修改器的工作原理

虽然修改器的分类非常多，但是很多修改器还是有一些共同的属性和设置方法的。首先来学习修改器的工作原理。

1. 修改器的中心点与 Gizmo 范围

很多修改器命令是拥有子对象的，中心点和 Gizmos 范围这两种子对象是最常见的。修改器中心点可以设置变形中心点位置，Gizmo 范围可以设置修改器所影响的范围。调整中心点和 Gizmo 范围会影响修改器最终的修改结果。

（1）在场景中选择新建立的茶壶模型，在堆栈栏内将"挤压"修改器的子对象展开。

（2）选择 Gizmo 子对象，然后在场景中沿 z 轴调整 Gizmo 子对象的位置，可以看到 Gizmo 范围影响了修改器的编辑结果，如图 3-42 所示。

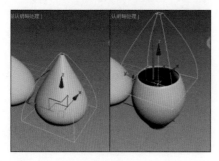

图 3-42

（3）选择"中心"子对象，然后在场景中沿 y 轴调整修改器中心的位置，可以看到中心点影响了修改器的编辑结果，如图 3-43 所示。

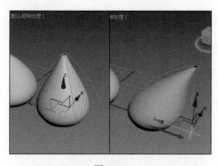

图 3-43

2. 修改器的塌陷

在前面的内容中，曾经学习过模型的"塌陷"操作。模型塌陷后，会由参数化模型转变为网格模型，在第 3.2.3 小节讲述对模型执行"塌陷"操作时，使用的是"工具"面板的"塌陷"工具，在堆栈栏内也可以执行塌陷操作。

模型在塌陷后所有的原始参数将会消失，所以在执行塌陷操作前，应对模型进行复制备份，将原始数据保存好。塌陷操作的优点是将所有的可修改数据，塌陷为模型最基础的点、线、面的结构，这样可以最大化地降低内存占用空间，从而为下一步设置更复杂的材质和动画工作做好准备。

（1）在场景中选择茶壶模型，打开"修改"面板。

（2）在"堆栈栏"窗口最上端右击修改器，在弹出的菜单中执行"塌陷全部"命令，此时会弹出"警告"对话框，警告用户塌陷后模型的基础参数将会消失，如图 3-44 所示。

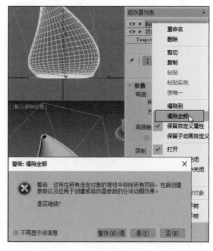

图 3-44

（3）"警告"对话框下端有 3 个按钮，分别为"暂存 / 是""是""否"，单击"是"按钮执行塌陷操作；单击"否"按钮取消操作；如果单击"暂存 / 是"按钮，则会在执行塌陷操作前先执行"暂存"命令。

（4）执行"暂存"命令可以将当前场景暂时保存到磁盘上，如果发现塌陷结果不满意，可以执行"取回"命令，恢复场景数据。在"编辑"菜单下可以执行"暂存"和"取回"命令。

在堆栈栏内可以将所有的修改器塌陷，也可以将部分修改器塌陷。

（1）在"堆栈栏"窗口右击"挤压"修改器，在弹出的菜单内选择"塌陷到"命令。

（2）在弹出的"警告"对话框单击"是"按钮，完成塌陷操作。此时在堆栈栏内保留了"Bend"弯曲修改器。

（3）在弯曲修改器内的所有数据都会塌陷为网格对象，如图 3-45 所示。

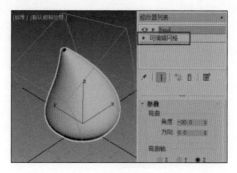

图 3-45

3. 如何学习和掌握修改器？

在 3ds Max 中包含了丰富繁杂的修改器命令。3ds Max 软件对这些编辑修改器进行了简单的分类。在堆栈栏下端单击"配置修改器集"按钮，在弹出的菜单中选择"显示列表中的所有集"命令，此时单击"修改器列表"下拉栏，修改器列表将会按照不同的分类集进行陈列，如图 3-46 所示。大家可以拖动修改器列表，查看这些修改器分类集。

图 3-46

虽然 3ds Max 对编辑修改器进行了分类，但是这么多的修改器命令，还是会让初学者眼花缭乱、手足无措。此时初学者大可不必畏惧，整体来讲，3ds Max 中的编辑修改器可以分为 4 大类，分别是辅助建模修改器、贴图坐标设置修改器、动画设置修改器、优化渲染修改器。每类修改器都能解决一项工作中的问题，修改器的工作方式非常单纯直接，在了解了修改器本身的工作特点后，学习起来还是非常简单的。

初学者在学习时，可以从常用的编辑修改器入手，不太常用的编辑修改器可以先搁置，在工作中用到时再进行深入学习和研究。

3.3.3 项目案例——制作异形花盆模型

通过上述内容，相信大家已经掌握了修改器的工作原理。结合已经学习的这些知识，在本节安排了一组建模案例。使用编辑修改器，快速精确地建立一个非常具有艺术感的花盆，如图 3-47 所示。通过该案例一方面可以对学习的知识进行演练，另一方面可以对修改器建模方法进行体验。

图 3-47

3.3.4 项目案例——制作排水系统模型

接下来将学习几个与基础型建模相关的修改器，这几个修改器简单、直接，所创建的效果丰富、生动，可以提升建模工作的效率。

"弯曲"修改器能够将当前选择对象，按照指定轴向进行弯曲变形，用户可以精确地指定弯曲的位置和方向。重复应用该修改器，还可以让对象进行多次弯曲。"弯曲"编辑修改器常用于制作弯曲的管道、路灯等模型。

下面通过一组案例操作，来学习"弯曲"修改器的使用方法，在案例中利用"弯曲"修改器精确地控制了管道模型的多次弯曲效果。图 3-48 展示了案例完成后的效果。读者可以打开本书附带文件 /Chapter-03/"管道弯曲 .max"文件，查看案例完成后的效果。扫描下端二维码，打开视频教学，对本节内容进行学习和演练。

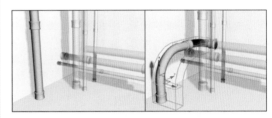

图 3-48

3.3.5 项目案例——制作卡通冰激凌模型

"锥化"修改器可以使模型的一端放大或缩小，使模型产生锥状的变形效果。在锥化变形的过程中，还可以对锥化模型的侧边设置膨胀或缩减变形。本节案例利用"锥化"修改器制作冰激凌模型的锥化变形。

"扭曲"修改器可以将模型按指定的轴向进行旋转扭曲变形，这种变形效果如同生活中拧湿衣服的形态。很多具有螺旋状形态的模型，都可以使用"扭曲"修改器进行制作。在本案例中利用"扭曲"修改器制作冰激凌模型螺旋扭曲的火山造型，图 3-49 展示了冰激凌模型完成后的效果。打开本书附带文件 /Chapter-03/"冰淇淋扭曲 .max"文件查看完成后的模型。扫描下端二维码，打开教学视频，对本节内容案例进行学习和演练。

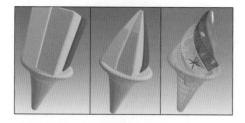

图 3-49

3.3.6　项目案例——制作海面模型

"噪波"修改器能够使模型对象表面产生类似于水波的噪波抖动效果，并且这种噪波变形可以生成规律的动画变形，模拟真实的水波流动或旗帜飘扬效果。

本节案例将使用"噪波"修改器制作大海日出场景，利用该修改器模拟真实的海面波纹，图 3-50 展示了案例完成后的效果。打开本书附带文件 /Chapter-03/ 海面噪波 / "海面噪波 .max"文件，可以查看完成后的案例场景。扫描下端二维码，打开教学视频，对本节内容进行学习和演练。

图 3-50

3.3.7　项目案例——制作苹果模型

自由变形（FFD）修改器是经常用到的形体变形修改器命令。FFD 是 "Free From Deformation"（外形自由编辑）的英文缩写。顾名思义，使用这些修改器可以方便地对三维形体的外形进行任意的编辑。FFD 修改器包含很多种，有的适合方形，有的适合球体等，不管是哪一种 FFD 修改器它们的操作方法都是相同的。用户可以根据工作需求进行选择。对模型对象添加了 FFD 编辑修改器后，在模型的外部会出现 FFD 控制柄，通过调整控制柄的位置可以影响形体的外形。

在本节案例中使用 FFD 修改器，把一个球体模型变形为一个生动的苹果模型。图 3-51 展示了案例完成后的效果。打开本书附带文件 /Chapter-03/"青苹果 FFD.max"文件可以查看完成后的模型。扫描下端二维码，打开教学视频，对本节内容进行学习和演练。

图 3-51

在 3ds Max 中包含了丰富的二维图形创建工具，使用这些工具，用户可以创建所有能够想象的图形。很多初学者可能会奇怪为什么三维软件要包含二维图形绘制工作。因为，二维图形在三维设计制作中的作用是很重要的。

首先，二维图形可以作为建立模型的图形资源，可以定义三维模型的外观特征；其次，二维图形还可以作为动画设置的辅助控件，让对象沿图形路径进行运动。本章将详细讲述这些功能。

学习目标

◆ 掌握各种图形创建工具的使用方法
◆ 能够快速精确地编辑二维图形
◆ 正确理解二维图形建模的原理
◆ 熟练掌握放样建模方法

4.1 课时 12：二维图形有哪些分类？

3ds Max 包含了丰富的二维图形绘制工具，并且根据工具的特点对其进行了分类。在"创建"面板上端，单击"图形"次面板按钮，即可展开图形绘制工具面板。在"图形"次面板上端的下拉栏内，可以选择不同种类的图形绘制工具，如图 4-1 所示。

图 4-1

二维型建立工具虽然非常多，但整体可以分为两大类：一类为规则的参数图形型建立工具，即可以使用参数控制的规则图形；另一类为不规则的二维型建立工具，即通过手动绘制的方式创建图形，下面对这些功能进行学习。

学习指导：

本课内容属于选修课。

本课时的学习时间为 30~40 分钟。

本课的知识点是熟悉二维图形的分类。

4.1.1 参数样条线

样条线面板内包含了我们生活中常见的规则图形工具，例如圆形、方形等。选择相应的工具，只需在视图中单击并拖动鼠标即可绘制参数化的规则图形，如图 4-2 所示。通过设置图形的基础参数可以精确控制图形的外观形状。

图 4-2

4.1.2 非参数样条线

在"样条线"工具中有 3 个特殊的工具，分别为"线""徒手"和"截面"。这 3 个工具可以创建非参数化的自由图形。

1. 线工具

"线"工具可以通过单击建立顶点的方式绘制样条线图形。

（1）在"图形"次面板单击"线"工具，在"顶"视图单击即可创建拐角顶点，连续单击绘制线段，如图 4-3 所示。

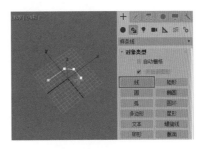

图 4-3

（2）单击并拖动鼠标可以创建贝塞尔顶点，此时将会绘制带有弧度的线段，如图 4-4 所示。

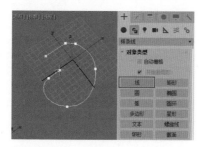

图 4-4

2. 徒手工具

"徒手"工具和"线"工具比较类似，都可以绘制自由图形，不同点是两者的绘制方法不同。在"图形"次面板单击"徒手"工具，在"顶"视图单击并拖动鼠标即可绘制图形，如图 4-5 所示。

图 4-5

3. 截面工具

"截面"工具创建二维图形比较特殊，该工具必须配合三维模型进行使用，它可以截取三维模型的剖面，将剖面形状生成二维图形。

（1）在菜单栏执行"文件"→"打开"命令，打开附带文件 /Chapter-04/"雕像 .max"文件。

（2）在"图形"次面板单击"截面"工具，然后在"前"视图中心处单击并拖动鼠标绘制截面，如图 4-6 所示。

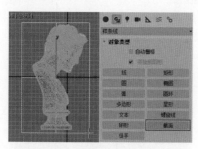

图 4-6

（3）在"透视"视图中可以看到在截面图形与雕像相交的位置出现一条黄色相交线。

（4）使用"选择并移动"工具选择截面型，将其移动到雕像头部的正中间，如图 4-7 所示。

图 4-7

（5）进入"修改"面板，在"截面参数"卷展栏中单击"创建图形"按钮。

（6）此时会弹出"命名截面图形"对话框，在对话框内设置新图形的名称，单击"确定"按钮。

（7）此时将基于三维模型的剖面创建出一个二维图形，如图 4-8 所示。

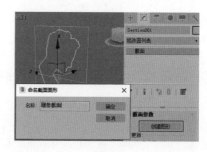

图 4-8

使用"线""徒手"和"截面"创建的图形没有参数，所以要修改图形的形状，就要对样条线的子对象（顶点、线段、样条线）的位置和形态进行修改。关于样条线的编辑我们在第 4.1.3 小节进行讲述。

4.1.3 扩展样条线

"扩展样条线"类型的工具适合创建建筑物的墙体模型，根据不同的墙体结构，选择不同的工具，在场景视图内单击并拖动鼠标即可创建墙体的剖面图形，如图 4-9 所示。然后再结合二维型修改器为图形增加厚度，完成墙体建模。

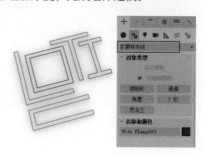

图 4-9

3ds Max 三维艺术与设计 50 课（全彩慕课版）

4.1.4　NURBS 曲线

首先我们要明白 NURBS 是什么意思。NURBS 是非均匀有理 B 样条（Non-Uniform Rational B-Splines）的英文缩写，NURBS 是一种非常优秀的建模方式，该建模方式可以准确地控制模型表面的曲率，常用于制作拥有光滑表面的工业产品模型。NURBS 曲线工具可以为 NURBS 建模制作图形资源，将 NURBS 图形通过挤压或旋转等操作生成 NURBS 模型。

3ds Max 可以绘制两种 NURBS 曲线，分别是"点曲线"和"CV 曲线"，它们都是 NURBS 曲线，只是控制曲线外形的方法不同。"点曲线"是靠光滑的顶点控制曲线形状，"CV 曲线"则是靠曲线的控制柄控制曲线形状，如图 4-10 所示。NURBS 曲线工具是配合 NURBS 建模使用的，所以在这里就不再对其进行详细讲述了。

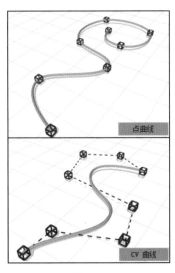

图 4-10

4.1.5　Max Creation Graph 图形

在高版本的 3ds Max 中提供了 Max Creation Graph（MCG）功能，该功能可以让用户以图表的方式创建工具和插件。在"脚本"菜单下执行"Max Creation Graph 编辑器"命令可以打开 Max Creation Graph 工具面板，在面板内可自定义工具。

在"图形"次面板下提供的 Max Creation Graph 图形工具，是 3ds Max 为用户创建好的 3 个图形绘制工具。利用这些工具可以绘制一些特殊的二维图形。

1. MCG Donut

MCG Donut（MCG 圆环）工具非常简单，选择该工具并在视图中单击即可创建一个圆环。

2. MCG Mesh Edges To Spline

MCG Mesh Edges To Spline（MCG 网格边转换为曲线）工具非常强大，该工具可以根据三维模型的网格结构生成一组样条线。

（1）在"创建"面板内单击"茶壶"工具，在视图中单击并拖动鼠标创建茶壶模型。

（2）打开"创建"面板的"图形"次面，在上端下拉栏内选择"Max Creation Graph"选项。

（3）单击"MCG Mesh Edges To Spline"工具，在视图中单击。

（4）此时在场景中创建了一个 MCG Mesh Edges To Spline 对象，该对象没有点线面的结构属性。

（5）打开"修改"面板，单击"Mesh"按钮，然后在场景中拾取"茶壶"模型，此时 MCG Mesh Edges To Spline 对象会根据茶壶模型的网格结构生成样条线，如图 4-11 所示。

图 4-11

3. Sin Wave

Sin Wave（正弦波浪线）工具可以创建波浪线。选择该工具并在视图中单击即可创建，更改参数可以调整波浪线样条线的外观，如图 4-12 所示。

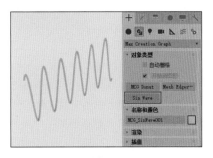

图 4-12

4.2　课时 13：如何创建与编辑二维图形？

在了解了 3ds Max 中二维图形的分类后，接下来将学习图形的创建方法，以及二维图形的公共属性。二维图形的公共属性包括渲染、步长值、塌陷等，这些属性会影响下一步的建模操作。本课将对这些内容进行详细讲解。

学习指导：

本课内容属于必修课。

本课时的学习时间为 40~50 分钟。

本课的知识点是掌握二维图形的创建方法，理解二维图形的公共属性。

课前预习：

扫描二维码观看视频，对本课知识进行学习和演练。

4.2.1 图形的创建方法

在选择二维图形工具后，通过单击，或单击并拖动鼠标可以在视图中创建图形。另外，通过键盘输入的方式也可以创建二维图形。

（1）在"图形"次面板中选择"矩形"工具，然后在下端卷展栏内展开"键盘输入"卷展栏。

（2）在"键盘输入"卷展栏输入相应的参数，单击"创建"按钮，即可创建矩形图形，如图 4-13 所示。

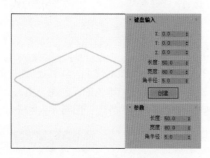

图 4-13

使用键盘输入方式创建图形的优点在于，可以在创建图形的第一时间，精确定义位置和参数信息。

在"图形"次面板上端还提供了两个选项，分别为"自动栅格"和"开始新图形"。"自动栅格"选项在前面的章节已经学习过了，开启后可以捕捉场景中倾斜的表面。

"开始新图形"选项默认是打开的，启用该选项后，每次绘制的都是一个独立的二维图形。如果需要绘制由多个图形组合的复合图形，那就需要关闭该选项。

（1）再次在"图形"次面板内单击"矩形"按钮，然后在面板上端将"开始新图形"选项设置为不选择状态。

（2）在视图中单击并拖动鼠标，再次创建矩形图形。

（3）此时创建的图形与之前创建的矩形，组合成了一个复合图形，同时两个矩形图形的基础参数将会消失。

（4）打开"修改"面板，可以看到新建图形的基础参数已经消失了，如果要对图形的形状进行修改，只能通过调整图形子对象（顶点、线段、样条线）的方法进行修改了，如图 4-14 所示。

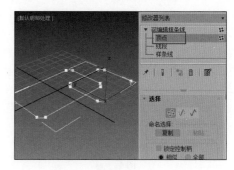

图 4-14

4.2.2 图形渲染设置

二维图形在默认状态下是无法进行渲染的。二维图形不具备"面"的属性。如果场景中需要线状模型，比如绳子、电线等。可以对二维图形的"渲染"选项进行设置，使其以三维形态被渲染。

通过"渲染"卷展栏可以打开或关闭二维图形的渲染属性，另外还可以对渲染图形的外观，以及贴图坐标等参数进行设置。

（1）打开本书附带文件 /Chapter-04/ 样条线 .max，选择场景中的样条线图形。

（2）在"修改"面板中打开"渲染"卷展栏，该卷展栏包含了图形渲染的选项与参数。

（3）启用"在渲染中启用"复选框，然后对场景进行渲染，图形将以柱状三维形体呈现，如图 4-15 所示。

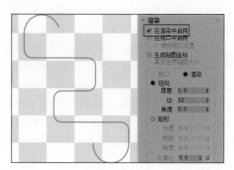

图 4-15

（4）启用"在视口中启用"复选框后，场景视图中的二维图形将以三维形体状态呈现。

在 3ds Max 中可以将二维图形设置为两种形态，一种是默认的柱状形态，另一种是矩形形态。并且提供了详细的参数来设置形体的外形。

（1）在"渲染"卷展栏内，选择"径向"选项图形以柱状形态显示。

（2）选择"矩形"选项图形以矩形形态显示，如图 4-16 所示。修改参数可以调整矩形外观特点。

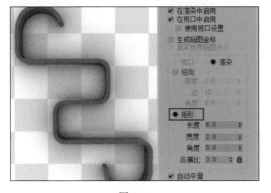

图 4-16

在"渲染"卷展栏内还提供了很多选项和参数，读者可以根据本节教学视频进行详细的学习。

4.2.3 设置步长值

在矢量绘图软件中提供了步长值控制参数，步长值用于设置图形在弯曲时的适配顶点。我们知道线是由点组成的，但是在绘图环境中，线段不可能设置无数个点，工作中通过绘制顶点来定义图形的形状，顶点与顶点之间软件会自动设置适配顶点，适配顶点多，则曲线转折光滑；适配顶点少，则曲线会出现拐角形态，如图 4-17 所示。适配顶点的数量称为步长值。

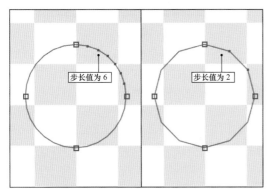

图 4-17

（1）打开本书附带文件 /Chapter-04/ 台灯 .max。

（2）选择台灯支架图形，在"修改"面板打开"插值"卷展栏。

（3）通过"步数"参数可以设置样条曲线每个

顶点之间的适配顶点，步数越多，图形的转折就越平滑，如图 4-18 所示。

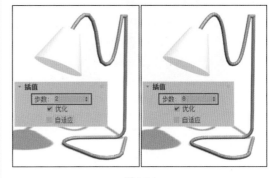

图 4-18

（4）启用"优化"复选框后，3ds Max 会自动判断顶点间需要设置的适配顶点数量。

（5）弯曲线段会适配较多的步数，但不会超过设置的步数值；直线线段会减少步数，如图 4-19所示。

（6）启用"自适应"复选框，步数参数将不再产生作用，软件会根据曲线形态设置适配顶点数量。

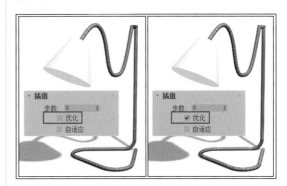

图 4-19

4.2.4 图形布尔运算

一些复杂的图形，需要将多个图形进行组合，利用图形间的相加、相减或相交组合出新的图形形状。这就是图形布尔运算操作。高版本的 3ds Max 在"图形"次面板中添加了"复合图形"选项，在该选项下可以对图形设置布尔运算操作。

（1）打开本书附带文件 /Chapter-04/ "房子 .max"文件。

（2）在"顶"视图中选择五边形图形，然后在"创建"面板中打开"图形"次面板，在上端选项栏内选择"复合图形"选项。

（3）"复合图形"选项内只有一个工具，就是"图形布尔"工具，单击该工具对选择图形执行布尔运算，如图 4-20 所示。

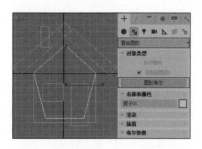

图 4-20

（4）在"布尔参数"卷展栏内单击"添加运算对象"按钮。

（5）然后在"顶"视图内，由上至下单击其他图形，将图形添加至布尔运算中。

（6）添加至布尔运算操作的图形，其名称会出现在"运算对象"列表内，如图 4-21 所示。

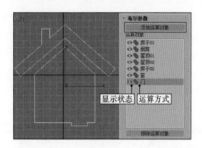

图 4-21

（7）在"运算对象"列表内还可以看到图形的运算方式和显示状态。

（8）在"运算对象"列表内单击图形前段的眼睛图标可以设置图形参与布尔运算，关闭眼睛图标，图形将不参与布尔运算。

（9）在"运算对象"列表内还可以调整运算对象的顺序，在列表内单击"房子 01"图形，然后拖动图形至"屋顶 02"图形下，如图 4-22 所示。

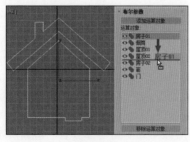

图 4-22

> **提示**
>
> 图形在列表内的顺序是很重要的，列表顺序决定了图形参与布尔运算的顺序，布尔运算按照列表顺序由上至下进行运算。

（10）打开"修改"面板，继续对布尔运算对象进行设置。

（11）在默认状态下，新添加的运算对象，其运算方式都是"并集"方式，该方式将所有的图形相加组合，交叠部分将会消失。

（12）在列表内选择"窗"图形，然后在"运算对象参数"卷展栏内单击"减去"按钮，此时"窗"图形会对图形组进行修剪。

（13）图形的运算方式会在列表栏内产生变化，如图 4-23 所示。

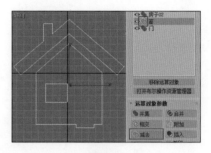

图 4-23

（14）在列表内可以选择一个对象，也可以同时选择多个对象。

（15）在键盘上按下 <Ctrl> 键的同时，在列表栏内单击"门"图形，将"窗"和"门"同时选择，然后将运算方式设置为"减去"方式，如图 4-24 所示。

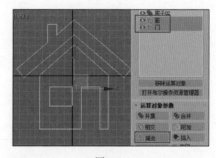

图 4-24

布尔运算共包含 7 种运算方式，除了常用到的"并集"和"减去"方式以外，还有"相交""对称差分""合并""附加""插入"运算方式。

这些运算方式都有各自的特点，有些运算方式在运算时，表面看得到的图形运算结果相同，但在运算结果中，运算图形的顶点组合方式是不同的。以下是对常用的布尔运算方式进行简要介绍。

1. 相交

"相交"运算方式会将图形与图形交叠的区域保留，没有交叠的区域将会消失。

2. 对称差分、合并和附加

使用"对称差分""合并"和"附加"3 种运算方式时，得到的运算结果看起来是一样的。但是运算图形的顶点组合方式是不同的。

"对称差分"运算方式会将图形交叠区域删除，保留没有交叠的区域。

"合并"运算方式会将图形路径相交的位置生成新的顶点，并且这些顶点都是断开的。

"附加"运算方式最为简单，就是将图形附加在一起，每个图形的顶点都没有修改。

这3种运算方式具体使用哪一种，要看后续建模操作中对图形的要求。图4-25为大家展示了3种运算方式对于图形顶点的设置区别。

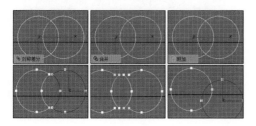

图 4-25

3. 插入

"插入"运算方式和"减去"方式很接近，都是在进行图形的修剪操作。不同点是"减去"方式会将修剪图形移除；"插入"方式会将修剪图形保留，如图4-26所示。

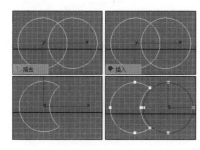

图 4-26

图形布尔运算还可以对运算图形的接缝夹角进行设置。将接缝夹角的外观设置为圆角或切角。

（1）在"运算对象"列表内选择"屋顶01"图形，然后打开"接缝参数"卷展栏。

（2）设置接缝夹角的类型为"圆角"并对圆角的参数进行设置，烟筒图形与屋顶图形接缝夹角呈圆角变化，如图4-27所示。

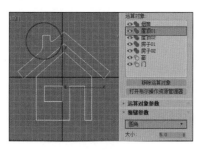

图 4-27

此时很多初学者一定会奇怪，在设置了圆角参数后，为什么烟筒图形处的夹角产生了圆角变化，而两个屋顶图形之间的夹角没有发生圆角变化？

出现这个问题是因为布尔运算是按照图形的排列顺序进行编辑的，在列表里"屋顶01"图形在"烟筒"图形下边，接缝夹角参数只能在这两个图形间发生作用，在列表中将"屋顶01"图形调整至"屋顶02"图形的下层，那么接缝夹角设置将作用于其上的所有图形，如图4-28所示。

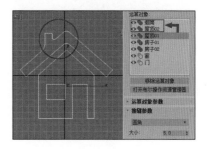

图 4-28

4.2.5　图形的塌陷操作

在创建了参数化的二维图形后，有时还需要对图形的外观做更多的调整。此时就需要将参数化图形转变为样条线。这样就可以对图形的子对象（顶点、线、样条线）进行修改和调整了。该操作称为"塌陷"操作，需要注意的是当参数化图形转换为样条线后，基础参数将会消失。

（1）选择已经创建的图形，在"修改"面板右击堆栈栏窗口，此时会弹出快捷菜单。

（2）在弹出的快捷菜单中可以设置当前图形的转换类型，选择"可编辑样条线"命令，图形将会塌陷为样条线图形，如图4-29所示。

> **提示**
>
> 如果选择其他的转换命令，图形会转换为对应的模型面。

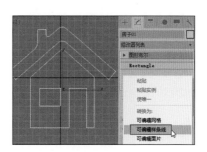

图 4-29

（3）图形在转换为样条线后，在堆栈栏内图形原有的类型名称将会转变为"可编辑样条线"类型。

（4）此时图形的基础参数将会消失，在堆栈栏选择"顶点"子对象。

（5）这时就可以对图形的顶点进行修改了，顶点形态变化将会影响图形的外观，如图4-30所示。

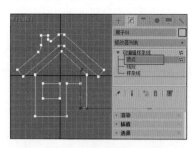

图4-30

4.2.6　图形检验工具

创建二维图形是为了根据图形的形状生成三维模型，例如将图形进行挤压生成高度，二维图形就生成了三维模型。但是如果建立的图形有问题，可能会导致后续生成的三维模型的操作出现问题。这就是创建的二维图形不能自相交的原因，如图4-31所示。

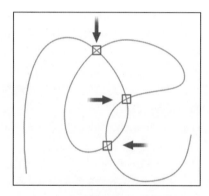

图4-31

有时创建的图形非常复杂，很难快速找到路径相交的问题，沿着图形的顶点，挨个查找又太浪费时间，所以就需要有一个工具帮用户来检查路径相交问题。3ds Max在"工具"面板提供了专门检查图形的工具，下面通过具体操作进行学习。

（1）打开本书附带文件/Chapter-04/图形检查.max。

（2）打开"工具"面板，面板中陈列的工具数量有限，隐藏的工具命令需要单击"更多"按钮来选择。

（3）单击"更多"按钮，在弹出的"实用程序"对话框中选择"图形检查"命令，然后单击"确定"按钮。

（4）此时在"工具"面板下端会出现"图形检查"卷展栏，在卷展栏内单击"拾取对象"按钮，然后在"前"视图拾取路径图形。

（5）此时路径图形中如果有自相交的问题，系统会用红框标注出来，如图4-32所示。

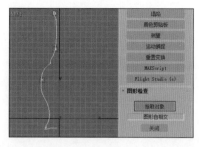

图4-32

4.2.7　项目案例——制作精致的徽标模型

为了使读者能够对二维图形的创建和编辑方法加深理解，在本节安排了一组案例，以具体的操作方式对刚刚学习的知识进行演练与巩固。在案例中将制作一个华丽的金属徽标模型，图4-33展示了案例完成的效果。读者可以根据本课教学视频，对本节内容进行学习和演练。

图4-33

4.3　课时14：如何自由地编辑图形?

参数化图形只能创建规则图形，如果对图形形状有更多的要求，就需要对图形的子对象（顶点、线、样条线）进行编辑，使图形的外形产生更多的细节变化。样条线编辑是非常重要的功能，也是日后工作中常用的功能。本课将对这些知识进行讲述。

学习指导：

本课内容属于必修课。

本课时的学习时间为40~50分钟。

本课的知识点是正确理解图形的编辑原理。

课前预习：

扫描二维码观看视频，对本课知识进行学习和演练。

4.3.1 样条线的创建与编辑

3ds Max 创建和获取样条线对象的方法非常灵活和丰富。通过多种方法可以快速获取工作所需的样条线图形。

对样条线图形进行修改，实际上是对样条线的子对象进行修改。样条线包含 3 个子对象，分别为"顶点""线段"和"样条线"。子对象的位置和属性决定了图形的形状。样条线对象可以包含一根样条线，也可以包含多根样条线，在"修改"面板中包含了所有的样条线编辑工具。

1. 获得样条线

在 3ds Max 获取样条线对象的方法非常多，整体来讲可以分为以下几种途径。

直接绘制

在"创建"面板中选择"线"和"徒手"工具可以直接绘制样条线。

转换二维图形

在创建了二维图形后，在堆栈栏内将其转换为"可编辑样条线"对象。

使用编辑修改器

选择二维图形，在"修改"面板添加"编辑样条线"修改器，可以样条线方式编辑参数化图形。

利用三维模型的外形

在"创建"面板中选择"截面"工具可以获得三维模型的剖面图形。

在编辑三维模型的"边"子对象时，可以将选择的边创建成二维图形，该方法会在讲述多边形建模方法时进行介绍。

导入外部文件

可以通过导入外部文件获得样条线对象，常用的外部文件包括 Illustrate 创建的 .ai 文件，以及 AutoCAD 保存的 dwg 文件。

2. 编辑样条线

"修改"面板包含了样条线所有的编辑命令。这些命令集中放置在"几何体"卷展栏内。展开"几何体"卷展栏，可以看到其中包含了很多命令。有些命令是可以使用的，有些则是灰色的不可使用状态。这是因为有些命令需要进入对应的子对象编辑模式才可以使用。

在"几何体"卷展栏上端，提供了修改样条线外形的命令按钮，分别是"创建线""附加""附加

多个"命令，下面通过具体操作来学习这些命令。

（1）在菜单栏执行"文件"→"打开"命令，打开附带文件 /Chapter-04/ 楼梯 .max。

（2）在"前"视图选择三角形的图形，打开"修改"面板，在"堆栈栏"内选择"Line"选项，此时是对样条线对象进行编辑。

（3）"几何体"卷展栏上端的 3 个工具按钮，可以创建和并入样条线，如图 4-34 所示。

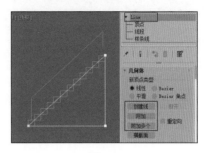

图 4-34

（4）单击"创建线"按钮，此时在视图中单击即可创建样条线，其操作方法和"图形"次面板中的"线"工具相同。

（5）在"前"视图连续单击，绘制一根三角形样条线，如图 4-35 所示。

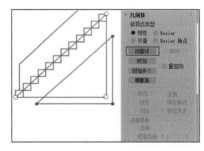

图 4-35

（6）选择"附加"工具，然后在"前"视图的左下角单击拾取矩形图形。

（7）拾取的矩形图形将附加至三角形图形内，成为图形的子样条线，如图 4-36 所示。

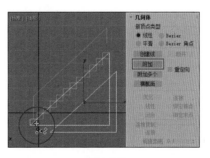

图 4-36

（8）单击"附加多个"按钮，此时会弹出"附加多个"对话框，在对话框内将所有的图形对象都

选中，如图4-37所示。

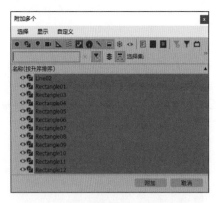

图4-37

（9）单击"确定"按钮，此时场景中的所有图形都附加至当前样条线内。

3. 编辑样条线的子对象

对样条线对象的编辑，主要是对其子对象（顶点、线段、样条线）进行修改与调整。在"选择"卷展栏提供了子对象的选择方式。

（1）在"修改"面板打开"选择"卷展栏，卷展栏上端提供了"顶点""线段"和"样条线"三个按钮。单击按钮即可对对应的子对象进行编辑。

（2）另外在"堆栈栏"内也可以选择对应的子对象，如图4-38所示。

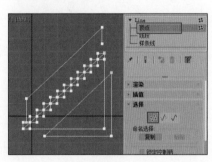

图4-38

在样条线子对象编辑模式下，3ds Max提供了丰富的编辑命令，这些命令可以对样条线的外形做精细的调整。由于命令较多，接下来将对不同的子对象编辑模式分别进行详细讲述。

4.3.2 编辑顶点

样条线是由点组成的。顶点是样条线对象最基础的子对象，两个顶点决定了连线形状。顶点的类型可以设置顶点两侧连线的弯曲度。

1. 顶点的类型

在3ds Max中顶点被定义为4种类型，如图4-39所示。不同类型的顶点可以定义不同类型的线段形态。

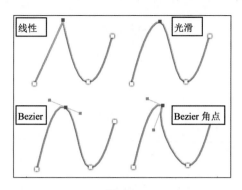

图4-39

线性

线性顶点两端没有控制柄，两端的线段会形成夹角。

平滑

平滑顶点两端没有控制柄，两侧的线段形成平滑的夹角，顶点与线段呈平滑切线状态。

Bezier（贝塞尔）

Bezier顶点两侧具有控制柄，控制柄与线段呈切线状态，两侧控制柄绑定为直线，调整一侧控制柄另一侧的控制柄也会受到影响。

Bezier角点

Bezier角点两侧控制柄没有绑定，调整控制柄可以设置单侧线段的曲率，顶点处会出现夹角。

2. 修改顶点的类型

不同类型的顶点对图形的塑造起着不同的作用，可以根据绘图需要设置和更改顶点的类型。

（1）在视图中选择需要更改类型的顶点，然后在视图中右击，此时会弹出快捷菜单。

（2）在"工具1"菜单中选择"Bezier"选项，更改顶点的类型，如图4-40所示。顶点的类型后边会显示"√"。

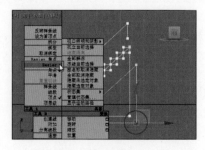

图4-40

（3）为了使顶点处的夹角更圆滑，可以使用"重置切线"命令，系统会将控制柄与圆弧夹角相切。

（4）右击视图，在"工具1"菜单中选择"重置切线"命令，可以看到控制柄发生了变化，如图4-41所示。

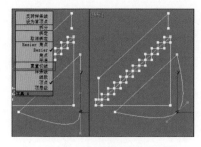

图 4-41

（5）最后，再次将顶点的类型设置为"角点"
类型。

3. 在样条线上添加顶点

在"顶点"子对象模式下，有多种方式可以在
样条线上添加顶点，通过添加和删除顶点操作，可
以修改样条线的外形。使用"优化"和"插入"命
令都可以为样条线添加顶点，这两个命令各有特点，
下面通过具体的操作进行学习。

（1）在"几何体"卷展栏单击"优化"工
具，然后在三角形的斜边上单击即可插入顶点，如
图 4-42 所示。

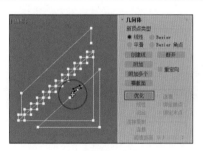

图 4-42

（2）右击视图，在"工具 1"菜单中选择
"Bezier"选项，更改新增顶点的类型。

（3）使用移动工具，在"前"视图调整顶点的
位置，使三角形的斜边产生弧度，如图 4-43 所示。

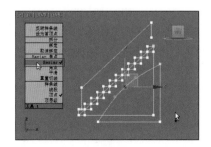

图 4-43

（4）在"几何体"卷展栏单击"插入"工具，

然后在三角形的垂直边单击，插入顶点。

（5）插入顶点后移动鼠标至顶点的位置，再次
单击确定顶点的建立，如图 4-44 所示。

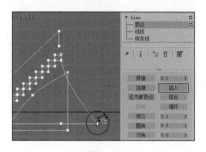

图 4-44

（6）按照上述方法，继续在样条线上插入顶点，
将三角形的外形修改为梯形，如图 4-45 所示。完
成顶点插入后，右击退出"插入"模式。

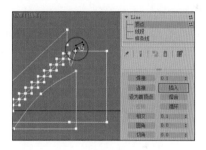

图 4-45

4. 顶点的断开与删除

断开顶点操作，可以将封闭的样条线断开为开
放的样条线。如果有多余的顶点，则可以使用"删
除"工具将其删除。

（1）在梯形图形上端选择最后插入的顶点，然
后在"几何体"卷展栏单击"断开"命令。

（2）此时选择顶点将会断开，变为两个顶点，
由于两个顶点处于相同位置，因此看起来像一个顶点。

（3）使用"选择并移动"工具调整断开顶点的
位置，如图 4-46 所示。

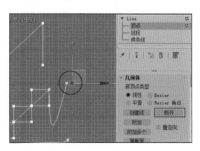

图 4-46

（4）选择左侧的断开顶点，然后在"几何体"卷展栏单击"删除"工具，顶点将会被删除，如图4-47所示。

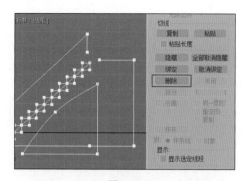

图4-47

提示
"删除"工具是很少用到的，因为按下<Delete>键，可以直接删除选择顶点。

（5）最后在梯形图形的下端横边上，选择中间的多余顶点，按<Delete>键将其删除。

5. 顶点的连接与焊接

通过"连接"工具可以在断开的顶点间连线，还可以将多根样条线连接为一根，也可以将开放的样条线连接成封闭状态。利用焊接操作可以将两个顶点合并为一个顶点，下面通过具体操作进行学习。

（1）在"几何体"卷展栏单击"连接"工具，来到"前"视图。

（2）单击栏杆图形的开始顶点，将鼠标拖至结束顶点，在两个顶点间建立连线，如图4-48所示。

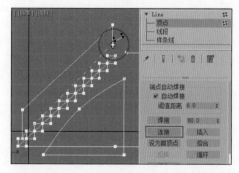

图4-48

接下来学习顶点的焊接操作，焊接操作包含两种方式。

（1）在"前"视图框选梯形图形上端的开口处顶点，然后在"几何体"卷展栏单击"焊接"工具，但此时会发现选择的顶点并没有进行焊接口。

（2）在"焊接"命令的右侧设置顶点间距为100.0，再次单击"焊接"按钮，此时梯形上端的首尾两个顶点将会焊接在一起，如图4-49所示。

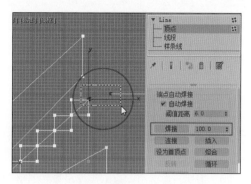

图4-49

在这里初学者需要注意，框选顶点时也将梯形图形左侧的矩形图形的顶点选择了，但是在焊接操作过程中，矩形图形的顶点不受影响。因为"焊接"命令只对样条线首尾顶点，以及相邻的顶点进行焊接操作，不符合这种情况将无法焊接。

以上是使用"焊接"工具进行的操作，另外3ds Max还提供了自动焊接顶点的功能。

（1）按下键盘上的<Ctrl＋Z>快捷键，返回至焊接操作之前。

（2）在"几何体"卷展栏确认"自动焊接"选项为选择状态。

（3）使用"选择并移动"工具，将梯形图形上端开口处的顶点移至另一个顶点处。

（4）当松开鼠标时，开口处的两个顶点将会焊接在一起，如图4-50所示。

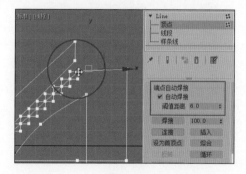

图4-50

"自动焊接"功能只能对样条线端点处的顶点进行焊接。当把一个端点顶点移至另一个端点顶点时，如果两个顶点的间距小于"阈值距离"参数设定的距离时，将会进行自动焊接。

6. 顶点转变为拐角

图形的拐角处顶点可以快速转变为圆滑的拐角，或者平直的切角，具体操作如下。

（1）选择栏杆图形上端的顶点，打开"几何体"卷展栏。

（2）设置"圆角"工具左侧的参数栏为60，顶点将会产生圆角转角，如图4-51所示。

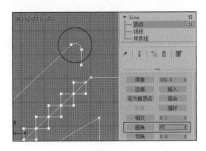

图 4-51

以上是通过参数控制生成圆角，这样做的优点是非常明显。另外，也可以使用交互式的方式，通过拖曳鼠标生成圆角。

（1）按下键盘上的 < Ctrl + Z > 快捷键，在"几何体"卷展栏单击"圆角"工具。

（2）在"前"视图单击并向上拖动需要设置圆角的顶点，将会产生圆角形态。

（3）拖动鼠标的距离决定了圆角的尺寸，同时圆角参数栏也会显示相应的数值，如图 4-52 所示。

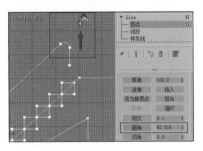

图 4-52

在"圆角"工具的下端是"切角"工具，两个工具的使用方法相同，不同点就是生成的转角形态不同。选择"切角"工具，对栏杆图形下端的顶点进行修改，如图 4-53 所示。

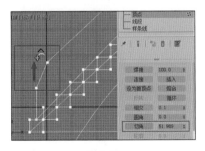

图 4-53

4.4 课时 15：如何编辑线段和样条线？

在了解了图形的编辑原理后，本课将对图形的线段子对象，以及样条线子对象的编辑方法进行详细讲解。

学习指导：

本课内容属于必修课。

本课时的学习时间为 40~50 分钟。

本课的知识点是熟练掌握线段和样条线的编辑方法。

课前预习：

扫描二维码观看视频，对本课知识进行学习和演练。

4.4.1 编辑线段

处于两个顶点间的直线就是线段，线段也是样条线对象的子对象，修改"线段"子对象可以调整样条线的形状。虽然"线段"子对象模式下的编辑命令相对较少，但是这些命令是很重要的，下面对这些命令进行学习。

1. 线段的复制

如果需要多根相同形状的样条线，可以对线段对象进行复制操作。

（1）在菜单栏执行"文件"→"打开"命令，打开附带文件 /Chapter-04/ 楼梯 2.max"文件。

（2）在"前"视图中选择需要编辑的图形，在堆栈栏中选择"线段"选项，进入线段子对象编辑模式。

（3）选择"选择并移动"工具，按下 < Shift > 键，在"前"视图水平移动栏杆图形右侧竖线，对其进行复制，如图 4-54 所示。

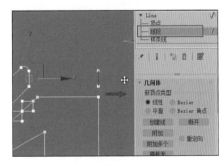

图 4-54

此时复制出的线段是独立于图形以外的，3ds Max 还提供了连线复制功能。按下 < Ctrl + Z > 快捷键，返回上一步操作。

（1）在"几何体"卷展栏内选择"连接复制"选项组内的"连接"选项。

（2）再次执行线段复制操作，此时复制出的线段的每个顶点，与原线段上的顶点，会产生连接线，如图 4-55 所示。

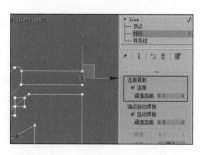

图 4-55

2. 拆分线段

　　拆分线段功能可以按照设定的数值，均匀地在选择的线段上插入顶点，从而将线段拆分为更多的分段。

　　（1）选择栏杆图形左侧的斜线线段，然后在"几何体"卷展栏内设置"拆分"工具后侧的参数为8。

　　（2）单击"拆分"工具，选择的线段上插入了8个新顶点，如图 4-56 所示。

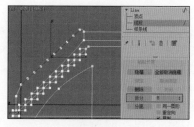

图 4-56

　　（3）选择栏杆图形右侧上端线段，然后在"几何体"卷展栏内设置"拆分"工具参数为4。

　　（4）单击"拆分"工具，选择的线段上插入了4个新顶点，如图 4-57 所示。

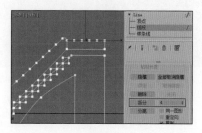

图 4-57

3. 分离线段

　　分离命令是较为常用的操作，该命令可以将选择线段分离成独立的样条线对象，生成一个新的图形。

　　（1）在"前"视图选择栏杆图形下端的线段，在"几何体"卷展栏单击"分离"工具。

　　（2）此时会弹出"分离"对话框，在对话框内可以对分离的图形设置名称。

　　（3）单击"确定"按钮完成分离操作，可以看到分离线段已经脱离当前样条线对象了，如图 4-58 所示。

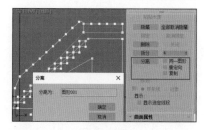

图 4-58

　　（4）最后将分离出的新图形删除，完成栏杆图形的制作。

　　在"分离"工具右侧提供3个选项："同一图形""重定向"和"复制"。这3个选项可以对分离操作进行扩展设置。

同一图形

　　选择"同一图形"选项后，选择的线段会与样条线脱离分割，但是分离后的线段与原对样还是同一图形对象。

重定向

　　"重定向"选项启用后，分离图形的坐标轴会根据自身中心来定位，而不会继承原对象的坐标轴位置。

复制

　　"复制"选项启用后，会将选择线段复制分离出去，而原图形不受影响。

4.4.2　项目案例——制作桥梁玩具模型

　　样条线图形由一根样条线绘制，也可以由多根样条线组合绘制而成。在"样条线"子对象模式下，可以对整根样条线进行编辑与调整。下面将使用"样条线"子对象编辑命令，完成桥梁玩具模型的制作。

1. 样条线布尔运算

　　在前面内容中，已经学习了图形间的布尔运算方法，在"样条线"子对象模式下，也可以对样条线子对象进行布尔运算。

　　（1）继续前面案例的操作，在"堆栈栏"选择"样条线"选项，进入"样条线"子对象编辑模式。

　　（2）在"前"视图选择梯形图形，在"几何体"卷展栏单击"布尔"工具。

　　（3）在视图中拾取梯形图形左侧的矩形图形，

两个图形会进行"并集"布尔运算,如图4-59所示。

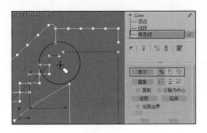

图4-59

(4)重复执行上述操作,将梯形图形与所有的矩形图形进行"并集"布尔运算,制作出楼梯图形,如图4-60所示。

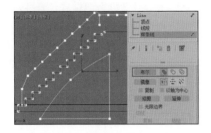

图4-60

(5)在"布尔"工具右侧选择"差集"选项,接着在"前"视图拾取三角形,将其修剪,如图4-61所示。

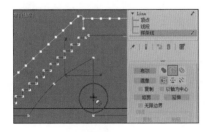

图4-61

在"布尔"工具的右侧,还提供了"交集"选项。选择该选项,样条线之间会进行交集布尔运算,图形相交区域保留,其他区域会消失。因为操作方法非常简单,在这里就不再演示了。

需要初学者注意的是,布尔运算有时会在线段上产生过多的冗余顶点。这可能会影响到下一步的建模操作,所以要把多余的顶点删除。

(1)打开"选择"卷展栏,在"显示"选项组选择"显示顶点编号"选项。

(2)每个顶点上端会出现编号数字,顶点编号是根据建立顺序记录的。

(3)观察台阶处顶点的编号,会看到有些数字叠加到了一起,这是因为布尔运算产生了冗余顶点,有些顶点处于同一位置叠加在一起,如图4-62所示。

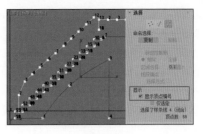

图4-62

解决冗余顶点的方法很简单,在"顶点"子对象模式下对顶点进行焊接操作,即可将相邻的节点焊接在一起。

(1)在"堆栈栏"选择"顶点"选项,进入"顶点"子对象编辑模式。

(2)在台阶图形的任意顶点上双击,该样条线上的所有顶点将会被选择。

(3)在"几何体"卷展栏设置"焊接"工具右侧的距离参数为5.0。

(4)单击"焊接"按钮,这样距离在5.0之内的顶点将会焊接在一起,如图4-63所示。

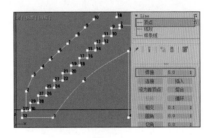

图4-63

2. 样条线扩展与镜像

扩展命令可以将样条线向内或向外扩展出新的图形,制作出类似轮廓图的形状。镜像功能可将样条线镜像翻转。

(1)选择台阶图形,在"几何体"卷展栏内单击"轮廓"工具。

(2)在台阶图形上单击并拖动鼠标,可以看到沿样条线扩展出轮廓图形。

(3)向上和向内拖动鼠标,进行了向内或向外进行扩展操作,如图4-64所示。

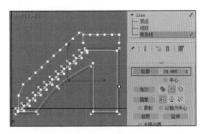

图4-64

初学者在该操作中可能会发现,使用"轮廓"

工具向上拖动样条线，有的样条线是向外扩展的，有的样条线是向内扩展的，之所以产生这样的变化是因为样条线的绘制顺序是不同的，例如从上至下绘制样条线和从下至上绘制样条线的形状相同，但是顶点的排列顺序却刚好相反，这样在"轮廓"工具扩展时，向内向外的方向也刚好相反。使用"反转"工具将样条线的绘制顺序进行反转。

（1）在"选择"卷展栏内打开"显示顶点编号"选项。

（2）选择台阶图形，在"几何体"卷展栏单击"反转"工具。

（3）此时可以看到顶点编号的顺序发生了反转，如图 4-65 所示。

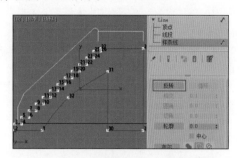

图 4-65

（4）此时再次使用"轮廓"工具对样条线进行扩展，可以发现扩展方向也发生了反转。

（5）在"轮廓"工具右侧的参数栏内设置 -20，将样条线向内扩展出轮廓图形，如图 4-66 所示。

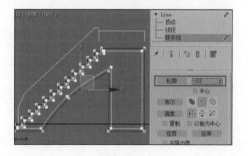

图 4-66

"轮廓"工具有一个"中心"选项，启用该选项后，将会以选择的样条线为中心，向两侧产生偏移扩展。

下面来学习样条线的镜像操作。利用"镜像"工具可以将图形沿水平或垂直方向产生镜像翻转。

（1）将台阶轮廓图形的样条线选中，然后在"几何体"卷展栏单击"镜像"按钮。

（2）选择的样条线沿垂直方向产生了镜像翻转。

（3）在"镜像"工具下端选择"复制"选项，再次执行镜像操作，此时会进行镜像并复制操作，如图 4-67 所示。

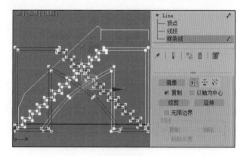

图 4-67

（4）使用"选择并移动"工具将复制出的样条线沿水平方向向右调整至合适位置，制作出桥身。

"镜像"工具有 3 种镜像模式，分别为"水平镜像""垂直镜像"和"双向镜像"。"双向镜像"就是同时沿水平和垂直方向进行镜像操作，这些选项很简单，读者可以试着操作一下，这里就不再演示了。

"镜像"工具下端的"以轴为中心"选项，可以设置样条线按对象轴心点位置进行镜像，如果不选择该选项则按当前选择的样条线中心点进行镜像。

3. 样条线的修剪与延伸

熟悉 AutoCAD 绘图的读者一定知道，AutoCAD 绘图过程中，需要反复对线段进行延伸与修剪操作。3ds Max 在样条线编辑模式下，也提供了类似的功能，可以帮助用户快速完成图形绘制。

修剪功能可以利用样条线的相交关系，在交汇处修剪删除线段。延伸功能可以将线段延伸至指定的样条线位置。

（1）在"几何体"卷展栏单击"修剪"按钮，然后在桥体图形中心单击交叠的竖线。

（2）可以看到，根据样条线的交叉关系，线段被修剪了，如图 4-68 所示。

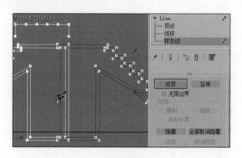

图 4-68

（3）重复修剪操作，将桥体中心的竖线修剪删除，完成后的效果如图 4-69 所示。

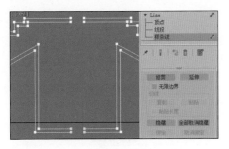

图 4-69

（4）接下来，在"堆栈栏"选择"顶点"子对象模式，然后将中间断开的顶点进行连接，最后删除多余顶点，完成桥体图形的制作。

下面来学习延伸命令的操作方法，延伸操作可以将选择的样条线延长。

（1）在"几何体"卷展栏选择"延伸"工具，然后在"前"视图单击桥栏右侧竖线。

（2）可以看到样条线向下侧延伸至桥身图形上端，如图 4-70 所示。

提示

在执行"延伸"操作时，如果在线段延伸的方向没有能相交的样条线，那么延伸操作将没有任何效果。

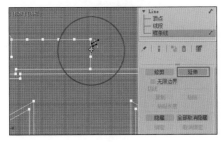

图 4-70

（3）在"几何体"卷展栏单击"创建线"工具。

（4）参照桥栏图形的顶点位置，从上至下绘制一根垂直线，如图 4-71 所示。

技巧

在创建线条时，按下键盘上的<Shift>键，可以绘制水平或垂直的线段。

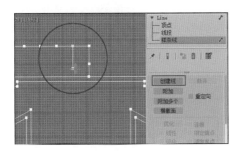

图 4-71

（5）在"延伸"工具下提供了"无限边界"选项，若不启用该选项，延伸操作只能将线段延伸至第一次相交的路径处，如果前方没有相交路径将不进行延伸。启用选项后可以对线段进行多次延展，如果前方没有可以相交的样条线，它会向更远的地方寻找相交线。

（6）选择"无限边界"选项，对新绘制的线段执行"延伸"操作，此时线段会延伸至桥体上端的边界处，如图 4-72 所示。

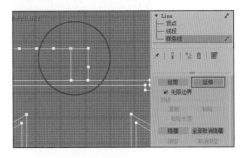

图 4-72

（7）多次执行"延伸"操作，可以看到线段会不断地向前延展寻找相交线。

（8）重复绘制线段和延伸操作，直至栏杆图形绘制完成，如图 4-73 所示。

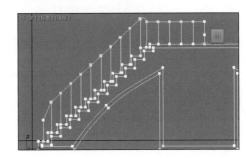

图 4-73

（9）配合按下键盘上的 < Ctrl > 键，将栏杆图形所有的样条线全部选择。

（10）对选择样条线执行镜像复制操作，这时会出现非常奇怪的现象，如图 4-74 所示。

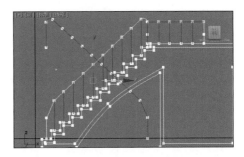

图 4-74

提示

镜像复制出现的错误原因是选择组中的样条线都是按照自身轴进行镜像的，很多样条线在原地没有变化，所以解决这个问题的方法是将样条线按同一坐标轴进行镜像。

（11）在"镜像"工具下端复选"以轴为中心"选项，这时所有选择的样条线会设置同一轴心点。

（12）再次执行镜像复制，这次复制出的栏杆图形就正常了。调整样条线的位置，完成栏杆的制作。

最后，对栏杆图形设置样条线渲染，生成实体栏杆模型。对桥身图形添加"挤压"修改器，将其生成三维形体，完成整个模型的制作，如图 4-75 所示。

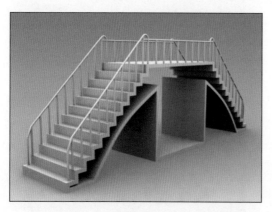

图 4-75

4.5 课时 16：如何使用二维图形建模？

在创建了二维图形后，接下来就是将二维图形生成三维模型形体。二维图形通常会作为三维建模的资源，例如根据平面图纸绘制墙体轮廓图形，然后利用"挤压"修改器，将图形生成墙体模型。

利用二维图形创建三维模型的方法有很多，简单的有编辑器建模，稍微复杂的是放样建模，高级些的有面片建模，以上建模方法在本书中都会详细讲述。本课先来学习一些较为简单的基础的二维图形建模方法。

学习指导：

本课内容属于必修课。

本课时的学习时间为 40~50 分钟。

本课的知识点是熟悉创建对象的流程，熟练掌握对象的选择方法。

课前预习：

扫描二维码观看视频，对本课知识进行学习和演练。

4.5.1 二维图形自身建模

二维图形建立后，通过对"渲染"卷展栏进行设置，就可以根据二维模型的形状生成三维模型。另外，对二维图形的类型进行转换，也可以快速创建模型的网格面。

1. 原样渲染

二维图形提供了"渲染"卷展栏，在卷展栏内可以将二维图形以柱体形态进行渲染。该方法可以快速制作出类似绳子、链环等绳状模型，如图 4-76 所示。"渲染"卷展栏在前面的内容中已经进行了详细讲解，在此就不再赘述。

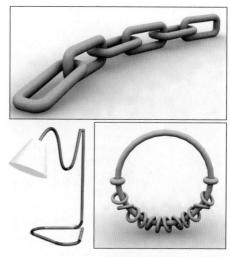

图 4-76

2. 转换曲面

二维图形绘制完毕后，在"修改"面板可以直接将其转换为网格面片。此时会根据二维图形的形状生成一个三维的网格面。注意，二维图形与三维模型最大的区别就是二维图形不具备面的属性，如果具备了面的属性，那么它将不再是二维图形对象了。

（1）在"创建"面板单击"矩形"工具，然后在"顶"视图中绘制一个矩形图形。

（2）打开"修改"面板，在"堆栈栏"右击，在弹出的快捷菜单内可以看到"转换为"菜单组命令中有 5 个命令选项，如图 4-77 所示。

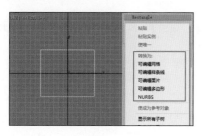

图 4-77

在前面的内容曾经讲到，执行转换为"可编辑样条线"命令，可以将参数化的图形转换为样条线图形。除了该命令外，其他的 4 个命令，都可以将二维图形转换为不同类型的三维模型。

初学者可能会奇怪，三维对象的类型为什么这么多。这是因为随着几十年的发展，在计算机环境中产生了很多种建模方法，建模方法不同，管理模型网格面的方式也会有所不同，不同建模方法产生不同类型的三维模型。

每种建模方法都各有优缺点，有的建模方法善于精确控制模型网格面的数量；而有些建模方法则善于塑造流线光滑的模型外观。

（1）在"堆栈栏"快捷菜单内选择，转换为"可编辑多边形"命令。

（2）此时矩形转换成了多边形对象，在"堆栈栏"内选择"多边形"子对象编辑模式，对多边形对象的网格面进行编辑。

（3）接着在"编辑多边形"卷展栏内选择"挤出"命令，拖曳视图中的矩形面。

（4）随着模型面的挤出操作，平面的面生成了侧面高度面，如图 4-78 所示。

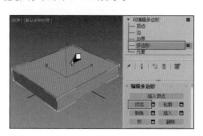

图 4-78

以上操作就是利用对象转换，将二维图形生成三维模型的方法。关于多边形建模、面片建模等，建模方法将在后面的章节中进行讲述。

4.5.2　项目案例——使用"挤出"修改器制作书柜模型

修改器是 3ds Max 中重要的工具组件，在修改器中，有很多命令可以将二维图形生成三维模型。下面将学习一些常用的二维图形建模修改器。

"挤出"修改器可以将二维图形生成厚度，从

而创建出三维模型。下面通过一组案例操作，来学习"挤出"修改器的使用方法，在案例中利用"挤出"修改器为二维图形生成厚度，制作出书柜模型。图 4-79 所示为案例完成后的效果。大家可以打开本书附带文件 /Chapter-04/ 挤出 .max，查看案例完成后的模型。读者可以根据本课教学视频，对项目案例进行练习和演练。

图 4-79

4.5.3　项目案例——使用车削修改器制作产品效果图

"车削"修改器能够使二维图形沿指定的中心轴进行旋转，生成剖面为圆形的三维形体。该修改器常用来制作玻璃杯、酒瓶、瓷碗等具有圆柱特征的模型形体。

下面通过案例操作来学习"车削"修改器，在实例中利用"车削"修改器制作了一组酒水产品效果图。图 4-80 所示为案例完成后的效果。大家可以打开本书附带文件 /Chapter-04/ 车削 .max，查看案例完成后的效果。读者可以根据本课视频教学，对项目案例进行练习和演练。

图 4-80

4.5.4　项目案例——使用"倒角"修改器制作水珠字体模型

"倒角"修改器和"挤出"修改器类似，可以将二维图形挤出厚度，不同点是，"倒角"修改器在挤出厚度的同时，可以在顶面与侧面的转角处设置倒角效果。

下面通过一组案例操作来学习"倒角"修改器。在案例中利用"倒角"修改器，制作了一组润滑的水珠字体模型。图4-81所示为案例完成后的效果。读者可以打开本书附带文件/Chapter-04/倒角/倒角.max，查看案例完成后的效果。读者可以根据本课教学视频，对项目案例进行练习和演练。

图4-81

4.5.5 项目案例——使用"倒角剖面"修改器制作茶几模型

"倒角剖面"修改器可以生成更复杂的倒角效果，"倒角"修改器形成的倒角只能是直线或曲线倒角，"倒角剖面"修改器可以将一根样条线的形状，设置为模型的倒角，样条线的形状决定了倒角的剖面形状。

下面通过一组案例操作来学习"倒角剖面"修改器，在案例中利用"倒角剖面"修改器，制作了一组古色古香的茶几模型。图4-82所示为案例完成后的效果。大家可以打开本书附带文件/Chapter-04/倒角剖面/倒角剖面.max，查看案例完成后的效果。读者可以根据本课教学视频，对项目案例进行练习和演练。

图4-82

4.6 课时17: 放样建模有哪些方法?

放样建模方法可以利用二维图形，拉伸拟合出三维形体。放样对象属于复合对象建模方法，相比于其他复合对象，放样建模方法更灵活，具有更复杂的控制参数，能够创建复杂且精致的模型。同时，放样对象还拥有很强的变形扩展性，在参数化建模方法中，属于灵活性与扩展性最强的一种建模方法。

复合对象建模将在本书第5章进行讲述，但是因为放样建模方法与二维图形有着密切的关系，所以将放样建模方法放到本课进行讲述。

学习指导：

本课内容属于必修课。

本课时的学习时间为40~50分钟。

本课的知识点是熟练掌握放样建模方法。

课前预习：

扫描二维码观看视频，对本课知识进行学习和演练。

4.6.1 创建放样对象

放样建模方法是将二维图形作为资源进行模型生成。放样建模的原理非常简单，就是将一个图形作为截面，沿着另一个图形进行挤压延展，从而生成三维模型，如图4-83所示。

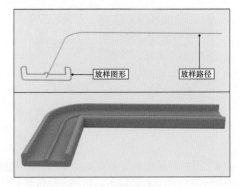

图4-83

截面图形可以称为放样图形，延展路径称为放样路径。在创建放样对象时有几点原则需要读者记住。

（1）放样路径中只能包含一根样条线。一个二维图形可以包含多根样条线，这样的图形称为复合路径图形。用于放样路径的图形不能是复合图形，只能是由一根样条线组成的图形，否则放样路径将无法操作。

（2）放样图形可以是任意形状，可以包含多根样条线。放样图形对象可以是开放路径；也可以是封闭路径；可以是一根样条线绘制的图形，也可以是包含多根样条线的复合图形。

（3）放样对象可以包含多个放样图形。在放样操作过程中，根据模型截面的形体变化，可以添加多种形态的放样图形。

（4）放样对象可以更换放样路径，但是放样路径只能是一个图形。

1. 创建方法

放样对象的创建方法非常简单，首先根据形体需要创建好二维图形，然后使用放样命令将路径组合在一起，下面通过具体操作进行学习。

（1）在菜单栏执行"文件"→"打开"命令，打开附带文件 /Chapter-04/ 瓷壶 .max。

（2）当前文件场景中已经为大家准备好了要使用的二维图形。

（3）在视图中选择最底端的圆形，接着在"创建"面板上端下拉栏内选择"复合对象"选项。

（4）单击"放样"工具，在"创建方法"卷展栏内单击"获取路径"按钮。

（5）接着在视图中拾取圆形图形右侧的竖线图形，生成放样对象，如图 4-84 所示。

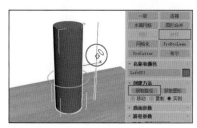

图 4-84

（6）放样对象可以添加多个放样图形，接下来添加第二个放样图形。

（7）在"创建方法"卷展栏单击"获取图形"按钮，然后在"路径参数"卷展栏将"路径"参数设置为 35。

（8）在视图中单击第二个圆形，在放样对象内部添加第二个放样图形，如图 4-85 所示。

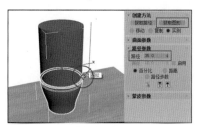

图 4-85

放样对象在一根路径上可以添加多个放样图形，放样图形会处在路径不同的位置，在相同的位置只能有一个图形。在"路径参数"卷展栏设置"路径"参数，就是设置新添加的图形在路径上所处的位置。"路径"参数是按百分比的格式设置位置参数的，0 是路径起点，100 则是终点。

2. 路径参数

在"路径参数"卷展栏内，可以对放样图形在路径上所处的位置，进行精确设置。

（1）选择当前的放样对象，打开"修改"面板。

（2）在"路径参数"卷展栏内，将"捕捉"参数右侧的"启用"选项激活，打开参数捕捉功能。

（3）"捕捉"参数默认为 10.0，在打开捕捉功能后，"路径"参数只能按"捕捉"参数或其倍数值进行设置了。

（4）设置"路径"参数为 64.0，在按下回车键时，数值会四舍五入切换至 60.0。

（5）在"创建方法"卷展栏内单击"获取图形"按钮，在视图内拾取第 3 个圆形，如图 4-86 所示。

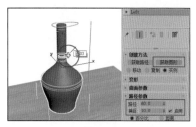

图 4-86

除了可以按路径长度百分比参数定义放样图形位置以外，还可以按照实际距离和路径步长顶点位置设置图形位置。在"路径参数"卷展栏内有 3 个单选项，分别为"百分比""距离""路径步数"。

百分比：按照路径长度的百分比距离设置图形位置。

距离：按当前场景所使用的距离单位定义图形位置。

路径步数：按照路径上的步长顶点位置定义图形位置。

参考我们前面所讲述的方法，将第 4 个和第 5 个圆形图形，按照百分比单位，添加至路径的 95.0 和 100.0 位置处，完成后的效果如图 4-87 所示。

图 4-87

在"路径参数"卷展栏内还可以选择路径图形。

（1）在"路径参数"卷展栏底部提供了3个按钮，单击第1个"拾取图形"按钮。

（2）在视图中可以在放样对象表面拾取已经添加的放样图形，并将其选择。

（3）选择了放样图形后，"路径"参数栏会显示选择图形的位置参数，如图4-88所示。

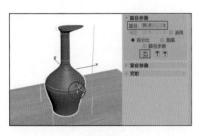

图4-88

（4）"拾取图形"按钮的右侧还有2个按钮，单击这些按钮可以向前或向后依次选择放样图形。在选择了放样图形后，可以对放样图形进行修改、删除或替换。

4.6.2 项目案例——制作草地躺椅模型

放样对象建立后，由二维图形生成了三维模型的网格面。模型的网格数量是可以精确控制的。增加放样对象的网格面，可以使模型表面更光滑。减少网格面数量可以降低渲染时的内存消耗。

在"蒙皮参数"和"曲面参数"卷展栏内，可以对放样对象的网格面进行设置。下面通过具体操作学习上述功能。

1. 蒙皮参数

在"蒙皮参数"卷展栏内，可以对放样对象的网格面结构进行设置。

（1）打开附带文件/Chapter-04/躺椅.max，文件内已经为大家准备了一个放样对象。

（2）在视图中选择躺椅模型，在"修改"面板展开"蒙皮参数"卷展栏。

（3）在"封口"选项组内可以设置放样对象始端和末端顶面是否封口，如图4-89所示。

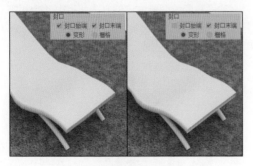

图4-89

二维图形的步长值越大，图形上的适配顶点就越多，那么图形的转折就越光滑。放样操作中，图形的顶点会成为模型网格面的转折位置。此时步长值越高，适配顶点越多，模型表面生成的面也就越多。同时模型表面的转折也就越光滑。

在这里初学者需要注意，模型的面不是越多越好，因为过多的面会浪费系统资源，加长渲染时间。所以面的数量要控制在合理的范围内，在满足了模型外观要求的前提下，要尽可能多地减少模型面的数量。

在"选项"设置组内，可以对放样图形和放样路径的步长值进行重新设置，从而改变模型面的数量。

（1）在"选项"设置组修改"图形步数"参数。

（2）可以看到放样对象在横向方向，面的分段数量改变了，如图4-90所示。

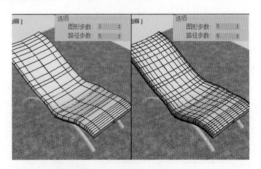

图4-90

2. 曲面参数

当放样对象的面片结构设置好后，还可以在"曲面参数"卷展栏内对面片的外观特征和网格面属性进行设置。

（1）在"修改"面板展开"曲面参数"卷展栏。

（2）在"平滑"选项组可以设置模型表面的光滑属性。

（3）关闭"平滑长度"选项，可以看到放样模型在长度方向，也就是路径的伸展方向不再平滑，如图4-91所示。

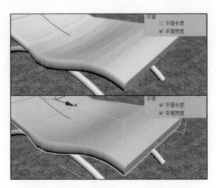

图4-91

（4）关闭"平滑宽度"选项，放样模型在宽度方向不再平滑。

4.6.3 项目案例——制作多人沙发模型

根据放样对象的建模原理，放样对象至少包含两组子对象，分别是放样路径和放样图形。放样对象创建完毕后，还可以对其子对象的位置、形态进行修改。放样子对象被修改时，放样模型的外观也会随之变化。这极大地提升了放样建模的灵活性。

在"修改"面板的"堆栈栏"内，可以选择放样对象的子对象，从而进入子对象编辑模式。本节将通过案例操作，来讲述放样子对象编辑方法。在案例中将制作一组多人沙发模型，扫描下端二维码，打开教学视频，对项目案例进行练习和演练。

1. 放样图形

放样对象可以包含多个放样图形，所以与放样图形相关的编辑命令非常多。

（1）打开本书附带文件 /Chapter-04/ 沙发 /沙发 .max。

（2）在场景中选择沙发模型，打开"修改"面板。在"堆栈栏"内展开"Loft"选项，此时可以看到放样对象的子对象图形和路径。

（3）在"堆栈栏"选择"图形"选项，这样就可以对放样图形进行修改了，此时在"修改"面板内也会出现与图形子对象相关的命令按钮。

（4）在视图中选择放样图形，试着调整一下，看它如何影响模型的外形。

（5）使用"选择并旋转"工具，沿 z 轴方向旋转图形。

（6）可以看到放样图形角度改变，影响了模型的外形，如图 4-92 所示。

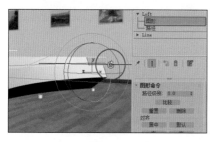

图 4-92

（7）试着使用"选择并缩放"工具调整放样图形，此时模型外形产生了较大的改变。

（8）在"图形命令"卷展栏单击"重置"按钮，放样图形将会回归至初始状态。

提示

"重置"命令只能将图形的角度和缩放操作进行重置，对放样图形的位置调整不会产生影响。

（9）选择"选择并移动"工具，在"顶"视图沿 z 轴移动放样图形，图形在路径上的位置会发生改变。

（10）同时"路径级别"参数也会产生变化，如图 4-93 所示。

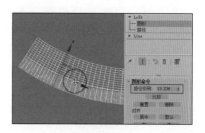

图 4-93

提示

"路径级别"参数就是图形在路径上的位置参数，其单位为百分比格式。

（11）在"路径级别"参数栏内输入 0，放样图形将回到开始位置。

（12）试着沿其他轴向移动放样图形，图形位置改变会对模型外形产生改变。

（13）在"图形命令"卷展栏单击"默认"按钮，会将放样图形恢复至默认位置。

在"对齐"选项组内提供了快速调整放样图形的方法，例如"居中"命令，单击该命令按钮可以将选择的放样图形与放样路径进行居中对齐。

（1）选择放样图形，在"对齐"选项组内单击"左"和"右"命令按钮。

（2）此时放样图形将会沿路径左侧或右侧放置，如图 4-94 所示。

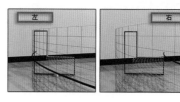

图 4-94

（3）单击"顶"和"底"命令按钮。放样图形将会沿路径顶侧或底侧放置，如图 4-95 所示。

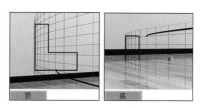

图 4-95

（4）最后单击"默认"命令，将放样图形恢复至默认位置。

在"图形命令"卷展栏顶部有一个"比较"命令按钮，该命令主要是用于添加了多个放样图形的放样对象的。可以对多个放样图形位置相互进行比较。

（1）在"顶"视图选择放样图形，按下<Shift>键，沿z轴移动图形。

（2）松开鼠标时，将会弹出"复制图形"对话框，在对话框内单击"确定"按钮，完成放样图形的复制操作，如图4-96所示。

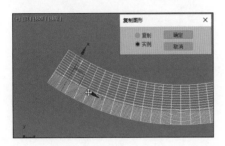

图4-96

（3）执行复制图形操作后，此时放样图形已经包含了两个放样图形。

（4）单击"比较"按钮会打开"比较"面板，在面板左上角单击"拾取图形"按钮。

（5）在"顶"视图内将鼠标光标置于第一个放样图形上端，此时光标转变为拾取状态。

（6）单击，图形被拾取至"比较"面板内，如图4-97所示。

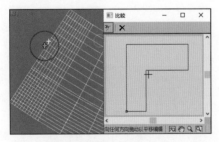

图4-97

（7）重复上述操作，将复制出的放样图形也拾取至"比较"面板。

（8）此时虽然拾取了两个图形，但是因为图形的形状和位置相同，所以"比较"慢板内看起来只有一个图形。

（9）选择"选择并旋转"工具，沿z轴在视图内调整第二个放样图形的角度。

（10）由于两个放样图形角度产生了偏差，因此模型也产生了扭曲。

（11）在"比较"面板可以清楚地看出两个放样图形的角度偏差关系，如图4-98所示。

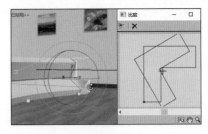

图4-98

利用"比较"面板可以方便直观地观察多个放样图形之间的位置和角度差别。该面板可以提升放样建模的精确性。

在"图形命令"卷展栏内还提供了"删除"命令，该命令可以将放样图形删除。选择刚才复制出的放样图形，单击"删除"按钮，将其删除。另外，按下<Delete>键也可以删除图形。

最后，在"图形命令"卷展栏的底部设置了"输出"命令，该命令可以将选择的图形输出为单独的二维图形。

2. 修改放样图形的基础参数

在"图形命令"卷展栏内，可以对放样图形的位置、角度等参数进行设置。在选择了放样图形后，还可以对图形的最初原始参数进行调整。

（1）在视图中选择放样图形，此时"堆栈栏"下端会出现选择图形的子对象管理层，如图4-99所示。

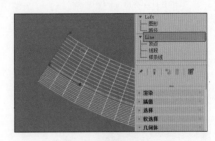

图4-99

（2）在"堆栈栏"选择图形的"顶点"子对象选项，然后在"左"视图框选图形内部的3个顶点，如图4-100所示。

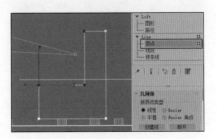

图4-100

（3）在"几何体"卷展栏单击"圆角"按钮，然后为选择的顶点添加圆角变形，如图4-101所示。

3ds Max 三维艺术与设计50课（全彩慕课版）

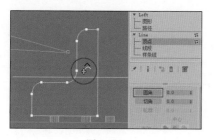

图 4-101

（4）在"堆栈栏"单击"图形"按钮，回到路径子对象编辑层。

（5）在"顶"视图选择放样图形，按下<Shfit>键，沿z轴对图形进行移动复制。此时会弹出"复制图形"对话框，选择"复制"选项，然后单击"确定"按钮。

（6）在"图形命令"卷展栏将复制出的图形位置设置为3.5，如图4-102所示。

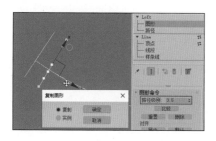

图 4-102

（7）重复上述操作，再次对起点处的放样图形进行移动复制操作。

（8）这次在"复制图形"卷展栏内设置复制图形的类型为"实例"类型。

（9）最后在"图形命令"卷展栏将复制出的图形位置设置为2.5，如图4-103所示。

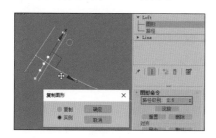

图 4-103

（10）选择起点处的图形，在"堆栈栏"内选择"顶点"编辑层。

（11）对图形的顶点进行修改，由于起点处的图形和第二次复制出的图形之间是"实例"关联关系，所以两个图形会产生相同的变化。

（12）此时，在多个放样图形的组合下，就制作出了沙发模型端点处的扶手形体，如图4-104所示。

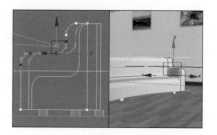

图 4-104

3. 放样路径

放样对象的路径只能是一根样条线，所以路径子对象相关的操作比较少。

（1）在"堆栈栏"选择"路径"选项，对路径子对象进行操作。

（2）在"顶"视图选择放样路径，此时在"路径命令"卷展栏只提供了一个"输出"命令按钮。

（3）执行"输出"命令可以将路径输出为独立的图形，如图4-105所示。

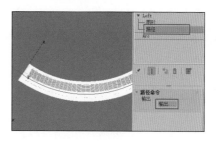

图 4-105

（4）在"堆栈栏"选择路径的底层数据层"Arc"选项，可以对路径的基础参数进行设置。

4.6.4 放样变形

放样对象的变形功能，是放样建模非常重要的功能。放样变形为放样建模提供了更多的形体控制方法和外形变化，这极大地提升了放样建模的灵活性。

打开附带文件/Chapter-04/螺丝钉.max。在视图中可以看到已经创建好的模型，如图4-106所示。结合前面学习的知识，相信读者可以轻松地建立这个模型，目前模型非常简单，结合放样变形功能，可以使模型产生更多的细节变化。

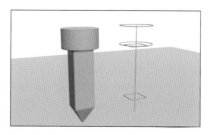

图 4-106

1. 缩放变形

缩放变形可以使放养模型沿 z 轴方向，对 x 轴和 y 轴进行缩放变化。

（1）选择模型后，在"修改"面板展开"变形"卷展栏。

（2）单击"缩放"按钮，打开"缩放变形"窗口。对话框内提供了一根红色的变形控制曲线。

（3）目前变形曲线处于 100% 的位置处，表示当前是模型标准的大小。

（4）选择变形曲线左侧的控制点，将其向下移动，此时放样对象的一侧产生了缩小效果，如图 4-107 所示。

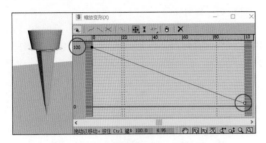

图 4-107

（5）在变形曲线上添加控制点，并调整其位置，可以使缩放效果产生更多的变化。

（6）单击"插入角点"按钮，在变形曲线上单击，添加两个控制点，对控制点的位置进行调整，如图 4-108 所示。

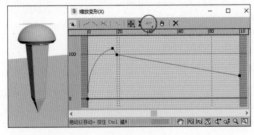

图 4-108

2. 扭曲变形

扭曲变形可以将放样对象沿 z 轴方向进行旋转变形。

（1）在"变形"卷展栏单击"扭曲"按钮，打开"扭曲变形"窗口。

（2）目前，变形曲线处于 0 的位置上，向上调整右侧控制点，可以看到螺钉产生了正向旋转。控制点的参数决定了模型扭曲旋转的角度。

（3）在"扭曲变形"窗口下端的参数栏内输入720.0，放样模型将会扭曲旋转 720°，如图 4-109 所示。

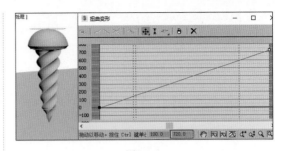

图 4-109

3. 倾斜变形

倾斜变形可以使放样对象的开始处或结尾处产生切变变形。

（1）打开附带文件 /Chapter-04/ 蘑菇 .max。

（2）在视图中选择已经创建好的放样模型，在"修改"面板打开"变形"卷展栏。

（3）单击"倾斜"命令按钮，打开"倾斜变形"窗口。

（4）在对话框内调整开始处的控制点，可以看到放样对象的开始处发生了切变变形，如图 4-110 所示。

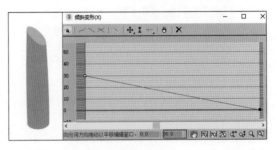

图 4-110

4. 倒角变形

倒角变形可以使放样对象向内或向外产生放大或缩小变形，在放样对象的开始或结束位置产生倒角。

倒角变形和缩放变形类似，都可以让模型产生放大和缩小变形，这两种变形效果的不同点有以下两点。

（1）缩放变形可以单独对 x 轴或 y 轴进行缩放，而倒角变形只能将放样对象按截面形状等比例进行缩放。

（2）缩放变形使用的参数单位是百分比，而倒角变形使用的参数单位是场景的尺寸单位。

① 在场景中选择放样模型，单击"倒角"命令按钮，打开"倒角变形"窗口。

② 向上调整左侧控制点，此时放样对象向内产生了倒角缩放，如图 4-111 所示。

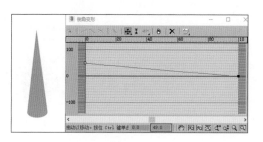

图 4-111

（3）在变形曲线上添加控制点，并对控制点的位置进行调整，制作出蘑菇模型，如图 4-112 所示。

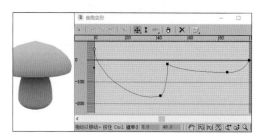

图 4-112

5. 拟合变形

在所有变形操作中，拟合变形是较为复杂的变形操作。该变形功能可以创建外形较为复杂的模型对象。同时对于初学者来讲是一个技术难点。其实对于拟合变形只需搞清楚在变形过程中每个轴向所对应的变形形状即可。

以一个乒乓球拍为例，首先根据模型的特征建立放样模型，如图 4-113 所示。

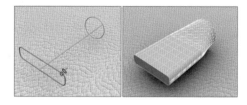

图 4-113

在"拟合变形"对话框中激活"显示 x 轴"按钮，然后在工具栏单击"获取图形"按钮，在视图中拾取 x 轴变形图形，使放样对象在 x 轴向产生拟合变形，如图 4-114 所示。

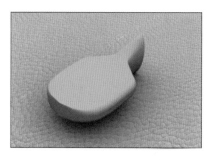

图 4-114

在"拟合变形"对话框中激活"显示 y 轴"按钮，然后在工具栏单击"获取图形"按钮，在视图中拾取 y 轴变形图形，使放样对象在 y 轴向产生拟合变形，此时乒乓球拍模型就制作完成了，如图 4-115 所示。关于"拟合变形"对话框的操作方法，在 4.5.5 节案例中有详细的讲解。

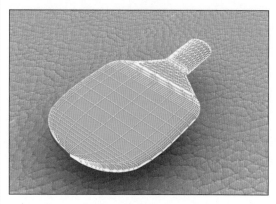

图 4-115

4.6.5 项目案例——制作乒乓球拍产品效果图

为了加强大家对放样变形功能的理解，在这里安排了案例，通过具体操作对放样变形功能进行演练。

案例中制作了一个球拍模型，该模型看似非常复杂，但合理利用放样对象的各项功能，就可以快速且精确地制作出来。图 4-116 展示了案例完成后的效果。

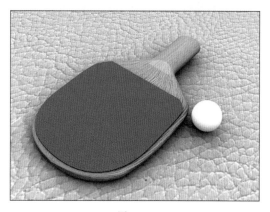

图 4-116

复合对象建模方法是一种比较特殊的建模方式，复合对象可以将两个及以上模型进行组合，从而合成一个全新造型的参数化对象。在 3ds Max 中包含了多种复合对象类型，有些常用于建模工作，而有些则配合动画设置用于创建动画效果。本章将对多种复合对象建模方法进行详细讲述。

学习目标

◆ 正确理解复合对象的工作原理
◆ 掌握各种复合对象的操作方法

5.1 课时 18：如何使用复合对象建模？

建模类的复合对象，可以帮助用户快速创建一些特殊的形体模型。例如，布尔复合对象可以利用模型的相加、相减组合出新的形体造型。这些复合对象的操作非常简洁，直观，并且适合初学者学习和使用。

学习指导：

本课内容属于必修课。

本课时的学习时间为 40~50 分钟。

本课的知识点是掌握复合对象建模方法。

课前预习：

扫描二维码观看视频，对本课知识点进行学习和演练。

5.1.1 项目案例——使用散布复合对象制作草地场景

散布复合对象能够将选择对象分布于另一个目标对象的表面。当创建散布复合对象时，场景中必须有用作源对象的网格对象和用于分布的对象，而且需要注意这些对象不能是二维图形。

1. 创建散布对象

散布复合对象的创建方法非常简单，在执行了"散布"命令后，只需拾取对象，即可创建"散布"复合对象。

（1）打开本书附带文件 /Chapter-05/ 散布 / 室外 .max。

（2）按下 < H > 键，此时会弹出"从场景中选择"对话框，在对话框内选择"小草"对象。

（3）在"创建"面板上端的下拉栏内选择"复合对象"选项，然后单击"散布"命令按钮。

（4）在"拾取分布对象"卷展栏内单击"拾取分布对象"按钮，然后在场景内单击地面模型将其拾取，如图 5-1 所示。

图 5-1

（5）在建立散布对象后，小草对象会移动至地面对象表面，此时只有一棵小草，所以要增加分布的数量。

（6）打开"修改"面板，在"散布对象"卷展栏设置"重复数"参数值为 5000，这时有 5000 棵小草对象分布在地面上。

（7）此时分布的小草对象尺寸是相同的，而且尺寸过大，将"基础比例"参数修改为 15.0，调整小草的尺寸。

（8）将"顶点混乱度"参数设置为 0.2，对小草对象的顶点应用随机扰动，使其产生不规则的变换效果，如图 5-2 所示。

图 5-2

2. 散布对象的设置参数

在"分布对象参数"选项组内提供了丰富的选

项，这些选项可以对散布的方式和形态进行设置。

"垂直"选项默认是开启的，此时源对象会垂直于分布对象的面，关闭选项后，源对象将会保持原有的角度状态，如图 5-3 所示。

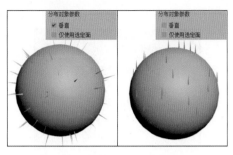

图 5-3

"仅使用选定面"选项可以根据网格对象选择的面分布对象。在网格对象的面子对象编辑层，选择需要分布的面，然后启用该选项，即可按照选定的面分布对象，如图 5-4 所示。

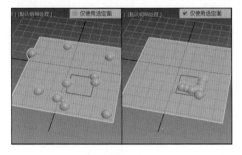

图 5-4

在"分布方式"选项组内提供了 9 个选项，选择不同的选项，将得到不同的形态。这些选项的具体特点如下。

区域

选择"区域"选项，将在分布对象的整个表面区域均匀地分布重复对象。

偶校验

选择"偶校验"选项，将使用分布对象中的面数除以重复项数目，并在放置重复项时跳过分布对象中相邻的面数，该项为默认设置。

跳过 N 个

选择"跳过 N 个"选项，在放置重复对象时跳过 N 个面，面数由右侧的参数栏指定，将值设置为 1，将跳过 1 个面继续分布。

随机面

选择"随机面"选项，将在分布对象的表面随机地放置重复对象。

沿边

选择"沿边"选项，将沿着分布对象的边随机地放置重复对象。

所有顶点、所有边的中点和所有面的中心

这 3 个选项会将源对象按照分布对象的顶点位置、所有边的中心位置或者所有面的中心位置进行分布，在选择了这 3 个选项后"重复数"参数值将不再起作用，分布数量的多少取决于分布位置的数量。

体积

选择"体积"选项，所有的源对象将会出现在分布对象的体积内，体积范围由分布对象的面圈定，效果如图 5-5 所示。

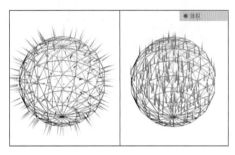

图 5-5

5.1.2 项目案例——使用一致复合对象制作起伏的道路模型

一致复合对象可以将选择对象根据目标对象形状进行变形，使两个对象拥有一致的外观形态。这个变形过程是将选择对象的节点投影到目标对象的表面，根据目标对象表面的结构调整选择对象的节点位置，从而达到两者外形一致的效果。

（1）打开本书附带文件 /Chapter-05/ 一致 /崎岖山路 .max，在场景中选择"小路"模型。

（2）在"创建"面板单击"一致"命令按钮，接着在"拾取包裹到对象"卷展栏单击"拾取包裹到对象"命令按钮。

（3）在"摄影机"视图中单击"山地"对象，完成"一致"对象的创建，如图 5-6 所示。

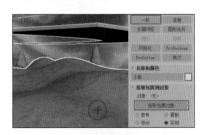

图 5-6

当前"小路"模型没有与"山地"模型的形状相匹配，而是产生了奇怪的变形扭曲。出现这个问题的原因是一致对象是按照视图的方向映射顶点

的，在"摄影机"视图拾取"山地"对象，会按照摄影机视图的方向把顶点投射到"山地"模型。现在需要在正确的视窗重新校正"小路"模型的投射方向。

（1）激活"顶"视图，在"参数"卷展栏内，单击"使用活动视口"选项下的"重新计算投影"命令。

（2）在重新计算后，"小路"模型准确地与"山地"模型的外形进行了匹配，如图5-7所示。

图 5-7

在"包裹器参数"选项组中，设置"间隔距离"参数为5.0，此时包裹器对象的顶点与包裹对象表面之间保持5的距离，如图5-8所示。

图 5-8

5.1.3 项目案例——使用连接复合对象制作木偶模型

连接复合对象可以在对象的空洞处创建新的面，将两个及以上对象连接成一个完整的模型。

（1）打开本书附带文件 /Chapter-05/ 连接 / 木偶 .max，在场景中选择"身体"模型。

（2）在"创建"面板单击"连接"按钮，然后在"拾取运算对象"卷展栏单击"拾取运算对象"命令按钮。

（3）在视图中拾取"胳膊"模型，创建连接复合对象，如图5-9所示。

图 5-9

（4）此时在两个半桶模型间的空洞处会出现新的面，将两个模型连接成一个模型。

（5）在"插值"选项组中，通过"分段"参数可以设置连接桥中的分段数目。设置"分段"数为3，如图5-10所示。

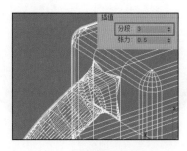

图 5-10

（6）通过"张力"参数可以控制连接桥的曲率，值越大，匹配连接桥两端的表面法线的曲线越平滑，如图5-11所示。

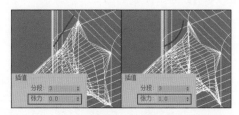

图 5-11

（7）在"平滑"选项组中启用"桥"和"末端"复选框，将对新生成面的平滑组进行设置，使其更光滑，如图5-12所示。

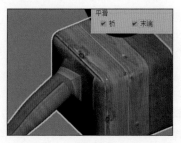

图 5-12

5.1.4 项目案例——使用图形合并命令制作肥皂标志

通过"图形合并"命令可以将二维图形嵌入网格对象的表面，利用嵌入的图形对模型网格进行修剪。

（1）打开本书附带文件 /Chapter-05/ 香皂 .max。在场景中选择"香皂"模型。

（2）打开"创建"面板的"复合对象"命令面板，在该面板中单击"图形合并"按钮，面板中将会出现该复合对象的创建参数。

（3）在"拾取运算对象"卷展栏中单击"拾取图形"按钮，然后在视图中的"文字标签"图形上单击，创建出"图形合并"复合对象，如图5-13所示。

> **注意**
>
> 所拾取的二维图形必须投影到所选对象的曲面上，才能够创建出"图形合并"对象。

图5-13

（4）在"运算对象"选项栏内选择"图形1：文字标签"选项。

（5）单击"删除图形"按钮可将投影图形删除，如图5-14所示。单击"提取运算对象"按钮，则可以将选择的操作对象提取，生成一个图形对象。

图5-14

（6）重新拾取图形对象，然后在"操作"选项组中选择"饼切"选项，将切去网格对象中图形内部的网格。

（7）启用"反转"复选框，将反转"饼切"效果，如图5-15所示。

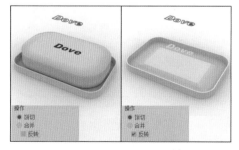

图5-15

（8）选择默认的"合并"选项，图形与网格对象的曲面将会合并在一起。禁用"反转"复选框。

（9）在"修改"面板为对象添加"编辑多边形"

修改器，然后进入修改器的"多边形"子对象层级。

（10）此时图形投影产生的面将处于被选择状态，在"编辑多边形"卷展栏内单击"挤出"按钮。

（11）在选择的多边形面对象上单击并拖动鼠标，将选择面挤出，如图5-16所示。

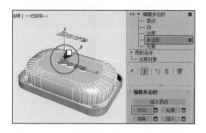

图5-16

5.1.5 项目案例——使用地形复合对象制作山体沙盘

地形复合对象可以根据平面图纸中的山地等高线生成三维的山地模型。该复合对象功能针对性比较强，所以在日常工作中不是很常用。

要很好地理解地形复合对象，首先要了解地图绘制中的等高线技术。等高线可以在平面的图纸中标注出地形的高度坐标，如图5-17所示，这样即便是平面图纸也可以生动地展示地形的高低起伏变化。图5-18展示了地形复合对象制作的山地模型。

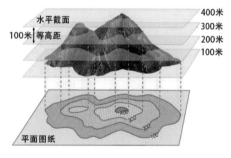

图5-17

图5-18

（1）打开本书附带文件/Chapter-05/等高线.max。在视图中选择"线01"图形。

（2）在"创建"面板中单击"地形"命令按钮，此时面板内会出现该命令的设置选项。

（3）在"拾取运算对象"卷展栏单击"拾取运算对象"命令按钮，依次在视图中单击拾取"线02""线03""线04"图形，如图5-19所示。

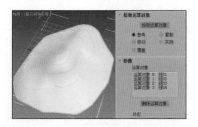

图5-19

（4）如果在拾取运算对象过程中出现了误操作，可以在"参数"卷展栏的"运算对象"选项栏内，选择添加错误的图形，接着单击"删除运算对象"按钮，将其删除。

在"外形"选项组内可以对当前生成的模型外形进行定义。

分级曲面

"分级曲面"选项是默认选项，选择该选项生成的山体模型只是曲面，模型底部是没有封口的。

分级实体

选择"分级实体"选项后，模型外形看起来没有变化，但是山体模型的底部会封口。

分层实体

选择"分层实体"后，模型外形会变成阶梯状的山体模型，如图5-20所示。

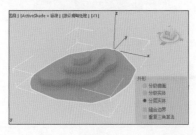

图5-20

在"外形"选项组下端还提供了两个选项，分别为"缝合边界"和"重复三角算法"，这两个选项可以对新生成的山体模型进行优化。

缝合边界

启用"缝合边界"选项后，会将未封闭的样条线视作封闭的样条线进行运算。

重复三角算法

启用"重复三角算法"选项后，生成的山体模型会更加贴合等高线图形，模型外形会更加精准，同时模型包含的面的数量也会增加。

5.2 课时19：布尔复合对象有何特点？

布尔运算是三维软件中最古老、最经典的建模方法，几乎任何一款三维软件都包含布尔运算功能。布尔运算将多个模型相加、相减、相交，生成新的模型形状。

在3ds Max的复合对象中，包含3个与布尔运算相关的复合对象，分别是布尔、ProBoolean和ProCutter复合对象。这些对象各有特点，但其底层的工作原理都是基于布尔运算的。本课将详细讲述这些对象的操作方法。

学习指导：

本课内容属于必修课。

本课时的学习时间为40~50分钟。

本课的知识点是熟练掌握布尔、ProBoolean、ProCutter复合对象的操作方法。

课前预习：

扫描二维码观看视频，对本课知识点进行学习和演练。

5.2.1 项目案例——使用布尔复合对象制作可爱的玩偶模型

布尔复合对象可以对多个模型进行并集、交集和差集运算，生成一个新造型的模型。布尔复合对象创建过程逻辑清晰、操作简洁，非常适合初学者建模。

在前面的内容中，曾经学习过二维图形的布尔运算操作，其实三维模型布尔运算操作与之类似。

（1）打开本书附带文件/Chapter-05/卡通人物.max。

（2）在视图中选择"身体"模型，然后在"创建"面板单击"布尔"命令按钮。

（3）在"布尔参数"卷展栏单击"添加运算对象"命令按钮，然后在"运算对象"视图中单击"半圆"模型，如图5-21所示。

图5-21

在"运算对象参数"卷展栏内可以对布尔运算的方式进行设置，在这里提供了6种运算方式，默认使用的是"并集"方式。

并集

"并集"方式是将两个或两个以上模型合并为一个模型。

交集

"交集"方式会将两个模型相交的区域生成一个新的模型，如图5-21所示。

差集

"差集"方式可以使用拾取的模型，对另一个模型进行修剪，修剪完卡通模型就制作好了，如图5-22所示。

图 5-22

合并

"合并"方式可以将两个模型合并在一起。与"并集"不同的是，该方式不会改变模型的原有形状，但是会在模型相交的位置生成新的边界线。

附加

"附加"方式和"合并"方式非常接近，但是"附加"方式只是将两个模型合并在一起，在模型相交的位置不会形成边界线。

插入

"插入"方式与"差集"方式非常接近，拾取对象会对原有模型进行修剪，但是依旧会保留修剪模型，这就形成了修剪模型插入原模型的效果。

"合并""附加"和"插入"三种布尔运算方式在执行时，表面看起来运算结果是相同的，不同点就在于对于相交区域处理方法不同，新生成模型的边线结构不同，会影响后续的建模操作。初学者应该多观察细节，找到它们的区别。

在布尔运算方式按钮下端还有两个选项，分别为"盖印"和"切面"选项。这两个选项在一些特殊的建模操作中还是非常有用的。

（1）首先设置当前布尔运算的方式为"并集"方式，然后启用"盖印"选项。

（2）此时拾取模型将会消失，原有模型会根据两个模型相交的位置生成一圈新的边界线，如同在

模型上盖上印章，如图5-23所示。

图 5-23

提示

在模型上盖印出边界线的目的是方便下一步对模型的深入编辑。可以使用多边形建模方法中的"挤出"命令，将边界线区域向外或向内挤压，生成新的造型。

（3）取消"盖印"选项，然后启用"切面"选项，此时拾取模型与原有模型相交区域的面将会被切除，如图5-24所示。

图 5-24

5.2.2 项目案例——使用 ProBoolean 复合对象制作管材工业模型

ProBoolean 复合对象通过对两个或两个以上模型对象执行布尔运算，将它们组合起来，生成一个新的形体。其操作和传统的布尔复合对象的用法完全一样，不同点就是 ProBoolean 复合对象可以对新生成的模型面结构进行重新设置，使模型可以在下一步网格面细化操作时，得到更柔和的过渡。下面通过案例操作来学习这些内容，图5-25展示了案例完成后的效果。

图 5-25

（1）打开本书附带文件 /Chapter-05/ 管道 .max，在案例中需要将场景中的模型组合起来。

（2）在场景中选择"管道 01"模型，然后在"创建"面板中单击"ProBoolean"命令按钮。

（3）在"拾取布尔对象"卷展栏内单击"开始拾取"按钮，在场景中单击拾取"管道 02"模型，如图 5-26 所示。

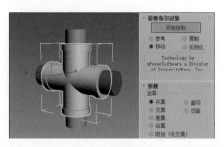

图 5-26

在"参数"卷展栏内可以看到在"运算"选项组内提供了 6 个选项，用于设置布尔运算的运算方式。这些选项的名称和布尔复合对象中的运算方式完全相同，在此就不再赘述了，如果读者在概念上模糊了，可以参看第 5.2.1 小节的内容。

（4）在"运算"选项组中选择"差集"选项，接着在视图中分别拾取"剪切对象 01"和"剪切对象 02"模型。

（5）此时，通过"并集"和"差集"布尔运算，管道模型就创建好了，如图 5-27 所示。

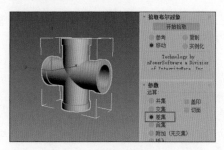

图 5-27

现在模型形体棱角分明，看起来非常生硬，一般在这个环节还需要为模型添加"网格平滑"修改器，增加模型面片分段，使模型表面看起来更加光滑、柔顺。

> **提示**
> "网格平滑"修改器可以对当前模型的面进行细化，并且在细化面的过程中，使模型的转角变得更加圆润、光滑。

（6）打开"修改"面板，为当前模型添加"网格平滑"修改器，但此时模型在细化模型转折的过程中会产生扭曲问题，如图 5-28 所示。

图 5-28

在网格平滑过程中，出现的面片扭曲问题是很常见的，这是因为模型表面的网格分段结构不合理，如图 5-29 所示。

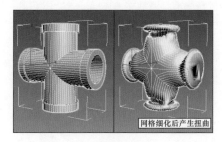

图 5-29

此时就可以体现出 ProBoolean 复合对象的优势了，ProBoolean 复合对象可以在完成布尔操作后，使用四边形面对模型表面的面片结构重新进行分布。这样就很好地解决了模型在网格细化操作中出现的面片扭曲的问题。

（7）在"修改"面板的"堆栈栏"内选择"ProBoolean"选项，进入 ProBoolean 复合对象编辑层。

（8）在"高级选项"卷展栏内启用"设为四边形"选项，该选项下端有一个"四边形大小"参数栏，该参数可以控制四边形的大小，参数越小，生成的四边形面积越小，反之则越大。

（9）启用"设为四边形"选项后，模型表面的网格结构会发生变化，如图 5-30 所示。

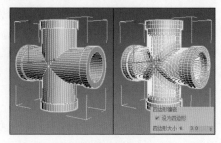

图 5-30

在"堆栈栏"内选择"网格平滑"选项，此时模型经过网格平滑操作显得更加圆润光滑，至此管道模型就制作完成了。

5.2.3 项目案例——使用 ProCutter 复合对象制作破碎的瓷瓶模型

ProCutter 复合对象同样是使用布尔运算操作，生成新的模型形体。ProCutter 复合对象可以制作出模型被切割后的形态。利用该对象可以创建生动的物品碎裂的形态。

（1）打开本书附带文件 /Chapter-05/ 瓷瓶 .max，该文件包括一个瓷瓶模型和 3 个切割器模型。

（2）在视图中选择左侧的"切割器 01"模型，在"创建"面板单击"ProCutter"命令按钮。

（3）在"切割器拾取参数"卷展栏单击"拾取原料对象"按钮，在视图中单击拾取"瓷瓶"模型，如图 5-31 所示。

图 5-31

> **提示**
>
> ProCutter 复合对象在执行布尔运算时，有两个拾取对象的按钮，分别是"拾取切割器对象"按钮和"拾取原料对象"按钮，切割器对象就是用于修剪的模型，而原料对象则是被修剪的对象。

（4）单击"拾取切割器对象"按钮，依次在视图中单击"切割器 02"和"切割器 03"模型将其拾取，如图 5-32 所示。

图 5-32

在"切割器参数"卷展栏的"剪切选项"选项组内提供了 3 个选项，这些选项可以对当前模型的切割形态进行设置。

被切割对象在切割器对象之外

该选项为默认选项，启用该选项后，模型将会呈现被切割器模型修剪后的形态，如图 5-31 所示。

被切割对象在切割器对象之内

启用该选项后，将会在模型与切割器模型相交

部分的区域生成模型形体，如图 5-33 左图所示。

切割器对象在被切割对象之外

启用该选项后，将会在切割器模型与模型未相交的区域生成模型形体，如图 5-33 右图所示。

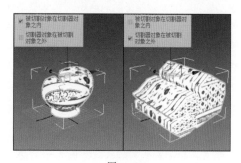

图 5-33

（5）在"剪切选项"选项组内选择"被切割对象在切割器对象之外"和"被切割对象在切割器对象之内"选项，保留瓷瓶和被切割的碎片，如图 5-34 所示。

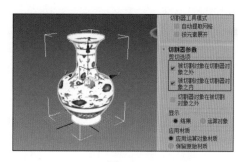

图 5-34

（6）在"修改"面板的"堆栈栏"右击 ProCutter 对象，在弹出的快捷菜单中选择"可编辑网格"命令，对当前对象执行塌陷操作。

（7）在"编辑几何体"卷展栏中的"炸开"参数栏内输入 180，然后单击"炸开"按钮，将对象炸开。对瓷瓶的各个碎片模型执行移动、旋转操作，完成场景的制作，如图 5-35 所示。

图 5-35

5.3 课时 20：复合对象如何制作动画？

虽然复合对象是一种建模方法，但是有些复合对象则是为动画设置服务的。这是因为有些动画需要对形体进行变形，或者将虚拟的例子对象网格化、实体化。虽然动画类复合对象服务于动画效果制作，但是其主要作用还是针对模型的变形，或网格对象的生成。

学习指导：

本课内容属于选修课。

本课时的学习时间为 40~50 分钟。

本课的知识点是了解与动画制作相关的复合对象。

5.3.1 变形复合对象

变形复合对象可以将多个模型合并，然后在不同的模型形体间设置变形动画。例如，将一个完整苹果慢慢凹陷形成一个咬去的豁口。使用该复合对象时，对模型有严格的要求，参与变形的模型对象必须保持节点数目相同，否则模型将无法进行合并。

（1）打开本书附带文件 /Chapter-05/ 苹果 .max。在视图中拾取第一个苹果模型。

（2）在"创建"面板单击"变形"命令按钮，接着在卷展栏内单击"拾取目标"命令。

（3）在视图中单击拾取"苹果 03"模型，这时可以看到复合对象产生了凹陷变形，如图 5-36 所示。

图 5-36

（4）在"当前对象"卷展栏的"变形目标"选项栏内选择"M_ 苹果 01"选项。

（5）在选项栏下端，单击"创建变形关键点"按钮，此时在 0 帧位置，苹果恢复至最初的形体状态，如图 5-37 所示。

（6）在软件界面下端将时间滑块拖至 50 帧位置，接着在"变形目标"选项栏内选择"M_ 苹果 03"选项。

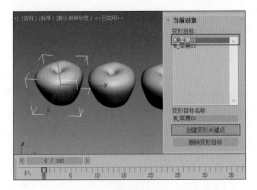

图 5-37

（7）单击选项栏下端的"创建变形关键点"按钮，在 50 帧位置，苹果变为缺口状态，如图 5-38 所示。

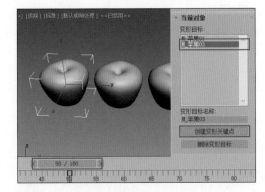

图 5-38

此时苹果模型的变形动画就制作好了，单击"动画播放"按钮，在视图中可以看到从第 0 帧到第 50 帧，苹果产生了凹陷。变形复合对象的建立与设置方法非常简单，该复合对象的主要作用就是在不同形体间设置变形动画效果。

但是在实际工作中，如果要制作模型的变形动画一般是不使用该复合对象的，在修改器当中提供了"变形器"修改器，完全可以实现上述功能，并且提供了更为强大的动画设置选项。另外，使用"变形器"修改器设置动画的优势还在于，修改器可以随时删除，使模型恢复至最初状态。

（1）在视图中选择"苹果 02"模型，在"修改"面板为其添加"变形器"修改器。

（2）在"通道列表"卷展栏内单击"加载多个目标"命令按钮，此时会弹出"加载多个目标"对话框。

（3）在对话框中选择"苹果 03"模型，单击"加载"按钮，将其添加至修改器。

（4）此时"苹果 03"模型的名称将会出现在目标列表内，如图 5-39 所示。

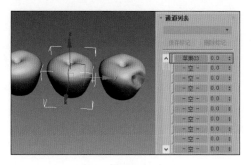

图 5-39

目标列表名称的右侧有一个变形力度参数，参数范围在 0.0~100.0，0.0 是不进行变形，100.0 则是变形为目标对象，读者可以试着更改该参数观察苹果模型的变化效果，将参数的变化设置为动画，即可完成苹果动画的变形效果。与变形复合对象设置的变形动画相比，"变形器"修改器更加灵活、精准和高效。

5.3.2 项目案例——使用水滴复合对象制作喷泉水珠

水滴复合对象可以配合"粒子"系统使用，根据粒子对象喷射出的粒子生成水滴模型。另外，水滴复合对象也可以配合三维模型或二维图形使用，水滴复合对象可以根据对象的顶点位置在模型表面生成水滴模型，模拟出液体附着在形体表面的形态。

（1）打开本书附带文件 /Chapter-05/ 喷泉 .max。

（2）在"创建"面板单击"水滴网格"命令按钮，接着在视图中单击创建水滴网格复合对象。

（3）打开"修改"面板，在"参数"卷展栏单击"水滴对象"选项组的"拾取"按钮。

（4）在视图中单击"喷泉"粒子系统对象，如图 5-40 所示。

图 5-40

（5）在拾取了粒子系统后，粒子系统的名称将会出现在"水滴对象"列表栏内。

（6）同时，水滴网格对象会包裹在喷射粒子外侧，生成水滴模型，如图 5-41 所示。

图 5-41

当水滴网格复合对象配合粒子系统使用时，其大小参数是不起作用的，如果要修改水滴网格模型的外观尺寸，需要对粒子系统管理粒子尺寸的参数进行调整。关于粒子系统的建立与设置方法，将在本书第 12 章进行讲述。

5.3.3 项目案例——使用水滴网格复合对象制作面包圈模型

除了与粒子系统配合使用外，水滴网格复合对象还可以与三维模型或二维图形结合使用。下面使用该功能，制作一组食品展示效果图。使用水滴网格复合对象巧妙地制作出面包圈上的奶油形体，图 5-42 展示了案例完成后的效果。

图 5-42

（1）打开本书附带文件 /Chapter-05/ 面包 .max。

（2）在"创建"面板单击"水滴网格"按钮，接着在视图中单击创建水滴网格复合对象。

（3）打开"修改"面板，在"水滴对象"选项组单击"拾取"按钮，在场景中单击"奶油"模型将其拾取，如图 5-43 所示。

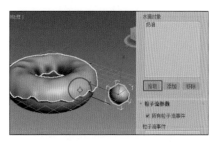

图 5-43

（4）打开"修改"面板，在"参数"卷展栏内对水滴网格复合对象的参数进行修改，如图5-44所示。

图 5-44

设置"大小"参数为 4.0，此时水滴网格形态会变小。"大小"参数用于控制水滴网格的尺寸。

"张力"参数可以控制水滴网格相互间的黏结力度，该参数最大值为 1.0，最小值为 0.01，当参数被设置为最小值时，水滴网格将会变为独立的球体，相互间不会发生粘连变形。

使用"计算粗糙度"参数组可以对水滴网格对象的面片结构进行设置，参数值越大网格对象的面越少，网格外形越粗糙；参数值越小，网格面越细腻，网格外形越光滑。

"视口"粗糙参数控制模型在场景中显示的状态。

"渲染"粗糙参数控制模型在渲染时面片结构。

在工作时，可以将"视口"参数适当地设置大一些，这样可以减少模型的面数，减少系统资源的占用。

5.3.4 网格化复合对象

网格化复合对象是配合粒子系统使用的复合对象，该复合对象可以将粒子系统喷射的粒子颗粒转变为实体的网格对象，这样就可以像编辑网格对象

一样，来控制粒子喷射形体了。例如，为喷射粒子添加编辑修改器。

（1）打开本书附带文件 /Chapter-05/ 粒子发射 .max。

（2）在"创建"面板单击"网格化"按钮，然后在视图中单击并拖动鼠标创建"网格化"复合对象。

（3）打开"修改"面板，单击"参数"卷展栏内的"拾取"按钮，在视图中单击粒子系统对象以拾取它，如图5-45所示。

图 5-45

（4）此时网格化复合对象将会根据粒子对象生成喷射的长方体网格模型。

（5）在"修改"面板为复合对象添加"弯曲"修改器，可以看到修改器对网格对象产生了影响，如图 5-46 所示。

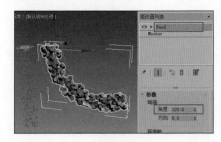

图 5-46

本章将为读者讲述 3ds Max 中的高级建模方法，也就是曲面建模方法。本章之前介绍的所有建模方法，都是基于属性参数、修改器、复合对象组合等操作建立模型的，这些建模方法相对来讲有一定的局限性，如果想通过对模型的顶点，或网格进行局部调整，实现模型造型的细节刻画，基本是不可能的。

使用曲面建模方法为用户提供了极大的自由创作空间，用户可以对模型的顶点、边界、网格面直接进行调整编辑，实现模型的精确创建与编辑。本章将详细讲解曲面建模方法。

学习目标

◆ 理解曲面建模的工作原理

◆ 熟练掌握多边形建模方法

◆ 了解网格建模和面片建模方法

6.1　课时 21：什么是曲面建模？

在三维软件中，模型都是由顶点、边线、网格面组成的。曲面建模方法就是让用户直接对模型的顶点、边界、面片等子对象进行编辑，实现模型的精细刻画，如图 6-1 所示。

图 6-1

曲面建模方法拥有极高的自由度，可以创建出想象中的任何模型造型。本课将对曲面建模的工作原理进行讲解。

学习指导：

本课内容属于必修课。

本课时的学习时间为 40~50 分钟。

本课的知识点是正确理解曲面建模工作原理。

课前预习：

扫描二维码观看视频，对本课知识点进行学习和演练。

6.1.1　曲面建模的分类

在 3ds Max 中包含 4 种曲面建模方法，分别是网格建模方法、多边形建模方法、面片建模方法、NURBS 建模方法。

这 4 种曲面建模方法的工作原理基本相同，都是在模型的顶点、面片等子对象层进行工作，不同点就是对于模型的顶点、曲面的管理方法也不同，这也就导致了其创建和编辑模型的方式有很大区别。

1．网格建模方法

网格建模方法是 3ds Max 中最原始的曲面建模方法，从 3ds Max 诞生之初就包含该方法。网格建模方法的子对象包含顶点、边、面、多边形、元素，如图 6-2 所示。

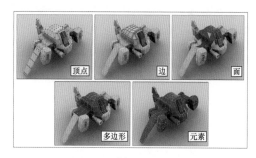

图 6-2

由于网格建模方法产生年代久远，其管理模型曲面的方法比较原始，依旧保留了对三角面的编辑模式。在建模过程中，操作效率比较低。目前，在工作中已经很少使用该方法制作模型了。取而代之的是网格建模方法的升级版，也就是多边形建模方法。对于初学者来讲，只需要理解网格建模方法的工作原理即可，因为由外部程序导入 3ds Max 中的模型，都是以网格对象形式保存的。

另外，熟悉了网格对象的编辑方法，有助于理解计算机环境如何描述和管理三维模型数据。在本章的 6.7 节将为读者讲解网格建模方法的原理。

2. 多边形建模方法

多边形建模方法是 3ds Max 基于网格建模方法，创立的一种新型建模方法。在底层来讲，这多边形建模和网格建模方法都是对模型的顶点、边、网格面进行编辑。不同点就是多边形建模和网格建模方法对于模型网格面的管理方式有所不同，关于这些细节，将在稍后的章节进行讲述。

相比于网格建模方法，多边形建模方法更加灵活、高效。多边形对象的子对象分为顶点、边、边界、多边形、元素，如图 6-3 所示。

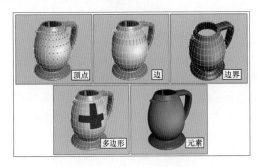

图 6-3

多边形建模方法可以说是工作中最为重要和常用的建模方法，也是当下最为流行的建模方法。像 CINEMA 4D、Maya 等三维软件中，都包含多边形建模方法。所以本书将重点讲述多边形建模方法。

随着多年的发展，3ds Max 为多边形建模方法拥有很多快捷命令和功能面板。在 3ds Max 安装后的初始界面中，上端的"功能区"可以看到专门为多边形建模设置的命令面板，如图 6-4 所示。这些命令面板在早期的 3ds Max 版本中是没有的，将多边形建模命令由"修改"面板移至"功能区"，以按钮的形式进行展现，是为了提升建模工作的便捷性。

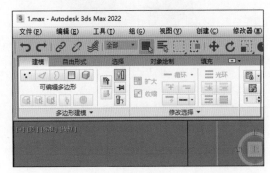

图 6-4

3. 面片建模方法

面片建模方法是基于 Bezier（贝塞尔）曲线进行模型建立的。该方法可以利用较少的顶点创建出光滑的曲面，因此常被用来创建拥有光滑、流线表面的模型形体，例如工业造型、人体器官模型等。

在面片建模方法中包含 5 种子对象，分别为顶点、控制柄、边界、多边形、元素，如图 6-5 所示。

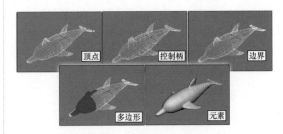

图 6-5

面片建模方法虽然能够创建光滑的模型表面，但是在管理面片的灵活度上，不如网格和多边形建模方法直接。因为面片建模方法管理的是一组面，而不是模型面本身，所以这种建模方法在工作中是不太常用的。在本章的 6.8 节将为读者讲解面片建模方法的原理。

4. NURBS 建模方法

NURBS 建模方法是一种高级建模方法，许多三维软件都是基于 NURBS 建模方法创建模型的。NURBS 建模方法创建无缝光滑曲面的能力要优于面片建模方法，在建模时受到的限制也相对较少，所以 NURBS 建模方法常用于工业造型设计中，如图 6-6 所示。

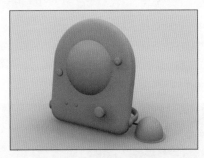

图 6-6

NURBS 建模方法也有一些缺点，在 3ds Max 中使用该建模方法，会占用非常多的系统资源。另外，该建模方法操作复杂，包含繁杂的操控命令，这些特点对于初学者有些难度。一些非常优秀的工业建模软件（例如 Rhino 犀牛、SolidWorks 等），使用的也是 NURBS 建模方法，但在操作上却比 3ds Max 要简洁许多。

6.1.2 多边形建模的工作原理

在开始学习具体操作前，首先要理解多边形建模方法的工作原理，要明白多边形对象是如何管理模型的点、线、面子对象的。

1. 多边形建模方法的工作流程

多边形建模方法的工作流程可以分为四个环

节：规划模型的拓扑结构、建立基础模型、刻画模型细节、对模型进行平滑处理。图 6-7 大致展示了使用多边形建模方法创建模型的流程。下面对四个环节中的工作重点和注意事项进行讲解。

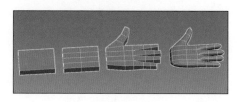

图 6-7

（1）规划模型的拓扑结构

什么是拓扑结构？简单地讲地是在三维空间中，点、线、面的摆放位置决定了模型的形体结构，那么这种点、线、面的穿插关系就是拓扑结构，如图 6-8 所示。

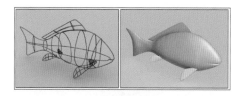

图 6-8

因为曲面建模是自由度很高的建模方法，在操作中直接对点、线、面进行修改和编辑的，所以在建模之前，就要先规划点线面的位置，这样后续的建模操作才会更加准确和顺畅。

在开始具体的建模操作之前，一定要根据模型的形体的转折特征，分析出模型的拓扑结构。在建模操作中，按分析出的拓扑结构准确布线。很多初学者在建模时，都易忽略了这个步骤，模型在建立完毕后，如果网格面的拓扑结构不合理，有可能会导致贴图无法正常适配，或者模型动画无法正常设置。

（2）建立基础模型

使用多边形建模首先要建立一个基础形，然后使用建模命令对基础模型的点、线、面进行延展、缩放等操作，逐步刻画出模型的细节。基础模型可以使用参数化模型创建，可以使用二维图形生成，也可以由其他类型的模型转换生成，这些操作都可以生成基础模型。需要初学者注意的是，不管使用哪种方法创建基础模型，都要根据模型的拓扑结构合理地设置基础模型的表面的网格结构。

（3）刻画模型细节

在多边形建模方法中，包含了丰富的命令和工具，用户几乎可以毫无限制地对模型点、线、面进行编辑修改，这使得建模过程简洁高效。根据模型的外形特征调整点、线、面的结构关系，逐步刻画

出模型的外形。

（4）对模型进行平滑细化处理

在建模初期，一般不会为模型设置很多网格面，这样可以更为高效地编辑和管理模型网格面，在模型基础形体建立完毕后，会使"网格平滑"修改器对模型面进行细化，使模型的转折更柔和光滑。

2. 分段数量控制

模型建立后分段数目如何设置，这取决于下一步模型如何进行编辑。在分析了模型的拓扑结构后，才能为模型设置合理的分段数量。初始模型的分段数量建立多了，或者少了都不好，要根据模型拓扑结构准确建立。

例如，要建立一个手的模型，需要将长方体的 x 轴方向建立 4 个分段，这 4 个分段对应了向前伸出的 4 根手指；在 y 轴方向建立 2 个分段，这对应了向侧面伸出的拇指，如图 6-9 所示。

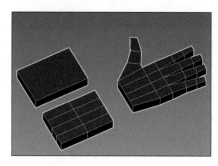

图 6-9

3. 曲线的步数

有些时候，需要利用二维图形建模方法获得建模基础型，这时要注意二维图形步长值设置。前面的章节曾经讲过，步长值越大曲线转折越柔和；反之转折越明显。如果用步长值较大的二维图形生成建模基础型，会导致模型的分段数目过多，这样在多边形建模环节将不好控制，图 6-10 展示了不同步长值下模型面的生成效果。

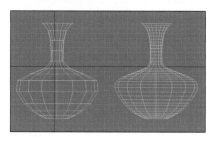

图 6-10

4. 网格的平滑细化

在使用多边形网格建模方法建模时，一般开始创建的基础模型都比较简陋、粗糙，建模的最后阶段会使用"细分曲面"类的修改器，对模型的表面

进行细分，生成更多转折面，这样模型表面呈现出光滑细腻的转折效果。

在 3ds Max 中有多种修改器可以对模型网格面进行细分，选择模型后，在"修改"面板中单击修改器下拉选择栏，可以看到"细分曲面"修改器分类，该分类中包含了 6 种修改器，这些都是用来对模型表面进行细化的修改器，如图 6-11 所示。最常用的是"网格平滑"修改器。

图 6-11

虽然有 6 种"细分曲面"修改器，但是这些命令在细分平滑模型时，基本原理是相同的。下面来看一下，修改器在模型细分平滑处理过程中发生了什么。

（1）在视图中创建一个长方体模型，分别设置长方体的长、宽、高分段数量为 2。

（2）然后在"修改"面板为模型添加"网格平滑"修改器。长方体的面已经被平滑细分，转折边呈圆角状。

（3）在"细分量"卷展栏设置"迭代次数"参数栏为 2，此时就意味着在上一次细分的基础上再次进行细分，一共进行两次细分操作，如图 6-12 所示。

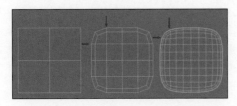

图 6-12

从操作中可以看出，"网格平滑"修改器在细分网格面时，是在所有的边线中心位置生成新的线段分段，并且将原来的折角边位置向内进行了微调整，从而使转角更圆滑。

"迭代次数"参数设置为 2 时，就是在第一次平滑细分的基础上，再将所有边一分为二。当然，还可以再次增加细分迭代，细分次数越多，生成的面也越多，网格面就越平滑细腻。

在此要特别强调一点，模型面的数量不是越多越好。因为面数越多，系统资源也会占用得越多。这会导致计算机系统运行卡顿，甚至出现死机问题。

另外，模型在渲染时，是根据网格面的结构来计算光能传递的。场景中的网格面越多，渲染时间就越长。综上所述，模型的网格面数量一定要控制到合理的范围，在渲染时看不到的区域，模型面可以直接删除。

模型在进行平滑处理时，其造型特征也会发生变化。在前面操作中，长方体变形成了接近球体的形状，这大大背离了模型的原始形态。为了不使模型走样变形，此时就需要对模型的分段结构进行调整，以达到强化模型转角角度的目的。

（1）在场景中建立一个长方体，打开"修改"面板，在"堆栈栏"内右击。

（2）在弹出的快捷菜单内选择"可编辑多边形"命令，将长方体由参数化模型转变为多边形对象。

（3）在"堆栈栏"选择"边"子对象，接着在"编辑几何体"卷展栏单击"切片平面"按钮。

（4）此时在长方体模型上端会出现切割辅助线，调整辅助线的位置，会弹出"切片模式"面板，如图 6-13 所示。

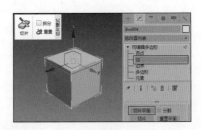

图 6-13

（5）在"在切片模式"面板内单击"切片"按钮，执行切片命令，此时长方体上端会增加一圈新的分段。

（6）在"堆栈栏"内选择"可编辑多边形"选项，回到对象编辑层。对长方体添加"网格平滑"修改器。

（7）在添加分段后，所得到的结果与之前的差别会很大，我们可以将添加了分段和没有添加分段的长方体进行比较，如图 6-14 所示。

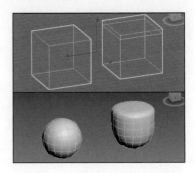

图 6-14

在操作中可以看到，长方体上端添加了分段后，减短了边的长度，网格在细分时，都是按边线的中心点来进行细分的，所以长方体上端的转折进行圆滑处理是为了约束。在多边形建模中，常常使用增加分段的方式，最大化地保留形体的转折形态。

5. 如何获得多边形对象

在使用多边形建模方法之前，首先要创建多边形对象。在 3ds Max 中可以将任何类型的模型转换为多边形对象（例如网格对象、面片对象、NURBS 对象），另外，二维图形也可以直接转变为多边形对象。获得多边形对象的方法主要有以下几种方法。

（1）在堆栈栏进行转换

选择模型后，在"修改"面板的"堆栈栏"内右击，在弹出的快捷菜单中选择"转换为可编辑多边形"命令。如果模型添加了修改器，可以在"堆栈栏"快捷菜单中执行"塌陷"命令后，再进行转换。

（2）在视图菜单中转换

在视图中右击模型对象，在弹出的"变换"菜单中，选择"转换为"子菜单中的"转换为可编辑多边形"命令，如图 6-15 所示。

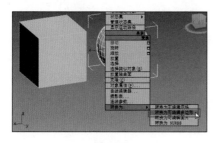

图 6-15

（3）编辑多边形修改器

如果不想丢失模型的原始数据，可以使用"编辑多边形"修改器。例如，对于一个复杂的放样模型来讲，如果直接转换为多边形对象，底层的放样控制参数就全部消失了。

此时可以考虑使用"编辑多边形"修改器。使用修改器的优点在于所有的多边形编辑操作都记录在修改器层，如果删除该修改器，模型会恢复至原始状态。

6. 多边形对象的子对象

多边形对象的子对象包含"顶点""边""边界""多边形""元素"。这 5 种子对象分别对应了模型的顶点、边线、开放边界、模型面，以及模型组件。对于初学者来讲，模型的点、线、面都非常容易理解，在此需要特别讲一下"边界"和"元素"子对象。

模型通常都是由一组封闭的网格面组成的，如果将模型的一部分面删除，此时模型表面会出现一个破洞，破洞的边界线就是"边界"子对象。

选择多边形对象的"边界"子对象层，可对开口的模型进行封口操作。也可以将两个开口模型进行桥接操作，例如手掌和衣服建模后，将两个模型桥接为一个模型。

一个复杂的模型往往包含多个子模型，这种子模型就称为"元素"子对象。为了加深理解，下面通过具体操作进行学习。

（1）在"创建"面板选择"茶壶"命令，在场景中创建一个茶壶模型。

（2）打开"修改"面板，右击"堆栈栏"在弹出的菜单中执行"转换为:"→"可编辑多边形"命令。

（3）在"堆栈栏"选择"元素"子对象层，在场景中依次选择壶盖、壶身、壶嘴和壶柄模型进行观察。茶壶模型就是由 4 个元素模型组成的，如图 6-16 所示。

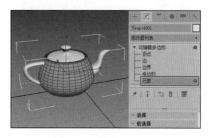

图 6-16

（4）对壶嘴模型的位置进行调整，可以看到壶口模型的下端是开口的，并没有封闭模型。

> **提示**
>
> 在建模过程中，眼睛看不到的区域，模型网格面都是可以删除的，这样节省系统资源的占用空间，提高渲染时的速度。

（5）在"堆栈栏"选择"边界"子对象，然后在视图中单击壶口底端的开口边界，以拾取边界对象，如图 6-17 所示。

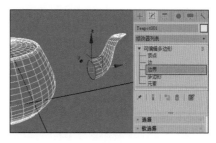

图 6-17

"边界"子对象是多边形对象特有的子对象类

型。需要注意的是，如果一个模型没有开口区域，就没有"边界"子对象，即便进入"边界"子对象编辑层，也无法选择编辑对象。

6.2 课时 22：如何使用多边形对象的公共命令？

使用多边形建模方法工作时，大部分时间都是在子对象层，对顶点、边线，或者网格面进行编辑调整。这些子对象有一些公共的设置命令，可以对子对象的选择产生影响。

学习指导：

本课内容属于必修课。

本课时的学习时间为 40~50 分钟。

本课的知识点是熟练掌握多边形对象的公共命令。

课前预习：

扫描二维码观看视频，对本课知识点进行学习和演练。

6.2.1 多边形子对象的选择

在对多边形建模过程中，子对象的选择是执行最多的操作。为了更精准地、快速地选择子对象，在"选择"卷展栏中为用户提供了辅助选择的选项与命令。

（1）打开本书附带文件 /Chapter-06/"小狗 .max"文件。选择"狗"模型并打开"修改"面板。

（2）在"堆栈栏"选择"多边形"子对象层，在视图中单击或框选模型表面，即可选择模型的多边形网格面。

> **提示**
>
> 在"选择"卷展栏上端提供了 5 个子对象按钮，单击这些按钮，如同在"堆栈栏"选择子对象编辑层的操作。

（3）在"选择"卷展栏启用"按顶点"选项，此时只能按照拾取顶点的方式对多边形面进行选择。

（4）在"前"视图将模型放大显示，在模型表面移动鼠标，当光标接近顶点位置时将变为拾取状态。

（5）此时单击，将会把该顶点所接触到的多边

形面全选，如图 6-18 所示。

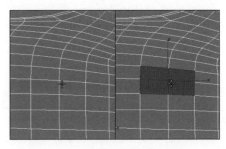

图 6-18

在"选择"卷展栏启用"忽略背面"选项，此时如果框选子对象，将不会选择模型背面的子对象。该选项对编辑模型顶点子对象时非常有用。

"按角度"选项可以根据网格面之间的夹角大小选择面对象，在选项右侧的参数栏可以设置角度范围，设置角度参数为 10.0，然后在模型表面单击拾取面对象。此时与拾取面相接，且夹角小于 10.0 的面都将会被选择，如图 6-19 所示。

图 6-19

"收缩"与"扩大"命令可以为选择的子对象选择集，进行收缩选择和扩大选择。

（1）在视图中使用鼠标框选一组网格面，然后单击"收缩"命令按钮，可以看到选择集轮廓处的面对象取消选择，如图 6-20 所示。

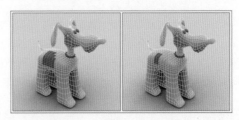

图 6-20

（2）再次单击"收缩"命令按钮，选择集会再次向内收缩一圈，多次单击该命令按钮选择集将收缩至不选择任何对象。

"扩大"命令与"收缩"命令刚好相反，每次单击会使选择集向外扩大一圈。在模型表面单击，选择一个多边形面，单击"扩大"命令按钮，选择集向外扩大一圈，连续单击该命令按钮，选择集会继续扩大，直至将模型所有面选择，如图 6-21 所示。

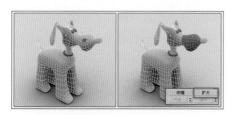

图 6-21

"环形"与"循环"命令主要应用于"边"和"边界"子对象。因为这两个命令都和线的选择相关。

（1）在"堆栈栏"选择"边"子对象，在模型表面单击选择一根边线。

（2）单击"环形"命令按钮，此时与选择边线相平行的一排边线都会被选择，如图 6-22 所示。

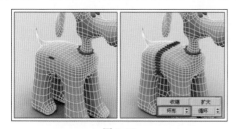

图 6-22

（3）再次选择一根边线，然后单击"循环"命令按钮，此时选择集将会沿着边线两端的方向进行循环延展，如图 6-23 所示。

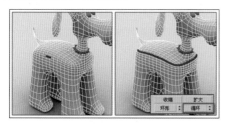

图 6-23

在"环形"与"循环"命令按钮的右侧有箭头控制柄，单击箭头控制柄可以向环形或循环方向移动选择边线。

选择一根边线，单击"环形"命令按钮右侧的箭头控制柄，与选择边线水平的边线将会被选择；单击"循环"命令按钮右侧的箭头控制柄，沿边线方向的下一根边线会被选择。

6.2.2 软选择

软选择功能是非常有创造性的。启用软选择功能后，调整某个子对象将会同时影响周围的子对象，例如移动模型的一个顶点，周围相邻的顶点也会随着该顶点的调整而产生变化，下面通过具体操作进行学习。

（1）在场景中选择"狗"模型，打开"修改"面板，在"堆栈栏"内选择"顶点"子对象编辑层。

（2）在模型的侧面选择一个顶点，使用"选择并移动"工具，对顶点位置进行调整，此时形成一个尖锐的折角，如图 6-24 所示。

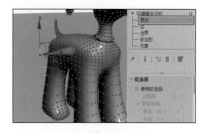

图 6-24

如果要创建一个隆起的柔和山包造型，一个一个地调整顶点位置恐怕是不现实的。这就要用到软选择功能。

（1）打开"软选择"卷展栏，启用"使用软选择"选项。在平面模型中心处单击拾取一个顶点。

（2）此时被选择的顶点呈现红色，相邻的顶点呈现出由红色到蓝色的渐变色。

（3）沿 y 轴方向，向左侧调整选择顶点的位置，相邻顶点的位置也会相应产生变化，如图 6-25 所示。

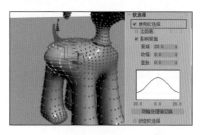

图 6-25

通过上述操作，相信读者已经体会到了软选择功能的工作特点。通过设置"衰减"、"收缩"和"膨胀"3 个参数可以修改软选择的范围和力度。

在"软选择"卷展栏中提供了"绘制软选择"选项组，通过该选项组内的命令，可以用手工绘制的方法设定选择区域，这大大提高了选择子对象的灵活性。

当启用"软选择"卷展栏下的"使用软选择"复选框后，激活"绘制"按钮，当鼠标移至对象表面后，出现"绘制"图标，这时就可以绘制选择区域了，如图 6-26 所示。

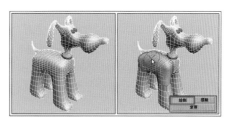

图 6-26

激活"模糊"按钮后，可以用手工绘制方法对选区进行柔化处理，这时绘制区域边缘的蓝色部分增多，如图6-27所示。

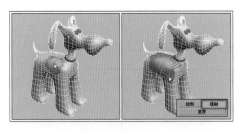

图6-27

激活"复原"按钮，可以通过涂抹绘制删除选区，如图6-28所示。该工具的作用类似于橡皮擦除效果。

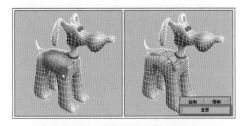

图6-28

6.2.3　子对象编辑命令

在多边形建模过程中，针对与子对象进行调整的常用命令，被集中放置在"修改"面板的"编辑子对象"和"编辑几何体"卷展栏内。在视图的上端，"功能区"的"建模"选项卡内，也提供了多边形建模操作常用的命令和工具，如图6-29所示。

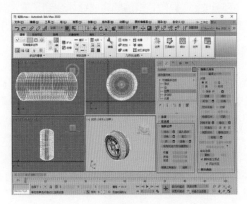

图6-29

"编辑子对象"卷展栏的名称，会随着当前选择的子对象而进行更改，例如对顶点进行编辑，"编辑子对象"卷展栏的名称会变为"编辑顶点"。根据当前子对象的类型，"编辑子对象"卷展栏内提供了不同的命令。

"编辑几何体"卷展栏内的选项和命令，主要

是对模型网格面进行合并、切割和细化。

视图上端的"建模"选项卡，所陈列的命令与"编辑子对象"和"编辑几何体"卷展栏内的命令都是一一对应的，以选项卡的形式陈列于视图上端，主要是为了便于用户快速选择。

对于初学者来讲，面对这么多的命令和选项，会有种无从下手的感觉。其实只要结合建模工作的操作需求来学习，就会变得非常简单。

多边形建模方法对于子对象的修改可以归纳为以下4种操作，分别为增加、删除、合并，以及变换子对象（移动、旋转、缩放）。在卷展栏和选项卡内提供的命令，都是围绕上述操作设置的。在接下来的内容中，将详细讲解这些命令。

6.3　课时23：如何编辑顶点子对象？

顶点是多边形对象中最基本的组成单位，顶点可以定义边线和面的形态。进入"顶点"子对象编辑模式，可以对顶点进行编辑，当顶点位置改变时模型的外形会受到影响。本课将对顶点编辑命令进行详细讲解。

学习指导：

本课内容属于必修课。

本课时的学习时间为40~50分钟。

本课的知识点是熟练掌握顶点编辑命令。

课前预习：

扫描二维码观看视频，对本课知识点进行学习和演练。

6.3.1　移除与挤出顶点

"移除"和"删除"是不同的，删除顶点后，由顶点组成的边界和面会消失，在顶点的位置会形成"空洞"。"移除"命令在删除顶点的同时，并不会删除网格面，此时网格面的边线结构会自动进行调整。

（1）打开本书附带文件/Chapter-06/ 鹿.max，场景中包含了要使用的模型。

（2）进入"顶点"子对象层，选择场景中模型表面的顶点子对象。

（3）在"编辑顶点"卷展栏中单击"移除"命令按钮，选择顶点将被移除，如图6-30所示。

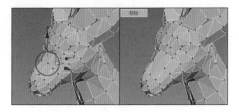

图 6-30

执行"挤出"命令可以将选择的顶点向模型外部挤出，形成一个尖锐的凸起。

（1）选择"挤出"命令后，将鼠标移至目标顶点。

（2）当鼠标指针改变为拾取状态时，拖曳鼠标，即可对顶点执行挤压操作。

（3）挤压后的顶点底部产生一个由 4 个顶点组成的面，垂直拖曳鼠标，可以调整挤压的高度；水平拖曳鼠标，可以调整底部面的大小，如图 6-31 所示。

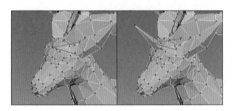

图 6-31

如果需要精确地控制挤压操作，则可以单击"挤出"按钮后的"设置"按钮，打开"挤出顶点"选项卡，如图 6-32 所示。该选项卡内"挤出高度"数值框的参数控制顶点挤压的高度，"挤出基面宽度"数值框的参数控制底部面的尺寸，单击"应用"按钮将执行"挤压"命令。

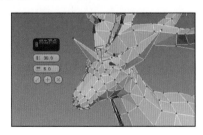

图 6-32

6.3.2　断开命令与焊接命令

"断开"命令可以在选择的顶点位置将边线断开。

（1）选择模型的顶点，在"编辑顶点"卷展栏内单击"断开"命令按钮。

（2）被选择顶点周围的边线将会断开，顶点也会分为多个顶点。

（3）由于断开的顶点都处于同一位置，因此模型看不出变化，调整顶点之后如图 6-33 所示。

图 6-33

"焊接"命令可以将选择的顶点焊接为一个顶点。顶点之间的距离要小于"焊接"操作设定的距离，否则无法焊接在一起。

（1）选择刚刚断开的多个顶点，然后单击"焊接"命令按钮。可以看到，顶点并没有焊接在一起。这是因为顶点间距超出了焊接距离。

（2）单击"焊接"命令按钮右侧的"设置"按钮，此时会弹出"焊接"选项卡。

（3）设置"焊接阈值"参数为 5，然后单击选项卡的"确定"按钮完成焊接，如图 6-34 所示。

图 6-34

"目标焊接"命令可以通过手动连线的方式，将两个目标顶点焊接在一起。

（1）按下键盘上的 <Ctrl + Z> 快捷键，选择"目标焊接"命令，单击需要焊接的顶点。

（2）将鼠标移动至另一个焊接顶点，此时两个焊接顶点间会出现一条虚线，如图 6-35 所示，再次单击目标顶点，完成焊接操作。

图 6-35

使用"塌陷"命令，也可以实现顶点焊接操作。"塌陷"命令对所有子对象都是有效的，该命令可以将选择的子对象塌陷为一个顶点。例如，选择一条边，或者选择一个多边形面，单击"塌陷"命令按钮，子对象将会塌陷为一个顶点。

在这里使用该命令，也可以将选择的多个顶点塌陷合并为一个顶点，需要注意的是，执行塌陷操作的顶点必须是相邻顶点。图6-36右图选择的是相邻顶点，左图选择的是未相邻顶点，这些顶点无法进行塌陷操作。

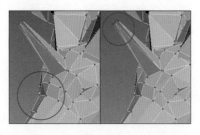

图6-36

6.3.3 切角命令

使用"切角"命令可以将顶点分割为多个面。

（1）在"编辑顶点"卷展栏单击"切角"命令按钮。

（2）在目标顶点上单击并拖动鼠标，将会生成分割面。上下拖动鼠标可以设置分割区域的大小，左右拖动鼠标可以设置分割区域的边界形状，如图6-37所示。

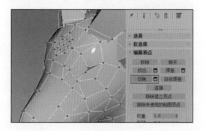

图6-37

（3）在"切角"命令按钮右侧单击"设置"按钮，可以打开"切角"选项卡，在选项卡内可以对切角操作的参数进行精确的控制，如图6-38所示。

图6-38

6.3.4 连接命令与移除孤立顶点

使用"连接"命令能在一对被选择的顶点之间创建新的边界，选择一对顶点，单击"连接"命令按钮，顶点间会出现新的边界，如图6-39所示。

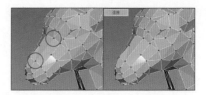

图6-39

多边形网格对象允许出现孤立的顶点，当顶点没有组合成网格面时，将不会被渲染，这一点和二维图形很像。

在"编辑几何体"卷展栏单击"创建"按钮，接着在视图中单击即可创建顶点，如图6-40所示。在孤立顶点间连线后，可以缝合出多边形面。在"编辑顶点"卷展栏内单击"移除孤立顶点"命令按钮，可以移除孤立的顶点。

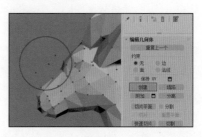

图6-40

6.4 课时24：如何编辑边与边界子对象？

"边"与"边界"子对象非常类似，都是针对多边形对象的边进行调整。不同点是"边"子对象是指两个顶点间的连线。而"边界"子对象是模型开口处的边线。之所以将以上两者分开，主要原因是在建模过程中，对"边界"子对象有一些区别于"边"子对象的操作，例如对模型开口进行封口。本课将对这些内容进行讲述。

学习指导：

本课内容属于必修课。

本课时的学习时间为40~50分钟。

本课的知识点是熟练掌握边与边界子对象编辑命令。

课前预习：

扫描二维码观看视频，对本课知识点进行学习和演练。

6.4.1 编辑边子对象

在学习了顶点对象后，接下来学习边子对象。边是连接两个顶点的直线，再由 3 条边或多条边可以组成网格面。通过 3 条边组成的是三角面，3 条以上的边界可以组成多边形面。

1. 插入顶点与移除边

使用"插入顶点"命令可以在边线上插入一个顶点，这样一条边就被分为了两段。

（1）打开本书附带文件 /Chapter-06/ 短剑 .max，该场景包含要使用的模型。

（2）在"堆栈栏"选择"边"子对象层级，在模型表面选择边对象。

> **提示**
>
> 按下 < 2 > 键，可以快速切换至"边"子对象层。键盘上的 < 1 > 键、< 2 > 键、< 3 > 键、< 4 > 键、< 5 > 键，分别对应了"顶点""边""边界""多边形""元素"子对象。

（3）在"编辑边"卷展栏内单击"插入顶点"命令按钮，接着在模型的边线上单击插入新的顶点，如图 6-41 所示。

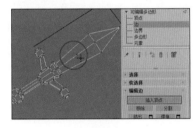

图 6-41

"移除"命令和顶点编辑模式下的移除操作相同，都可以在移除子对象的同时保留原有模型的结构。在移除边对象时，分为两种情况：一是只移除边对象，顶点依旧保留；二是边和组成边的顶点同时移除。

（1）选择剑身中部的一圈边线，单击"移除"命令按钮，此时边线被移除了，但顶点依然保留。

（2）执行"返回"操作，再次执行"移除"命令。

（3）按下 < Ctrl > 键，单击"移除"命令按钮，这时边线和顶点同时被移除了，如图 6-42 所示。

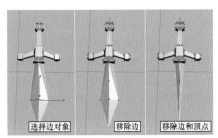

选择边对象　移除边　移除边和顶点

图 6-42

2. 分割和焊接边

使用"分割"命令可以沿着选定的边线将模型分割开，需要注意的是，如果在模型内部只选择了一条边对象，是无法进行分割操作的，因为两个顶点之间只能有一条边，不可能有多条边。

（1）选择模型剑身中间一根边线，单击"分割"命令按钮，此时一根线是无法分割的，如图 6-43 所示。

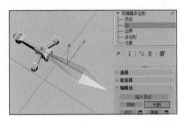

图 6-43

（2）选择剑身中部的一圈边线，单击"分割"命令按钮，此时剑身沿选择边，分割为了两个元素模型，如图 6-44 所示。

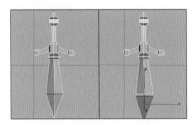

图 6-44

"焊接"和"目标焊接"命令和顶点子对象模式下的操作方法相同，此处不再赘述，选择上一步分割操作中产生的边线，然后单击"焊接"命令按钮，可以将边线重新焊接在一起。

3. 挤出命令和切角命令

"挤出"命令和"切角"命令与顶点子对象下的命令操作相同，"挤出"命令可以将边向外挤出尖突的拐角造型，"切角"命令可以将边扩展出一组网格面。

（1）单击"挤出"命令按钮，在场景中单击并拖动模型剑柄位置处的边线。

（2）上下拖动鼠标设置挤出面的高度，左右拖动鼠标设置挤出面的宽度，如图 6-45 所示。

图 6-45

（3）单击"切角"命令按钮，在场景中单击并拖动模型剑身处的边线，可以选择边并生成一组面，如图6-46所示

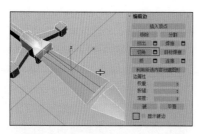

图6-46

"挤出"命令和"切角"命令都包含"设置"按钮，单击"设置"按钮可以打开"挤出"和"切角"选项卡，用户可以通过输入数值的方式执行"挤出"和"切角"命令。

4. 桥命令和连接命令

使用"桥"命令可以在两个边线间桥接处建立网格面。

（1）选择"桥"命令，在开放边界处单击，然后移动至另一个边界处。

（2）此时鼠标和选择边之间将会产生一根虚线，单击需要桥接的边线建立网格面，如图6-47所示。

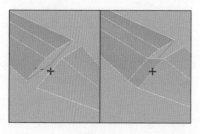

图6-47

"连接"命令可以在相邻的两条边线上创建连接线。

（1）选择两根相邻的边线，单击"连接"命令按钮，此时在边线中心点产生了新的连接线，如图6-48所示。

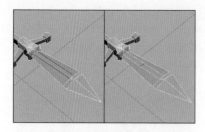

图6-48

（2）单击"连接"命令按钮右侧的"设置"按钮，可以打开"连接边"选项卡，在选项卡内可以通过设置参数的方式添加连接操作，如图6-49所示。

图6-49

5. 利用所选内容创建图形命令

使用"利用所选内容创建图形"命令，用户可以将选择的边对象，创建为一个二维线框图形。在场景中选取一组边对象，然后在"编辑边"卷展栏单击"利用所选内容创建图形"命令按钮，将选择的边线创建为二维图形，如图6-50所示。为了便于查看，图6-50中对生成的二维图形的位置进行了调整。

图6-50

6. 多边形面与三角面

多边形对象的面对象可以由3条边组成，也可以由多条边组成，3条边组成的面叫三角面，多条边组成的叫多边形面。但是在软件底层，模型都是由三角面管理的，多边形面对象在底层要分割成多个三角面进行管理。图6-51展示了多边形面对象的三角面拓扑结构。

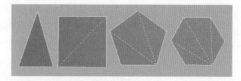

图6-51

在多边形建模过程中，多边形下的三角面边界是处于隐藏状态，用户不需要考虑这些三角面的拓扑结构。但是三角面的拓扑结构会影响模型的外观。

在图6-52中，可以看到模型剑刃两侧四边形面由两个相对三角形面组成，中间凸起的转折线就是隐藏的三角面的边。此时三角面的拓扑结构就影响到了模型剑刃的外观。如果对三角面的边进行修改，模型剑刃外观也会发生改变。

3ds Max 三维艺术与设计 50 课（全彩慕课版）

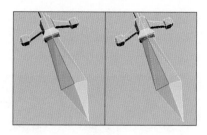

图 6-52

（1）在"编辑边"卷展栏内单击"旋转"命令
按钮，此时多边形面对象内部隐藏的三角面拓扑结
构就全部显现出来了。

（2）单击四边形面内部的三角面边线，边线将
会发生旋转，如图 6-53 所示。边线旋转后模型结
构也随之改变了。

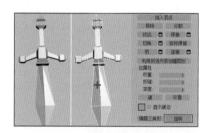

图 6-53

"编辑三角形"命令也可以修改三角形边线的
拓扑结构。该命令通过依次单击两个顶点，在两个
顶点间设置三角形边线。

（1）在"编辑边"卷展栏内单击"编辑三角形"
命令按钮。

（2）依次在四边形面右上角和左下角拾取顶
点，三角形边被修改，如图 6-54 所示。

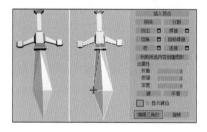

图 6-54

6.4.2　编辑边界子对象

模型的开口处的边界线称为"边界"子对象，
没有开口的模型是没有"边界"子对象的。在"边
界"子对象编辑模式下，常用的操作是对模型封口，
以及利用两个模型的边界进行桥接。

（1）打开本书附带文件 /Chapter-06/ 木桶 /
木桶 .max，该场景包含要使用的模型。

（2）在场景中选择右侧的"桶 2"模型，然后
在"堆栈栏"内选择"边界"子对象层级。

（3）在场景中选择模型左侧的开口边界，单击
"编辑边界"卷展栏内的"封口"命令按钮，模型
的边界将会生成封口网格面，如图 6-55 所示。

图 6-55

（4）按下 <Ctrl + Z> 快捷键，返回上一步操
作，撤销封口操作生成的网格面。

（5）在"编辑几何体"卷展栏，单击"附加"
命令按钮，然后拾取左侧的"桶 1"模型。

（6）此时"桶 1"和"桶 2"模型合并为一个
多边形对象，如图 6-56 所示。

图 6-56

（7）在"编辑边界"卷展栏单击"桥"命令按
钮，然后依次在两个桶模型的边界上拾取。

（8）此时，会沿着两个边界生成桥接网格面，
如图 6-57 所示。

图 6-57

6.5　课时 25：如何编辑多边形与元素？

"多边形"子对象是指多边形对象的面对象，
多边形对象的面可以由多条边线组成，在建模过程
中，用户无须考虑网格面内部的三角面的拓扑结构。
3ds Max 会自动适配三角面的拓扑关系。

模型可以由多个子模型组成，子模型称为"元
素"子对象，读者也可以把"元素"子对象理解为

一组连接在一起的网格面。如果网格面中间被断开，那就分为了两个"元素"子对象。

由于"多边形"和"元素"子对象的编辑命令相同，因此本课将对这些编辑命令进行综合讲述。

学习指导：

本课内容属于必修课。

本课时的学习时间为 40~50 分钟。

本课的知识点是掌握多边形和元素子对象编辑命令。

课前预习：

扫描二维码观看视频，对本课知识点进行学习和演练。

6.5.1 挤出命令与倒角命令

使用"挤出"命令可以将选择的网格面同时向外挤出，也可以按多边形的法线方向各自进行挤出。

（1）打开附带文件 /Chapter-06/ 飞艇 .max，该场景中包含了所需操作的模型。

（2）进入"多边形"子对象层级，按下 <Ctrl> 键依次单击选择多个面对象。

（3）在"编辑多边形"卷展栏单击"挤出"命令按钮，在选择的面对象上拖曳鼠标，执行挤出操作，如图 6-58 所示。

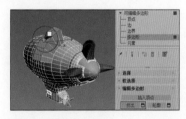

图 6-58

"挤出"命令按钮右侧提供了"设置"按钮，单击该按钮打开"挤出多边形"选项卡，在选项卡内可以对挤出操作进行精确的控制，如图 6-59 所示。

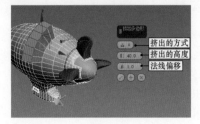

图 6-59

在"挤出多边形"选项卡内可以设置挤出的方式，其包含 3 种方式，分别为组、局部法线、按多边形。图 6-60 展示了这 3 种方式的挤出效果。

图 6-60

"倒角"命令与"挤出"命令操作方法很接近，不同点在于，"倒角"命令能够对挤出的网格面进行缩放，制作出倒角效果。

（1）首先在模型表面选择需要进行倒角的网格面。

（2）单击"倒角"命令按钮，单击并拖动选择的网格面，挤出网格面。

（3）松开鼠标后，再次移动鼠标可以设置挤出网格面的缩放参数，最后单击完成倒角操作，如图 6-61 所示。

图 6-61

"倒角"命令也提供了"倒角"选项卡，可以通过参数设置对倒角操作进行精确的控制。"倒角"选项卡的参数与"挤出"命令很接近，在此就不再赘述了。

6.5.2 轮廓命令、插入命令与翻转命令

使用"轮廓"命令，可以将选择的网格面按照原有轮廓形状进行放大和缩小操作。

选择需要缩放的网格面，然后单击"轮廓"命令按钮。在选择的网格面上单击并拖动鼠标，向上拖动鼠标是按轮廓放大网格面；向下拖动鼠标则是缩小网格面，如图 6-62 所示。

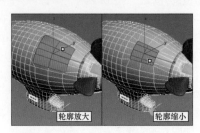

图 6-62

使用"插入"命令可以将选择的网格面向内收缩，这一点和"轮廓"命令很像，不同点是"插入"命令会保持原有网格面边界不变，向内挤压生成新的网格边界，如同没有高度的"倒角"操作。

选择网格面，单击"插入"命令按钮，在选择面上单击并拖动鼠标，选择面向内挤压生成新的网格面，如图 6-63 所示。

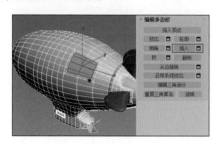

图 6-63

使用"翻转"命令可以将网格面的法线方向翻转。在第 2 章曾经讲到，模型的面是有朝向的，法线方向就是网格面的朝向。"翻转"命令可以翻转面的朝向，或者说翻转网格面的法线方向。

在场景中选择需要翻转法线的网格面，单击"翻转"命令按钮，此时选择的网格面将会出现一个破洞。大家需要注意的是，此时的破洞不是删除了网格面，而是网格面朝向背面，无法进行渲染了，呈现出破洞的效果，如图 6-64 所示。

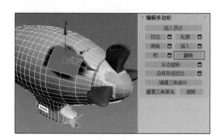

图 6-64

6.5.3 灵活的挤出功能

除了前面讲到的"挤出"命令以外，在"编辑多边形"卷展栏还提供了两种挤出多边形面的方法，分别是"从边旋转"和"沿样条线挤出"命令。相比于"挤出"命令，这两种挤出方法更灵活，挤出面的造型更复杂。

使用"从边旋转"命令，可以沿着指定的模型边线，对选择面进行旋转挤出操作。

（1）在模型表面选择需要挤出的多边形面，然后单击"从边旋转"命令按钮。

（2）将鼠标光标移至指定旋转轴的边，单击并拖动鼠标，即可沿指定的边向内或向外旋转挤出网格面，如图 6-65 所示。

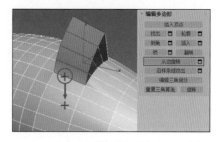

图 6-65

按下 < Ctrl + Z > 快捷键，返回上一步操作。模型上任意一根边线，都可以作为旋转挤出操作的旋转轴，读者可以试着拾取其他边线再次进行旋转挤出操作，观察不同旋转轴下挤出的效果。"从边挤出"命令也提供了选项卡，使用选项卡可以更精确地挤出选择面。

（1）单击"从边挤出"命令右侧的"设置"按钮，打开命令选项卡。

（2）在选项卡内单击"拾取转枢边"按钮，在选择面的左侧较远位置单击选择轴边线，如图 6-66 所示。

（3）在"从边挤出"选项卡内，可以对旋转角度和挤出分段数量进行设置。

图 6-66

使用"沿样条线挤出"命令，可以沿着指定的二维图形，对选择面进行挤出操作。该方法内部包含的参数较多，下面直接对其选项卡进行讲解。

（1）在"创建"面板选择"图形"子面板下的"线"命令，在"顶"视图绘制一个曲线图形，如图 6-67 所示。

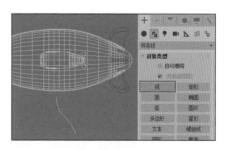

图 6-67

（2）选择"气球"模型，在键盘按下快捷键

<4>进入其"多边形"子对象层级。

（3）选择模型左侧的一排多边形面，在"修改"面板下的"编辑多边形"卷展栏内单击"沿样条线挤出"命令右侧的"设置"按钮，打开命令选项卡。

（4）在"沿样条线挤出"命令选项卡内，单击"拾取样条线"按钮，在场景中拾取刚刚绘制的曲线图形，如图6-68所示。

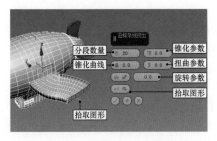

图6-68

"沿样条线挤出"命令在沿样条线挤出的同时，还可以对挤出的面进行锥化和扭曲设置，使挤出的多边形面产生更多的造型变化，如图6-69和图6-70所示。

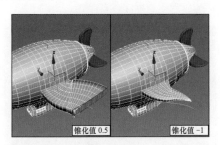

图6-69

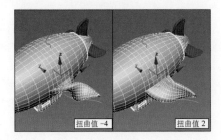

图6-70

"锥化曲线"参数可以设置锥化造型腰部的弯曲度。在选择了"对齐"选项后，挤出的多边形面将会沿法线方向伸展。

6.5.4 "桥"命令

"桥"命令可以将两个元素对象桥接在一起。这是一个非常好用且常用的命令，首先选择两个需要桥接的多边形面，然后执行"桥"命令，可将两个元素桥接在一起。

（1）在"编辑几何体"卷展栏单击"全部取消隐藏"命令按钮，将模型隐藏的多边形面显现出来。

（2）在两个元素模型内侧选择需要桥接的网格面，如图6-71所示。

图6-71

（3）在"编辑多边形"卷展栏单击"桥"命令，可将两个元素模型桥接。

（4）单击"桥"命令右侧的"设置"按钮，可以打开该命令的选项卡，如图6-72所示。

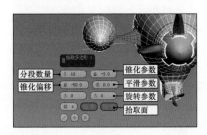

图6-72

6.5.5 平滑组

在"多边形"子对象层级操作时，此时"修改"面板内会出现"平滑组"卷展栏。使用该卷展栏内的命令可对模型表面的光滑方式进行控制。

（1）在"创建"面板单击"球体"命令按钮，然后在场景内创建一个球体。

（2）将球体转换为多边形对象，按下快捷键<4>进入"多边形"子对象层级。

（3）此时，整个球体表面看起来非常光滑，这是因为所有的网格面被定义为一个光滑组。

（4）在视图中将模型所有的多边形选择，在"修改"面板下展开"多边形：平滑组"卷展栏。

（5）可以看到平滑组编号"1"按钮处于激活状态，这说明当前选择面的平滑组被定义为1，如图6-73所示。

> **提示**
>
> 当两个相邻网格面被定义为一个平滑组时，面与面之间的接缝将为光滑状态。

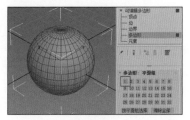

图 6-73

（6）在"多边形：平滑组"卷展栏单击"清除全部"命令按钮，平滑组编号"1"将取消激活状态。

（7）此时观察球体表面，所有网格面法的转折线都清晰地显露出来，如图 6-74 所示。

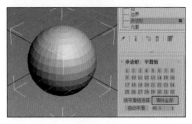

图 6-74

通过上述操作，相信读者对光滑组的设置原理有所了解，在三维软件中，就是利用光滑组功能，用有限的网格面描述光滑模型表面的。

用户可以选择需要进行光滑设置的网格面，然后在光滑组编号列表中单击数字编号，对选择的网格面进行编组设置。另外也可以通过"自动平滑"命令，通过设置面与面之间的夹角，将不同夹角的面归为不同的平滑组。

（1）将当前模型全部的网格面选择，设置"自动平滑"命令右侧的参数为 5.0，然后单击"自动平滑"命令。

（2）此时，网格面夹角小于 5.0 度的面将会归为一个平滑组。

（3）重复上述操作，分别用 10.0 度和 20.0 度，对模型网格面进行自动平滑编组，其结果如图 6-75 所示。使用"自动平滑"命令根据设置的角度值，对网格面进行自动分组。

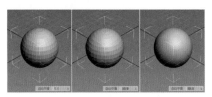

图 6-75

6.6 课时 26：细分曲面与绘制变形有何技巧？

在多边形建模方法的工作流程中，最后一步往往是对模型网格面进行平滑细分操作，使模型造型更圆润光滑。

由于平滑细分功能对多边形非常重要，因此在多边形对象设置面板内，包含"细分曲面"卷展栏，使用该卷展栏内的命令，可以实现细分网格面的功能。

"绘制变形"卷展栏内提供了可以对模型进行变形的命令，使用这些命令可以在模型表面推拉、捏拽，使模型产生变形效果。这种造型方法非常直观。本课将对这些内容进行讲述。

学习指导：

本课内容属于必修课。

本课时的学习时间为 40~50 分钟。

本课的知识点是掌握细分曲面与绘制变形技巧。

课前预习：

扫描二维码观看视频，对本课知识点进行学习和演练。

6.6.1 细分曲面

如果当前多边形对象是由塌陷产生的，在"修改"面板内就会出现"细分曲面"卷展栏；如果当前模型是参数化的模型，则添加了"编辑多边形"修改器，在"修改"面板内不会出现"细分曲线"卷展栏。此时只能通过"网格平滑"修改器对模型添加网格平滑操作。

"细分曲面"卷展栏下的各项命令能够细分模型网格面，用户可以对网格细分的方式进行灵活地控制。

（1）打开本书附带文件 /Chapter-06/ 玩具 .max，场景中包含了所需模型。

（2）选择模型，在"修改"面板展开"细分曲面"卷展栏。

（3）当"使用 NURMS 细分"复选框被启用后，将使用 NURMS 方式对表面进行平滑处理，视图中的模型显示为平滑状态，如图 6-76 所示。

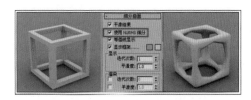

图 6-76

当"平滑结果"复选框为启用状态时，所有的模型将使用同一个平滑组进行平滑处理；当"平滑结果"复选框为未启用状态时，细分后的模型面将保持原有的平滑组分组，如图6-77所示。

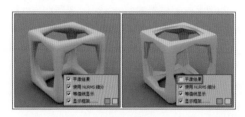

图6-77

在"显示"选项组内，"迭代次数"参数栏的参数值决定细化面的细分迭代次数，该数值框的取值范围为0~10，该参数栏的参数越大，对象的细化程度就越高，如图6-78所示。

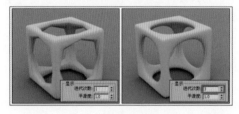

图6-78

如果"等值线显示"选项未启用，则视图中将显示对象细化后生成的所有的面；如果"等值线显示"选项启用，则视图中将以对象细化之前的拓扑结构进行显示，如图6-79所示。

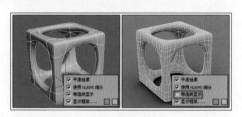

图6-79

在"显示"选项组中，"平滑度"数值框用于设置平滑的力度，该数值框的取直范围为0~1.0，当该数值框的数值为0时，执行细化命令时，不会增加任何面，所以也就不会出现细化效果，如果该数值框的数值为1.0，执行细化命令后在所有的点增加面，如图6-80所示。

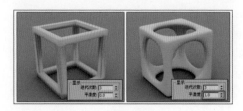

图6-80

在"渲染"选项组内有"迭代次数"和"平滑度"两个复选框，这两个命令的作用与"显示"选项组相同。如果不启用"渲染"选项组内"迭代次数"和"平滑度"数值框前的复选框，当前的模型在渲染时将会与视图显示的状态保持一致；如果启用复选框，可以对渲染时的模型细化状态设置不同的参数。

技巧

用户可以在"显示"选项组内设置一个较小的细化值，在"渲染"选项组设置较大的细化值，这样既保证了工作时的运算速度，又保证了渲染的质量。

在"分隔方式"选项组内，包含"平滑组"和"材质"两个复选框。这些选项决定了执行细化命令时不同的细分曲面方式。

启用"平滑组"复选框，模型面将根据各自的平滑组进行细分曲面，如图6-81所示。

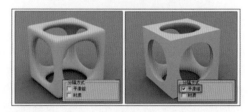

图6-81

启用"材质"复选框，将根据模型面的ID值对网格面进行细分曲面，如图6-82所示。如果要对同一模型添加不同的材质，需要对模型面的ID值进行设置，这样可以根据不同的ID定义不同的材质，关于这些知识将在材质章节进行讲述。

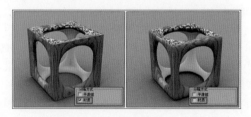

图6-82

6.6.2 绘图变形

"绘图变形"工具是通过使用鼠标在多边形模型上推、拉或拖动来影响顶点。该工具就像是雕塑家使用刻刀在泥坯上进行雕刻，不过这种工具对操作者的要求较高，效果控制比较困难，适合制作表面不规则的模型，例如生物组织器官等模型。

（1）打开本书附带文件/Chapter-06/金属勺.max，场景中已经包含了所需模型。

（2）"绘制变形"命令的编辑参数位于"绘制变形"卷展栏中。

（3）在卷展栏中激活"推/拉"按钮后，可以使用画笔工具手动编辑对象形态；激活"松弛"按钮后，可以松弛对象表面，如图6-83所示。

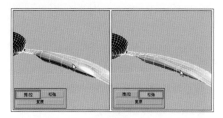

图6-83

（4）激活"复原"按钮后，可以对"推拉""松弛"过的对象表面进行恢复，如图6-84所示。

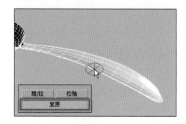

图6-84

"推/拉方向"选项组内的选项用于控制绘图变形效果的方向。默认的"原始法线"单选按钮，将沿 x、y、z 三个轴向变形，当选择"变形法线变换轴"单选按钮后，在不设置轴向的情况下，其变形效果与"原始法线"命令相同，当选择 x、y、z 单选按钮后，将按照特定的轴向变形，如图6-85所示。

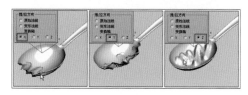

图6-85

"推/拉值"数值框用于设置绘图变形的数值，当该数值大于0时，绘图变形为凸起效果；当该数值小于0时，绘图变形为凹陷效果，如图6-86所示。

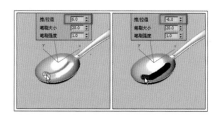

图6-86

"笔刷大小"数值框内的参数用于设置画笔尺寸，图6-87所示"笔刷大小"数值分别为20.0和50.0时的显示状态。

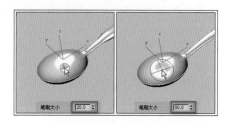

图6-87

"笔刷强度"数值框内的参数用于设置画笔的影响力度，如图6-88所示。

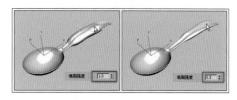

图6-88

最后需要初学者注意的是，编辑完成后要单击"提交"按钮。单击"提交"按钮，将完成编辑操作；单击"取消"按钮，将清除绘图效果，恢复到对象最初的状态。

注意

只有为对象执行绘图变形操作后，"提交"和"取消"按钮才处于可编辑状态，当执行"提交"命令时，就不能执行"取消"命令。

6.6.3 项目案例——制作一架飞机模型

在本节为读者安排了案例，通过案例的操作过程对多边形建模方法进行演练。案例中制作了一架飞机模型，图6-89展示了案例完成后的效果。扫描下方二维码，打开视频教学，对项目案例进行学习和演练。

图6-89

6.7 课时27：网格建模方法有何特点？

网格建模方法是 3ds Max 中最具历史意义的建模方法，在 3ds Max 诞生之初就包含了该方法。同时网格建模方法也是多边形建模方法的前身，所以在编辑网格对象时，可以看到很多编辑命令，都与多边形对象编辑方法相同。

按照功能的前后顺序，应该先学习网格建模方法，但是这种方法因为自身的缺陷，已经不太常用，所以在本节不是重点讲述内容。

学习指导：

本课内容属于选修课。

本课时的学习时间为 30~40 分钟。

本课的知识点是了解网格建模方法。

课前预习：

扫描二维码观看视频，对本课知识点进行学习和演练。

6.7.1 网格建模的工作原理

网格对象是三维软件中最基础的模型形态。无论当前是什么类型的模型对象，在软件的底层，模型都是以网格对象进行标刻、管理和渲染的。它们之间的区别就是，不同类型的对象对模型网格面编辑方法不同。

例如，参数化的模型可以通过参数对模型的体积和分段进行设置，这是利用参数管理网格面。面片对象使用 Bezier 控制柄对网格面进行整体调整。但在这些模型的底层，都是以网格面形式来记录和编辑模型的。

1. 网格对象的子对象

前面已经介绍了网格对象的子对象有 5 种，分别为"顶点""边""面""多边形""元素"。这些元素就是三维模型的最基本元素。

2. 网格对象与多边形对象的区别

网格对象建模和多边形对象建模方法几乎是相同的。多边形建模方法是网格建模方法的升级版本。

两者最大的区别就是，对于模型三角面的操作有所区别。无论模型的网格面是什么形状，其底层都要分割为三角面，网格对象可以直接对模型的三角面进行编辑；而多边形对象则是将三角面的拓扑结构交给软件自动进行处理。下面通过具体的操作

进行学习。

（1）在"创建"面板单击"长方体"命令按钮，在场景中创建两个长方体模型。

（2）分别将两个长方体模型转变为"可编辑网格"和"可编辑多边形"对象。

（3）在"修改"面板中，对两个对象的子对象修改命令进行观察，如图 6-90 所示。

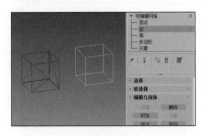

图 6-90

通过比较可以看到网格对象与多边形对象的编辑命令，基本是相同的，但网格对象的编辑命令相比于多边形对象的编辑命令要简陋很多。两种建模方法最大的区别就是，对于网格面的编辑方法不同。网格对象的网格面被定义为"面"和"多边形"两种子对象。

在"堆栈栏"选择"面"子对象层级，然后对模型的面进行选择，可以看到选择的是三角面，如图 6-91 所示。

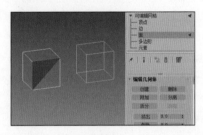

图 6-91

三角面是三维模型底层最基础的面结构，与之相比在多边形建模方法中，不用考虑三角面的拓扑结构，用户可以将注意力放在模型整体搭建上，因此多边形建模方法的效率就大大提升了。当然，三角面的拓扑结构有时也会影响模型的外观，所以在多边形建模方法中也提供了调整三角面的方法。

6.7.2 项目案例——使用网格建模制作一艘运输飞船

在简单了解了网格对象的特点后，接下来通过一组案例操作，来学习网格建模方法。在案例中利用网格建模方法制作了一艘运输飞船。图 6-92 所示为案例完成后的效果，读者可以根据本课视频教学，对本节内容例进行学习和演练。

图 6-92

6.8 课时 28：如何使用面片建模？

面片建模方法是基于 Bezier 曲线的原理来管理建模的网格面的。通过调整顶点控制柄，影响顶点周围的网格面的曲率，因此该方法常用来创建拥有光滑、流线表面的形体，例如工业造型、器官模型等。

学习指导：

本课内容属于选修课。

本课时的学习时间为 30~40 分钟。

本课的知识点是了解面片建模方法。

课前预习：

扫描二维码观看视频，对本课知识点进行学习和演练。

6.8.1 面片建模的工作原理

面片建模能够基于 Bezier 曲线原理，创建复杂的平滑曲面，所以首先要了解 Bezier 曲线是如何管理曲线的。

1. Bezier 曲线

Bezier 曲线是法国数学家 Bezier 所发明的，在工作中他发现任何一条曲线都可以通过与它相切的控制柄进行控制。其中，切线的长度和角度描述了一条路径是如何在两个顶点之间偏离直线的。控制柄的作用就犹如杠杆，改变控制柄的角度和长短，也就改变了曲线的曲率。图 6-93 所示为贝塞尔曲线及其控制点示意图。

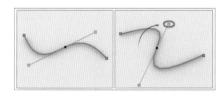

图 6-93

当 Bezier 曲线作为一个面的边界时，Bezier

控制柄就可以通过控制曲线的形状，影响面片的形状了。

建立一个长方体模型，将其转换为"可编辑面片"对象，然后在"堆栈栏"选择"控制柄"子对象层，试着调整模型的控制柄，如图 6-94 所示。面片建模方法就是通过 Bezier 曲线的原理来定义模型形状的。

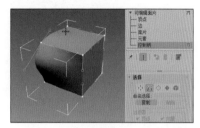

图 6-94

2. 面片对象的子对象

在了解了 Bezier 曲线与面片对象的关系后，接下来再学习面片对象的子对象，就变得容易理解了。面片对象包含 5 种子对象，分别为"顶点""控制柄""边""面片""元素"。这 5 种子对象，除了"元素"子对象以外，其他的子对象与多边形对象的点、线、面子对象的含义是完全不同的。

顶点子对象

面片对象的"顶点"子对象是 Bezier 曲线上的关键顶点，它可以管理两侧曲线上的步长值顶点，而多边形对象的顶点就是网格模型的最基本顶点。

边子对象

面片对象的"边"是 Bezier 曲线边，它是可以产生弯曲的，这样一来面片对象的"边"实际上管理了一组网格边，而多边形的"边"子对象管理的则是网格面的边。

面片子对象

面片对象的"面片"子对象管理的是一个曲线面，内部包含了很多的网格面，而且这些网格面的数量，可以根据面片对象的细化值进行增加和减少；而多边形对象的面则是网格面本身，如图 6-95 所示。

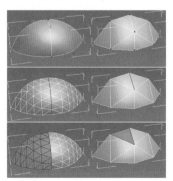

图 6-95

3. 面片的两种形式

在 3ds Max 中，能够创建两种类型的面片，分别为"四边形面片"和"三角形面片"，这两种面片类型都基于 Bezier 曲线。图 6-96 所示为这两种类型面片创建的对象。

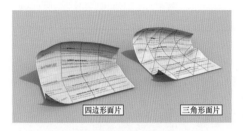

四边形面片　　　三角形面片

图 6-96

4. 创建面片对象

创建面片对象的方法与多边形建模方法基本相同，主要有以下几种方式。

（1）在"创建"面板创建面片对象

在"创建"面板中选择"几何体"层级面板，在其下拉式列表中选择"面片栅格"选项。这时，在"对象类型"卷展栏内出现"四边形面片"和"三角形面片"命令按钮，单击命令按钮，即可在场景中创建相应类型的对象。

（2）将模型塌陷转换为面片对象

选择需要转换的模型，在"修改"面板的"堆栈栏"内右击，选择"转换为：面片对象"命令。

（3）使用"可编辑面片"修改器

选择模型后，在"修改"面板内，对其添加"可编辑面片"修改器，即可用面片对象编辑方法对模型进行编辑。

6.8.2　使用面片建模的方法

在了解了面片对象的工作原理后，下面学习面片建模的具体操作方法。虽然 3ds Max 中提供了两种面片对象命令，分别为"四边形面片"和"三角形面片"命令。但是在实际工作中，很少使用这两个命令。面片建模最常用的方法是利用 Bezier 曲线搭建模型。

使用 Bezier 曲线搭建面片模型的优点是逻辑清晰、快速高效。与其他建模方法相同，在建模前，一定要分析模型的拓扑结构，然后使用图形绘制工

具根据模型的拓扑结构绘制线段图形。最后结合"曲面"修改器，将 Bezier 曲线图形转化成面片模型。

（1）打开本书附带文件 /Chapter-06/ 鱼身线条 .max，场景已经包含了所需图形，场景中的二维图形是根据模型的拓扑结构绘制的。

（2）选择场景中的二维图形，打开"修改"面板，为图形添加"曲面"修改器。

（3）此时二维图形将转换为面片对象，如图 6-97 所示。

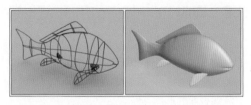

图 6-97

读者可以设想一下，如果利用"四边形面片"命令，在创建了模型后，是很难将其调整为当前的形体状态的。所以使用 Bezier 曲线搭建面片模型，是最高效的、精确的面片建模方法。

初学者需要注意的是，如果不使用"曲面"修改器，也可以直接将二维图形转换为面片模型，而且外观效果看起来是完全相同的。但是这种方法生成的顶点类型是不同的。在工作中一定要注意这一点。

6.8.3　项目案例——制作一组卫浴产品效果图

在面片建模方法中，也提供了大量对子对象进行修改的命令。本节将通过一组案例，来学习面片建模操作中的相关命令。案例中使用面片建模方法制作了一组卫浴产品效果图，如图 6-98 所示为案例完成后的效果。读者可以根据本课视频教学，对本节内容例进行学习和演练。

图 6-98

在 3ds Max 这个虚拟的三维环境中，灯光对象和摄影机对象是非常重要的组成部分。灯光对象可以照亮场景，烘托画面气氛。摄影机对象可以设置观察视角，调整画面构图。为了让场景模拟出真实世界的光照与质感，3ds Max 开发了基于物理学的灯光和摄影机对象。使用这些功能可以使场景的渲染效果产生以假乱真的真实感。本章就为读者详细讲解以上知识。

学习目标

◆ 理解各种灯光的工作原理

◆ 熟练掌握光度学灯光的设置方法

◆ 理解摄影机的工作原理

◆ 熟练掌握物理相机的设置方法

7.1　课时 29：灯光如何照亮场景？

在 3ds Max 中，提供了丰富的灯光类型，以及复杂的灯光设置参数。利用这些可以在虚拟的三维环境模拟出真实世界的光照效果。

在 3ds Max 中准确生动地设置灯光，需要操作者具有丰富的操作经验。所以读者要从灯光的基础知识入手，在掌握了灯光的各项特性后，配合大量的练习才能熟练地掌握设置灯光的方法与技巧。

本课将对灯光对象的工作原理，以及灯光分类进行详细讲解。

学习指导：

本课内容属于必修课。

本课时的学习时间为 40~50 分钟。

本课的知识点是正确理解灯光工作原理。

7.1.1　灯光的工作原理

在开始学习和使用灯光对象前，首先需要了解真实世界灯光是如何照亮环境和物体的，这样在虚拟三维环境中才能更真实地还原现实世界的光照效果。

1.　灯光强度

不同的灯光会产生不同的光照强度，如图 7-1 所示。在 3ds Max 中可以通过对灯光的强度值和衰减度的设置来模拟灯光的亮度。

图 7-1

2.　灯光入射角度

模型形体表面呈现的光照强度与光源的照射角度有很大关系。当光照方向与模型表面垂直时，也就是光照方向与法线的夹角为 0° 时，模型表面呈现最强的光照效果；当光照方向与模型表面平行时，也就是光照方向与法线夹角为 90° 时，模型表面呈现最弱的光照效果，如图 7-2 所示。

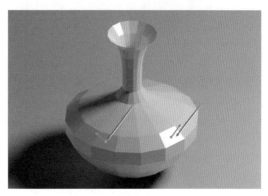

图 7-2

3.　光照的衰减

灯光的亮度随着光照距离的增加而减弱，距离光源近的物体会更亮，反之较远的物体会比较暗，这种现象就是光照的衰减。

灯光的衰减力度并不是线性的，而是以平方反比衰减的。也就是说，按照距离的平方值进行衰减，如图 7-3 所示，图 7-3（a）是灯光按距离产生均匀的线性衰减，图 7-3（b）是按距离的平方值进行衰减。

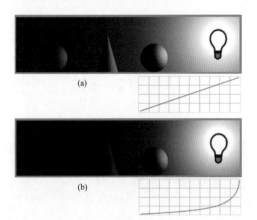

图 7-3

4. 反射光和环境光

现实场景中的光照分为 3 类，分别为主光源、反射光和环境光。主光源投射出的光具有明确的方向性，物体受光后会产生反射光，反射光不具备明确的方向性。反射光会再次把环境照亮，形成环境光，如图 7-4 所示。

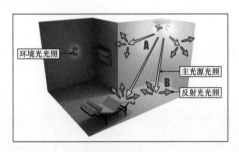

图 7-4

5. 灯光的颜色

不同的光照会呈现不同的色彩。烛光会产生橙色光，白炽灯会产生青蓝色的光，太阳光是浅黄色的。另外，光源的颜色也会受到穿过介质的影响，例如阳光穿过彩色玻璃后会变得缤纷多彩。

在计算机环境是利用 RGB 颜色模式来管理灯光色彩的，如图 7-5 所示。当多种颜色的光叠加融合在一起时，会更加明亮并趋近白色。

图 7-5

7.1.2　灯光的设计原则

三维场景的照明方式可以分为两种：一种是自然光照明，例如日光和月光；另一种是人工照明，例如路灯和台灯等。

1. 自然光

在室外环境中，光源主要来自日光或月光，如图 7-6 所示。日光产生的光照会有明确的方向，是一种平行光线。天空越晴朗，物体的阴影就越清晰。在 3ds Max 中，用日光系统模拟太阳光照。

图 7-6

2. 人工光照

在模拟人工光照场景效果时，场景中一般是需要添加多盏灯的。起到主要照明效果的灯光称为主灯光。除了主灯光以外，还需要一束或多束其他灯光来照亮场景的侧面和背面，这些灯光称为辅助灯光。在 3ds Max 中通常用聚光灯作为主光源，使用泛光灯制作辅助灯光，如图 7-7 所示。

图 7-7

3. 环境光

环境光通常应用于室外场景，通过增加环境光的亮度来补偿主光源的阴影区域，如图 7-8 所示。在 3ds Max 的"环境和效果"对话框中，提供了设置环境光照强度的命令与选项。

图 7-8

7.1.3 3ds Max 的灯光分类

在 3ds Max 中包含两种灯光类型，分别为光度学灯光和标准灯光。如果 3ds Max 安装了渲染器插件，渲染器插件则会提供相应的灯光对象。例如，在安装了 VRay 渲染器后，在灯光类型中会增加 VRay 渲染器的专用灯光。

如果当前场景中没有添加灯光对象，场景会默认有两盏灯照亮场景，以便用户观察当前场景的状态。

1. 光度学灯光

光度学灯光根据真实世界中的灯光特征定义和设置灯光参数值。所以光度学灯光可以真实还原现实世界的灯光，用户甚至可以导入照明制造商提供的光度学文件，从而更加精确地设置灯光特征。光度学灯光自动带有衰减效果，其衰减状态完全根据真实世界的实际单位来设置。

2. 标准灯光

标准灯光是计算机三维环境中的虚拟灯光，用于模拟真实世界的各种光源类型。与光度学灯光不同，标准灯光不具备物理光学的参数值。

3. 场景默认灯光

在开始工作之前，场景内并没有添加任何灯光对象。为了便于观察模型效果，场景默认设置了两盏灯，分别从模型前部和后部照亮场景，以便用户对场景的状态进行观察。当场景中添加了灯光对象时，场景中默认灯光会自动关闭。

如果场景已经创建了灯光对象，此时还想以场景默认灯光的照明方式观察场景，则可以在“视口”菜单内进行切换。激活当前视口，在“视口”菜单执行“视口”→“照明和阴影”→“用默认灯光照亮”命令，此时使用默认灯光照亮场景，这样做的优点是可以节省计算机资源，提高软件运行速度，因为在视图中渲染光度学灯光会影响显示速度。

7.1.4 灯光与渲染器

在 3ds Max 中包含了多种渲染器，用户也可以通过第三方程序再次添加渲染器。不同的渲染器呈现的渲染效果是不同的，有的侧重描述真实的光影跟踪效果，有的则侧重渲染速度。

在菜单栏执行“渲染”→“渲染设置”命令，可以打开“渲染设置”对话框。在对话框上端“渲染器”列表栏内可以指定当前场景所使用的渲染器。在列表框里一共有 5 种渲染器，分别是QuickSilver 硬件渲染器、ART 渲染器、扫描线渲染器、VUE 文件渲染器、Arnold 渲染器。

不同的渲染器，对灯光设置有不同的要求，有些渲染器是无法渲染“标准灯光”对象的。

QuickSilver 硬件渲染器和扫描线渲染器支持所有的灯光类型。ART 渲染器和 Arnold 渲染器可以真实地模拟光影跟踪效果，所以它们只支持“光度学”灯光对象。关于渲染设置的相关内容，将在本书第 10 章进行讲述。

7.2 课时 30：如何设置光度学灯光？

光度学灯光是按照真实世界的灯光来设定参数的，目的就是在虚拟三维环境中真实地还原灯光的光照效果。光度学灯光是较高版本的 3ds Max 开发的功能，在旧版本中，主要使用标准灯光来制作场景，随着计算机运算能力越来越强，3ds Max 的渲染能力也得到进一步增强，光度学灯光成为主要的灯光类型。

光度学灯光包含了 3 种灯光，分别是目标灯光、自由灯光和太阳定位器。下面分别对其进行讲述。

学习指导：

本课内容属于必修课。

本课时的学习时间为 40~50 分钟。

本课的知识点是熟练掌握光度学灯光的设置方法。

课前预习：

扫描二维码观看视频，对本课知识点进行学习和演练。

7.2.1 目标灯光

“目标灯光”对象带有目标控制点，通过调整目标控制点可以改变灯光的投射方向。

（1）打开本书附带文件 /Chapter-07/ 光度学 / 光度学 .max。

（2）在“创建”面板下打开“灯光”次命令面板，可以看到“光度学”灯光是默认的灯光类型。

（3）单击“目标灯光”命令按钮，此时会弹出“创建光度学灯光”对话框。在对话框内提醒用户场景的“曝光控制”选项将更改为“物理摄影机曝光控制”选项，如图 7-9 所示。

提示

“曝光控制”选项可以调整渲染输出的颜色级别和颜色范围，这就如同调整胶片曝光量一样。“曝光控制”功能在“环境和效果”对话框中进行设置，在菜单栏执行“渲染”→“环境和效果”命令，可以打开该对话框。

图 7-9

（4）在"创建光度学灯光"对话框单击"是"按钮，关闭对话框。

（5）在场景中单击并拖动鼠标创建一个"目标灯光"对象，如图 7-10 所示。

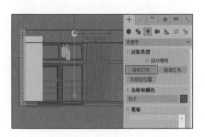

图 7-10

在创建"目标灯光"对象后，进入"修改"命令面板，可以观察到光度学灯光的各个创建参数。

1. 模板卷展栏

通过"模板"卷展栏，可以使用各种预设的灯光类型对场景进行照明。

（1）进入"修改"面板，在"模板"卷展栏中，单击下端的下拉列表，在弹出的列表中选择一种灯光类型。

（2）选择不同的模板类型，然后对场景进行渲染，观察场景中不同照明效果，如图 7-11 所示。

图 7-11

2. 常规参数卷展栏

在"常规参数"卷展栏中，可以设置灯光的打开和关闭、灯光的阴影，以及灯光的分布类型。

（1）在"灯光属性"选项组中，"启用"复选框控制灯光的打开和关闭。

（2）在"灯光分布（类型）"选项组中，为用户提供了 4 种灯光分布类型，分别是统一球形、统一漫反射、聚光灯、光度学 Web。

① 在"灯光分布类型"选项组中，默认设置为"统一球形"，此时灯光以光源点为中心，向四周均匀分布光线。如图 7-12 所示。

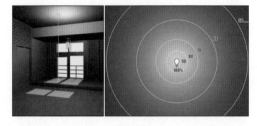

图 7-12

② 在"灯光分布（类型）"选项组中，设置灯光分布的类型为"统一漫反射"，灯光将仅在半球体中发射漫反射灯光，如同从某个表面发射灯光一样，如图 7-13 所示。

图 7-13

③ 在"灯光分布（类型）"选项组中，设置灯光分布的类型为"聚光灯"，灯光将像射灯一样投影集中的光束，如在剧院中或桅灯投影下面的聚光，如图 7-14 所示。

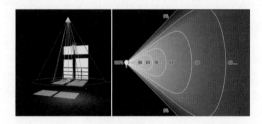

图 7-14

④ 在"灯光分布（类型）"选项组中，设置灯光分布的类型为"光度学 Web"，灯光将通过指定光域网文件描述灯光亮度的分布情况，它是光源灯光强度分布的 3D 表示，如图 7-15 所示。

图 7-15

3. 强度 / 颜色 / 衰减卷展栏

通过"强度 / 颜色 / 衰减"卷展栏中的各个

选项、参数，可以设置灯光的颜色、强度以及衰减范围。

在"强度/颜色/衰减"卷展栏的"颜色"选项组内，提供了两种对灯光颜色进行设置的方法，分别是预设灯光色彩和色温灯光色彩。

在"颜色"选项组的下拉选项栏内提供了丰富的预设灯光色彩，预设灯光通过模拟现实世界的灯光色彩来订立，选择"HID 水晶金属卤化物灯"选项，对场景进行渲染，效果如图 7-16 所示。

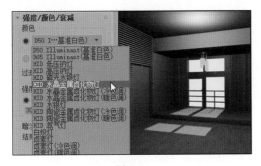

图 7-16

选择"开尔文"单选按钮，这时将使用色温参数来设置灯光的颜色。灯光的色温以开尔文度数表示，参数栏右侧的颜色块显示参数所对应的灯光色彩。"开尔文"参数值越高，光源就越接近冷色调（蓝色）；参数值越低，就越接近暖色调（红色、黄色），如图 7-17 所示。

图 7-17

"过滤颜色"色块可以为灯光添加过滤色效果，例如在白色光源上添加红色过滤色，此时灯光颜色会变为红色。默认状态下，"过滤颜色"色块被设置为白色。

在"强度"选项组中，可以对灯光对象的光照强度进行设置。3ds Max 提供了 3 种光学单位来设置光源的强度，分别是 lm（流明）、cd（坎德拉）和 lx（lux）。

lm（流明）是光通过量单位，用于测量整个灯光发散的全部能量；cd（坎德拉）是沿着目标方向测量灯光的最大发光强度；lx（lux）用于测量被灯光照亮的表面面向光源方向上的照明度。图 7-18 为使用 cd 测量单位，设置不同强度值的灯光照射效果。

图 7-18

在"暗淡"选项组中，显示了暗淡产生的强度，并使用与强度组相同的单位。启用暗淡百分比前的复选框，可以通过该值指定灯光强度的倍增，如图 7-19 所示。

图 7-19

启用"光线暗淡时白炽灯颜色会切换"复选框，灯光可以在暗淡时通过产生更多的黄色来模拟白炽灯，如图 7-20 所示。

图 7-20

4. 图形/区域阴影卷展栏

在"图形/区域阴影"卷展栏中，可以选择不同的灯光图形，灯光图形会影响模型表面高光和阴影的形状。图 7-21~ 图 7-23 展示了不同灯光图形产生的高光和阴影效果。读者需要注意的是，灯光图形的形态也会影响光源的亮度。

图 7-21

图 7-22

图 7-23

在"渲染"选项组中启用"灯光图形在渲染中可见"复选框，如果灯光位于视野内，灯光图形会被渲染为发光板。

5. 分布（光度学 Web）卷展栏

将灯光分布类型设置为"光度学 Web"时，"修改"面板内将出现"分布（光度学 Web）"卷展栏。该卷展栏可以载入光域网文件。

（1）在"常规参数"卷展栏中，将"灯光分布（类型）"选项设置为"光度学 Web"。此时会出现"分布（光度学 Web）"卷展栏。

（2）展开"分布（光度学 Web）"卷展栏，单击"选择光度学文件"按钮，在打开的"打开光域Web 文件"对话框中选择文件，如图 7-24 所示。

（3）在本书附带文件 /Chapter-07/IES 文件夹内，提供了一些光度学灯光配置文件，读者可以尝试将其一一打开，并对灯光效果进行观察。

通过"分布（光度学 Web）"卷展栏底部的 3 个参数栏，可以沿着 x 轴、y 轴、z 轴旋转光域网，如图 7-25 所示。

图 7-24

图 7-25

7.2.2 自由灯光

"自由灯光"对象和"目标灯光"对象设置方法是完全一样的，不同点就是"自由灯光"对象没有灯光目标点，而且两种灯光可以相互切换。

（1）在"创建"面板下打开"灯光"次命令面板，单击"自由灯光"按钮即可在场景中创建"自由灯光"对象。

（2）在场景中选择已经建立的"目标灯光"对象。

（3）在"修改"面板打开"常规参数"卷展栏，取消"目标"选项的选择。

（4）此时"目标灯光"对象转变成"自由灯光"对象。由于两者参数完全一致，在此就不再赘述。

7.2.3 项目案例——为效果图设置灯光

为了加深读者对光度学灯光的理解与掌握，本小节安排了一组案例，在案例中使用光度学灯光完成对室内效果图的布光操作。图 7-26 展示了效果图渲染后的画面。读者可以根据本课教学视频，对项目案例进行练习和演练。

图 7-26

7.2.4 项目案例——设置逼真的日光光照效果图

"太阳定位器"对象可以根据太阳的光照强度和角度，生成一张环境贴图，利用环境贴图的亮度将场景照亮。"太阳定位器"对象的使用非常简单便捷，而且模拟出的光照效果也很真实。本小节将使用"太阳定位器"对象为室外效果图进行布光，以便模拟出逼真的日光光照效果。

1. 创建太阳定位器

"太阳定位器"对象的创建方法非常简单，在场景中多次单击即可建立。

（1）打开本书附带文件 /Chapter-07/ 房子 /房子 .max。

（2）在"创建"面板打开"灯光"次对象面板按钮，然后单击"太阳定位器"命令按钮。

（3）在"顶"视图单击并拖动鼠标，设置"太阳定位器"对象的指南针图标大小，确认尺寸后，单击鼠标创建指南针图标。

（4）继续移动鼠标，设置指南针图标的方向，确认方向后单击。

（5）再次移动鼠标，设置太阳的距离，确认距离后单击，完成"太阳定位器"对象的创建，如图 7-27 所示。

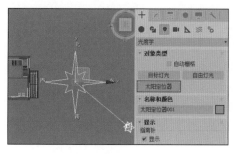

图 7-27

打开"修改"面板，可以看到"太阳定位器"对象的各项参数设置。在"显示"卷展栏内可以对"太阳定位器"对象的场景显示方式进行设置。在"太阳位置"卷展栏内可以通过对时间、地球坐标进行设置，生成真实的太阳光照亮度和角度。

2. 编辑环境贴图

在创建了"太阳定位器"对象后，在"环境和效果"对话框中，会自动生成环境贴图。利用"材质编辑器"可以对生成的环境贴图进行设置。

（1）在菜单中执行"渲染"→"环境和效果"命令，打开"环境和效果"对话框。

（2）在"公用参数"卷展栏内，可以看到"环境贴图"选项下已经生成了一张环境贴图，如图 7-28 所示。

图 7-28

（3）在"工具栏"单击"材质编辑器"命令按钮，打开材质编辑器。

提示

可以通过按下键盘上的＜ M ＞键，快速打开"材质编辑器"对话框。

（4）在"材质编辑器"对话框左侧的"场景材质"列表内，可以找到当前场景中已经设置的环境贴图，如图 7-29 所示。

图 7-29

（5）将"物理太阳和天空环境"贴拖图至"材质编辑器"对话框中心的"视图 1"窗口内。

（6）此时会弹出"实例（副本）贴图"对话框，设置材质的复制方法为"实例"选项，然后单击"确定"按钮。

（7）在"材质编辑器"对话框右侧的"参数编辑器"面板内会呈现当前环境贴图的各项参数设置，如图 7-30 所示。

图 7-30

通过对环境贴图的各项参数进行设置，可以改变当前场景的太阳光照效果。关于材质编辑器的使用，将在稍后的章节中为大家详细讲述。图 7-31 展示了效果图渲染后的画面。

图 7-31

7.3 课时 31：标准灯光有何使用技巧？

"标准灯光"对象是三维虚拟环境中，用于模拟真实世界光效的灯光对象。其参数设置简单直接。

根据灯光的形态不同，其主要分为 3 类灯光，分别是聚光灯、平行光、泛光灯。聚光灯模拟射灯效果，平行光用于模拟日光或月光效果，泛光灯用于模拟点光源效果。下面对其分别进行学习。

学习指导：

本课内容属于必修课。

本课时的学习时间为 40~50 分钟。

本课的知识点是熟练掌握标准灯光的设置方法。

课前预习：

扫描二维码观看视频，对本课知识点进行学习和演练。

7.3.1 标准灯光与渲染器

"标准灯光"对象是较旧的灯光类型，与最新版本的 3ds Max 的很多功能不能很好地匹配。

大家需要注意的是，使用"标准灯光"对象为场景照明时，只能使用"扫描线渲染器"和"QuickSilver 硬件渲染器"对场景进行渲染。如果使用其他渲染器，将无法解析场景灯光。在菜单栏执行"渲染"→"渲染设置"命令，打开"渲染设置"对话框检查当前使用的渲染器。将当前场景使用的渲染器设置为"扫描线渲染器"。

另外，如果打开了"曝光控制"功能，会使"标准灯光"对象的参数失效。在菜单栏执行"渲染"→"环境和效果"命令，可以打开"环境和效果"对话框，在对话框的"曝光控制"卷展栏内可以设置曝光控制方法。将下拉选项栏设置为"找不到位图代理管理器"选项。

如果在场景中添加了"光度学灯光"对象，"曝光控制"功能会自动切换为"物理摄影机曝光控制"选项，此时会导致"标准灯光"对象参数失效，这一点往往是初学者注意不到的。

初学者一定要注意以上两个问题，否则使用"标准灯光"对象时将出现错误。

7.3.2 聚光灯

聚光灯的光照方式与射灯的光照方式很相似，都是从一个点光源发射光线。目标聚光灯有一个照射的目标，调整聚光灯的位置时，光照方向始终指向目标点位置。

在 3ds Max 中包含两种聚光灯对象，分别为"目标聚光灯"对象和"自由聚光灯"对象。这两种灯光对象设置参数完全一样，而且二者可以相互转换。二者的区别就是"自由聚光灯"对象没有目标控制点，所以本节将以"目标聚光灯"对象为例进行讲述。

1. 常规参数卷展栏

创建"目标聚光灯"对象后，在"修改"面板展开"常规参数"卷展栏。该卷展栏可以启用和禁用灯光，设置灯光的照射对象，以及控制灯光是否使用目标对象。

（1）打开本书附带文件 /Chapter-07/ 船舱 / 船舱 .max。

（2）打开"创建"面板下的"灯光"次命令面板，在面板的下拉列表栏中选择"标准"选项，打开"标准"灯光的创建面板。

（3）单击"目标聚光灯"按钮，然后在"前视图"窗口中，单击并拖动鼠标创建目标聚光灯，如图 7-32 所示。

图 7-32

（4）使用"选择并移动"工具，在"顶"视图拖动聚光灯对象，对其位置进行调整，如图 7-33 所示。

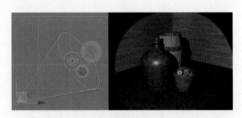

图 7-33

打开"修改"面板，在"常规参数"卷展栏内可以设置当前灯光的开启和关闭状态。

在"启用"选项右侧的下拉栏内可以对当前的灯光类型进行切换，将灯光切换为"平行光"或"泛光"类型。设置"目标"选项可以在"目标聚光灯"和"自由聚光灯"对象之间进行切换。

在"阴影"选项组内可以打开或关闭阴影，并且可以对阴影的生成类型进行设置。

2. 强度／颜色／衰减卷展栏

在"强度／颜色／衰减"卷展栏内，可以设置灯光的强度、颜色和衰减参数。

（1）展开"强度／颜色／衰减"卷展栏，通过设置"倍增"参数，可以设置灯光的亮度。

（2）参数小于1将减小灯光亮度，而大于1的数值将使灯光的强度倍增，如图7-34所示。设置"倍增"参数为默认的"1.0"。

图7-34

（3）"倍增"参数右侧的颜色块用于定义灯光的色彩，单击色块打开"颜色选择器"对话框，对灯光颜色进行调节。

（4）在"衰退"选项组中，可以设置灯光的衰减效果。

（5）在"类型"下拉列表中选择"倒数"选项，将以倒数方式计算衰退；选择"平方反比"选项，将应用平方反比计算衰退。图7-35展示了这两种衰退方式的效果。

图7-35

（6）通过"开始"数值可以设置灯光产生衰退的位置，将参数设置为500，灯光将在照射500单位的距离后产生衰退效果。

（7）如果用户想要直观地看到灯光对象产生衰减的位置，可以启用"显示"选项，此时灯光对象前段会出现一个绿色的范围框，该范围框即产生衰退的位置，如图7-36所示。

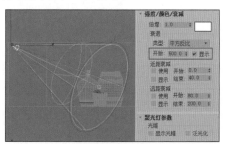

图7-36

除了使用"衰退"选项设置灯光衰退效果以外，

还可以使用"远距衰减"选项设置灯光的衰减效果。

（8）在"衰退"选项组中，将"类型"选项设置为"无"，关闭灯光衰退设置。

（9）在"远距衰减"选项组选择"使用"和"显示"复选框，在"开始"和"结束"数值框输入数值，可以设置灯光衰减开始位置和结束位置，如图7-37所示。

> **提示**
>
> 在该步骤操作完毕后，取消"远距衰减"的使用及显示状态。

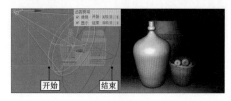

图7-37

（10）使用"近距衰减"选项可以使近处区域产生衰减变化，如图7-38所示。

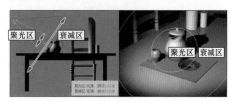

图7-38

3. 聚光灯参数卷展栏

在"聚光灯参数"卷展栏中，可以设置聚光灯的照射范围和灯光形状，只有当前灯光对象是聚光灯类型时，该卷展栏才会显示出来。

（1）打开本书附带文件 /Chapter-07/ 桌子 .max。

（2）在场景中选择"目标聚光灯"对象，进入"修改"命令面板，展开"聚光灯参数"卷展栏。

（3）聚光灯对象在不被选择时，其前端的照射范围框是不显示的，只有被选择时才会显示。如果想让范围框永远显示，可以在"光锥"选项组中，启用"显示光锥"选项。

（4）图7-39展示了启用"显示光锥"和禁用"显示光锥"复选框，以及聚光灯在未选择的状态下，聚光灯锥形框的显示和隐藏效果。

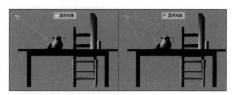

图7-39

（5）启用"泛光化"复选框，聚光灯将向四周投射光线，但只有处于锥形照射范围内的对象才会产生阴影。图 7-40 展示了启用该复选框前后的对比效果。

提示

在该步骤操作完毕后，读者可以禁用"泛光化"选项，以便进行接下来的操作。

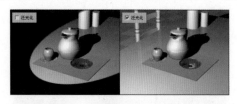

图 7-40

（6）通过"聚光区/光束"参数栏可以调节灯光的锥形区域。通过"衰减区/区域"参数栏可以调节灯光的衰减区域。图 7-41 展示了设置"聚光区/光束"和"衰减区/区域"参数后的灯光效果。

图 7-41

（7）通过选择"圆"和"矩形"单选按钮，可以决定聚光区和衰减区的形状，如图 7-42 所示。

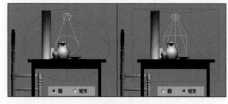

图 7-42

（8）在启用"矩形"单选按钮后，将激活"纵横比"参数和"位图拟合"按钮。"纵横比"参数可以调节矩形的长宽比。"位图拟合"按钮用来指定一张位图图像，使用图像的长宽比作为灯光的长宽比，该功能主要是保持投影图像的比例正确。图 7-43 展示了设置"纵横比"参数后，灯光所照射的场景效果。

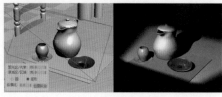

图 7-43

4. 高级效果卷展栏

通过"高级效果"卷展栏可以调整模型表面的高光效果，并且可以在灯光内导入贴图，灯光的光线将产生贴图纹理。

（1）打开本书附带文件 /Chapter-07/ 长椅 / 长椅 .max。

（2）在场景中选择"目标聚光灯"对象，进入"修改"命令面板，展开"高级效果"卷展栏。

（3）在"影响曲面"选项组中，设置"对比度"参数，可以调整模型表面的漫反射区域和环境光区域之间的对比度。

（4）当"对比度"参数值为 0 时，属于正常值，增加参数数值可以提高漫反射区域与周围环境之间的对比度，如图 7-44 所示。

图 7-44

（5）设置"柔化漫反射边"参数，可以柔化漫反射区与阴影区相交的边缘，如图 7-45 所示。

图 7-45

（6）启用"漫反射"复选框后，灯光将影响对象的漫反射表面。启用"高光反射"复选框，灯光将影响目标对象的高光部位。

（7）启用"仅环境光"复选框，灯光只影响周围的环境，而不影响对象本身。并且当启用该复选框时，上面的几个参数项都将失去效用，如图 7-46 所示。

图 7-46

技巧

利用"漫反射"和"高光反射"两个复选框，可以实现在对象的高光部位产生一种灯光颜色，而在漫反射区域没有色彩的效果。

（8）在"投影贴图"选项组中，启用"贴图"复选框，然后单击右侧"无"按钮，打开"材质/贴图浏览器"对话框，双击"位图"选项，如图7-47所示。

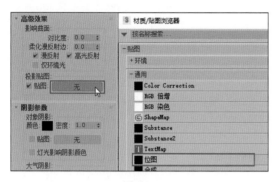

图7-47

（9）此时会弹出"选择位图图像文件"对话框，导入本书附带文件/Chapter-07/长椅/树影.jpg。

（10）导入"树影.jpg"文件后，在"贴图"复选框右侧的按钮上会显示该文件名称。渲染视图，观察导入贴图后的光源颜色的变化，如图7-48所示。

图7-48

5. 阴影参数卷展栏

通过"阴影参数"卷展栏，可以设置阴影颜色和阴影形态。

（1）打开本书附带文件/Chapter-07/书房一角/书房一角.max。

（2）选择场景中的"目标聚光灯"对象，进入"修改"命令面板，展开"阴影参数"卷展栏。

（3）在"对象阴影"选项组中，单击"颜色"右侧的色块，可以打开"颜色选择器"对话框，指定阴影的颜色，如图7-49所示。

图7-49

（4）通过设置"密度"参数值，可以精确调整阴影及阴影边缘处的密度。图7-50展示了不同"密度"参数值的阴影效果。

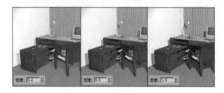

图7-50

（5）启用"贴图"复选框，可以通过其右侧的"无"按钮为阴影设置贴图，使场景中的阴影部分映射出所编辑的贴图效果，如图7-51所示。

图7-51

（6）启用"灯光影响阴影颜色"复选框，可以使阴影的颜色与灯光的颜色产生混合效果。

（7）打开本书附带文件/Chapter-07/飞机/飞机.max，对场景进行渲染，观察"目标聚光灯"的照射效果，在火焰效果的下端没有大气阴影效果，如图7-52所示。

图7-52

（8）选择场景中的"目标聚光灯"对象，然后进入"修改"命令面板，展开"阴影参数"卷展栏。

（9）在"大气阴影"选项组中，单击"启用"复选框，可以启用大气环境的阴影效果，如图7-53所示。

图7-53

（10）设置"不透明度"参数，可以控制环境投向所产生的阴影的不透明度；设置"颜色量"参数，阴影色彩将会受到大气效果的影响。图7-54展示了设置两个参数后的阴影变化效果。

图7-54

7.3.3 平行光和泛光灯

灯光对象的类型之间可以自由切换。在"修改"面板可以将聚光灯转变为平行光或泛光灯。虽然灯光的类型不同，但设置参数基本是相同的，所以在这里就不详细进行讲述了。下面来看看平行光和泛光灯在场景中可以产生的光照效果。

1. 平行光

"平行光"与"聚光灯"的区别是其照射范围呈圆柱形，光线平行发射。这种平行光照非常适合模拟太阳光照射效果。

（1）在"创建"面板单击"目标平行光"命令按钮，在场景中单击并拖动鼠标建立灯光。

（2）打开"修改"面板，在"常规参数"卷展栏，通过设置"灯光类型"选项，可以将灯光修改为聚光灯或泛光灯，如图7-55所示。

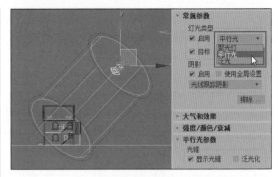

图7-55

（3）启用或关闭"目标"选项，可以设置是否使用灯光目标点，同时也可以在"目标平行光"对象和"自由平行光"对象之间自由切换。

（4）图7-56展示了使用"目标聚光灯"对象模拟出的日光光照效果。

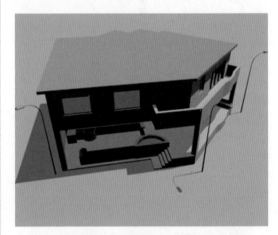

图7-56

2. 泛光灯

"泛光灯"属于点光源，该灯光以自身为中心向四周进行照射。泛光灯可以模拟蜡烛或灯泡这种具有点光源特征的光照效果。泛光灯在场景中常用于制作辅助光源，在场景四周放置不同色彩的低亮度泛光灯，是营造环境气氛的好方法。

（1）打开本书附带文件 /Chapter-04/ 柱子 .max。渲染场景并观察泛光灯照射场景的效果，如图 7-57 所示。

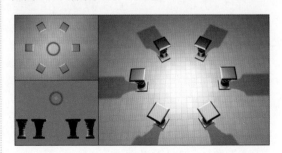

图 7-57

（2）使用"选择并移动"工具调整泛光灯的位置，然后渲染场景并观察灯光的照射效果，如图7-58所示。

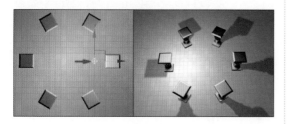

图 7-58

7.3.4 项目案例——设置逼真的阴天光照效果

"天光"对象与其他的"常规灯光"有很大区别，"天光"对象主要模仿白天日光照射效果，与"光线跟踪"或"光能传递"渲染方式结合使用，可以模拟出真实的日光光照效果。

"天光"对象可以生动地模拟漫反射高光阴影形态。其所生成的光照效果没有明确的光照方向，感觉就是由上至下散射下来的日光。这种光照非常适合制作阴天时的日光效果。

（1）打开本书附带文件 /Chapter-07/ 小镇 / 小镇 .max。

（2）参照"泛光灯"对象的创建方法，在打开的场景中创建一盏"天光"对象。

（3）打开"修改"面板，在"天光参数"卷展栏中通过设置"启用"复选框，可以控制天空的打开或关闭，如图7-59所示。

图 7-59

（4）启用"天光"对象，设置"倍增"参数，可以控制灯光的亮度，图7-60展示了设置不同"倍增"参数后的光照效果。

> **提示**
>
> 设置过大的"倍增"参数，有可能使场景颜色过亮，还会产生视频输出中不可用的颜色，所以一般情况下尽量保持该参数值为1.0。

图 7-60

（5）在"天空颜色"选项组中，选择"使用场景环境"单选按钮，可以把场景背景图片色彩设置为天光灯的色彩。

（6）此时还需要设置"光跟踪器"渲染方式，"使用场景环境"选项才会发挥作用。

（7）在菜单栏执行"渲染"→"渲染设置"命令，打开"渲染设置"对话框。

（8）单击"高级照明"选项卡，在"选择高级照明"卷展栏的下拉列表中选择"光跟踪器"。

（9）图7-61展示了启用"光跟踪器"后的光照效果。

图 7-61

> **注意**
>
> 在该步骤操作完毕后，读者可以将其重新设置为默认的状态，即"无照明插件"选项，以便于接下来的操作。

（10）选择"天空颜色"单选按钮并单击右侧的色块，在打开"颜色选择器"对话框中，可以选择天空的颜色，如图7-62所示。

图 7-62

（11）启用"贴图"选项后，可以利用贴图来影响灯光的色彩。将贴图的参数值设置为 20，然后单击"无贴图"按钮，打开"材质／贴图浏览器"对话框。

（12）在"材质／贴图浏览器"对话框选择"大理石"贴图选项，如图 7-63 所示，然后单击"确定"按钮，使贴图效果与天空颜色混合。

图 7-63

（13）在"渲染"选项组中，启用"投影阴影"复选框，可以使天光投射阴影，如图 7-64 所示。

提示

当使用"光跟踪器"或"光能传递"时，这个选项将失去效用。

图 7-64

（14）设置"每采样光线数"参数，可以计算天光在场景中指定对象表面所投射的光线的数量。数值越大，渲染出的图像越细腻，当将该参数设置为 30 时，基本可以消除斑点。图 7-65 展示了设置不同参数后的画面效果。设置"光线偏移"参数，可以将模型的阴影向远离自己的方向偏移。

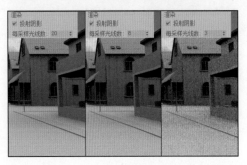

图 7-65

7.4　课时 32：如何建立摄影机？

在三维软件中，摄影机可以用于设置观察场景的视角，定义场景在渲染输出时的画面构图，将摄影机的移动和旋转设置动画，还可以制作出场景浏览动画效果。

3ds Max 中的摄影机，模拟真实世界的摄影机来进行订立，但又具有超过真实摄影机的灵活性。熟练地掌握摄影机的知识，对于展示场景和设置动画都非常有帮助。

学习指导：

本课内容属于必修课。

本课时的学习时间为 40~50 分钟。

本课的知识点是熟练掌握摄影机的设置方法。

课前预习：

扫描二维码观看视频，对本课知识点进行学习和演练。

7.4.1　摄影机的工作原理

3ds Max 中的摄影机是根据真实世界的摄影机来设置的，所以在场景中建立和使用摄影机对象时，要了解一些摄影知识，这样才能精确地设置摄影机的参数。

1. 焦距

"焦距"是镜头镜片和胶片间的距离。焦距越短，摄影机的视角就越广；反之，焦距越长，摄影机的视角就越窄，如图 7-66 所示。

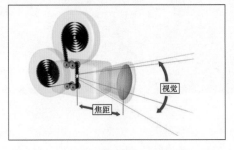

图 7-66

焦距以毫米为单位设置规格。50 毫米镜头通常是摄影的标准镜头，因为该镜头最接近眼睛观察世界的透视效果。焦距小于 50 毫米的镜头称为广角镜头，广角镜头可以加强画面的透视角度。焦距大于 50 毫米的镜头称为长焦镜头，长焦镜头则会减弱画面的透视感，产生平行透视效果，如图 7-67 所示。

图 7-67

2. 视角

摄影机的"视角"参数可以控制取景范围,"角度"与镜头的焦距直接相关。例如, 50 毫米的镜头显示水平线为 46 度。镜头越长,视角越窄。镜头越短,视角越宽。

3. 光圈和快门速度

在真实世界中摄影机是通过光圈和快门速度来控制胶片的曝光量的,如图 7-68 所示。曝光量小产生的照片就会偏暗,曝光量大产生的照片就会偏亮。

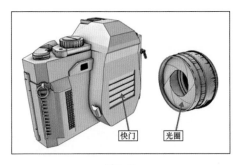

图 7-68

摄影机的光圈大小是可以调整的,光圈越大胶片的曝光量就越大,反之则曝光量越小。光圈大小用 f 数表示,记作 f/。常见的光圈 f 数为 f/1.8、f/2.8、f/4、f/5.6、f/8、f/11 和 f/16。在这里需要初学者注意的是,光圈的 f 数与光圈的大小成反比,f 数越小,代表的光圈尺寸越大。

光圈除了控制进光量以外,还会影响照片的景深长度。光圈越大,景深长度越短;光圈越小,景深长度越长,图 7-69 展示了摄影机光圈 f 数分别为 1 和 8 时,所产生的景深模糊效果。

图 7-69

摄影机的快门也可以控制胶片的曝光量,快门打开的时间越长,曝光量越大;反之则曝光量越小。除了控制曝光量,快门速度还用于控制运动模糊效

果,如果想要清晰地拍摄出运动中的物体,必须用非常高的快门速度,如果快门速度较长,则会产生物体移动时的模糊效果,如图 7-70 所示。

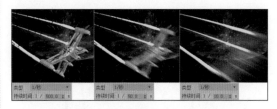

图 7-70

4. 摄影机与渲染器

3ds Max 的摄影机分为两类,分别为物理摄影机和传统摄影机。物理摄影机是高版本 3ds Max 新增的摄影机类型,如果使用传统的"扫描线渲染器"对物理摄影机视口进行渲染,则有些摄影机效果将无法实现,例如景深模糊和运动模糊等效果。

目前, 3ds Max 默认使用的是"Arnold 渲染器",如果场景中使用物理摄影机对象,需要将渲染器设置为"Arnold 渲染器"。

在菜单栏执行"渲染"→"渲染设置"命令,可以打开"渲染设置"对话框。在对话框上端"渲染器"列表栏内可以指定当前场景所使用的渲染器。

在创建了物理摄影机对象后,场景的"曝光控制"功能会自动切换为"物理摄影机曝光控制"。在菜单栏执行"渲染"→"环境和效果"命令,打开"环境和效果"对话框。在"曝光控制"卷展栏内可以设置曝光控制方式。

5. 设置摄影机视图

在创建了摄影机对象后,可以使用变换工具(移动、旋转),对摄影机的位置和角度进行调整,从而改变摄影机的取景范围。

(1)打开本书附带文件 /Chapter-07/ 餐桌 .max。

(2)在"创建"面板单击"摄影机"次面板按钮,然后在卷展栏单击"物理"按钮。

(3)在"顶"视图单击并拖动鼠标,创建物理摄影机对象,如图 7-71 所示。

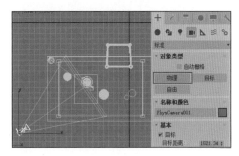

图 7-71

（4）激活"透视"视图，在"视图"菜单中执行"透视"→"摄影机"→"PhysCamera001"命令，将"透视"视图转变为"摄影机"视图，如图7-72所示。

图7-72

> **提示**
>
> 激活"透视"视图后，在键盘上按下＜C＞键，可以快速地将激活视图转变为"摄影机"视图。

（5）使用"选择并移动"工具调整摄影机和目标点的位置，从而设置摄影机视图的取景范围。

以上操作是建立和调整"摄影机"视图的常规操作，在新版本的3ds Max中，提供了更加快捷和准确地创建摄影机视图的方法。

（1）再次打开"餐桌.max"文件，激活"透视"视图。

（2）在键盘上按下＜Ctrl＋C＞快捷键，场景会根据"透视"视图当前的视角，创建一个物理摄影机对象，并且将"透视"视图自动转变为"摄影机"视图。

6. 安全框

为了确保目标对象出现在摄影机视图内，"视图"菜单中还提供了"安全框"功能。在"摄影机"视图的"视图"菜单中执行"PhysCamera001"→"显示安全框"命令，此时视图四周会出现3条安全框辅助线，如图7-73所示。当物体超出最外侧安全框时，将无法渲染在画面中。

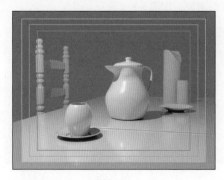

图7-73

7.4.2 物理摄影机

物理摄影机是3ds Max在2017版本推出的新型相机对象，物理摄影机的设置参数严格地模拟真实世界的摄影机参数，这使用户可以根据摄影知识和经验来设置相机参数。

1. 设置物理摄影机视口

相比于传统摄影机，物理摄影机的功能更强大，管理参数更合理。

（1）打开本书附带文件/Chapter-07/餐桌.max。

（2）激活"透视"视图，在键盘上按下＜Ctrl＋C＞快捷键，此时将根据"透视"视图的视角，创建一个"物理摄影机"对象，并且将"透视"视图转变为"摄影机"视图。

（3）打开"修改"面板，可以对当前物理摄影机的参数进行设置。

（4）在"基本"卷展栏内提供了物理摄影机的基本设置选项，启用或关闭"目标"选项，可以打开或关闭摄影机的目标点。

（5）设置"目标距离"参数可以控制目标点与摄影机之间的距离，如图7-74所示。

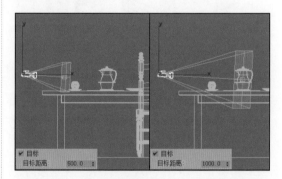

图7-74

在"视口显示"选项组可以设置摄影机在视口的显示状态，在"显示圆锥体"下拉选项中提供了3个选项，分别为选定时、始终、从不。

选定时：默认为该选项为选择状态，当摄影机被选中时，摄影机的圆锥体会显示。取消选择时，圆锥体将会隐藏。

始终：选择该选项后，无论摄影机是否被选择，圆锥体将始终显示。

从不：选择该选项后，无论摄影机是否被选择，圆锥体都将隐藏。

在"视口显示"选项组启用"显示地平线"选项，摄影机视图将显示地平线辅助线，如图7-75所示。

图 7-75

2. 设定摄影机的画幅

在"物理摄影机"卷展栏内可以对摄影机的各项基本参数进行设置。

（1）在"物理摄影机"卷展栏上端的"胶片 / 传感器"选项组内可以对摄影机的画幅进行设置。

（2）在"预设值"下拉选项中为用户提供了常用的画幅尺寸。这些选项来自真实世界的摄影设备。

（3）设置"宽度"参数可以自由地控制摄影机的画幅尺寸，如图 7-76 所示。在图中可以看到"宽度"值越大，画面的透视角度就越大；反之透视角度就越小。

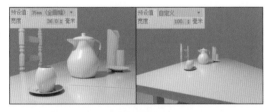

图 7-76

在"镜头"选项组内，设置"焦距"参数也可以更改摄影机视图的画幅。焦距值短，画幅就大，透视角度会非常强；焦距值长，画幅就小，透视角度也会减弱，如图 7-77 所示。

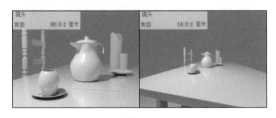

图 7-77

设置"宽度"参数和"焦距"参数都可以调整摄影机画幅。但是两者是完全不同的两个参数。"宽度"参数模拟的是真实摄影机的胶片宽度；而"焦距"参数则是模拟真实摄影机镜头的焦距长度。虽然两者都可以调整摄影机的画幅尺寸，但是在设置"景深模糊"效果时，调整"宽度"参数不影响

景深距离，设置"焦距"参数则会对景深距离进行更改。

在"镜头"选项组内启用"指定视野"选项后，可以按视野角度方式定义画幅尺寸。人的单眼视角是 60 度，将该参数设置为 60 度时，最接近人眼的视角范围。启用"指定视野"选项后，"焦距"参数将无法设置。

调整"缩放"参数可以对当前摄影机视图的画幅进行缩放，默认值为 1，加大参数会放大画幅，缩小参数会缩小画幅。

3. 景深模糊与运动模糊

为场景添加景深模糊效果，可以让渲染出来的照片更加接近真实世界的视觉效果。与真实世界相同，景深距离受到两个参数的影响，一个是焦距，另一个是光圈。

摄影机的"焦距"越长，照片的景深距离就越短；反之"焦距"越短，景深距离就会越长。摄影机的"光圈"越大，照片的景深距离就越短；反之"光圈"就越小，景深距离就会越长。

（1）在"物理摄影机"卷展栏选择"启用景深"选项，此时摄影机圆锥体会增加景深范围辅助线，如图 7-78 所示。

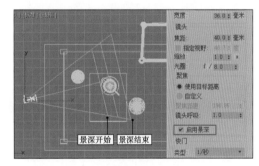

图 7-78

（2）处于景深范围外的对象，在渲染时都会产生模糊效果。

（3）调整"焦距"参数，可以看到景深范围会产生变化，焦距变短，景深范围变长；焦距变长，景深范围变短，如图 7-79 所示。

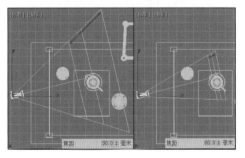

图 7-79

（4）将"焦距"参数设置为40.0毫米，然后调整"光圈"参数，可以看到光圈变大，景深变短；光圈变小，景深变长，如图7-80所示。

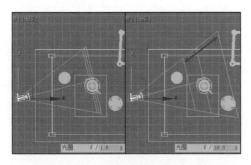

图 7-80

（5）在"聚焦"选项组内可以设置景深的位置，默认设置的是"使用目标距离"方式，此时景深位置为摄影机目标点的位置。

（6）选择"自定义"选项，此时会根据"聚焦距离"参数来设置景深位置，如图7-81所示。

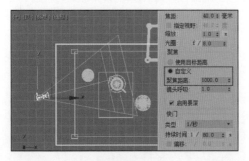

图 7-81

（7）将"光圈"参数设置为f/1.8，然后对场景进行渲染，观察景深模糊效果，如图7-82所示。

图 7-82

在"聚焦"选项组内，设置"镜头呼吸"参数可以更改摄影机的视野，镜头呼吸值为0表示禁用此效果。默认值为1.0。

在"快门"选项组内可以设置快门的开启速度，若快门开启速度快，则可以拍摄快速移动的物体；若快门开启速度慢，则拍摄快速移动的物体会产生运动模糊效果。

（1）打开本书附带文件 /Chapter-07/ 飞行器 / 飞行器 .max。

（2）激活"摄影机"视图，在软件下端单击"播放动画"按钮，可以看到飞行器从视图前飞过。

（3）再次单击"播放动画"按钮，关闭动画播放。将时间滑块拖至30帧位置处。

（4）在视图中选择摄影机对象，打开"修改"面板，在"物理摄影机"卷展栏底部，选择"启用运动模糊"选项，如图7-83所示。

图 7-83

在"快门"选项组中，在"类型"下拉选项栏可以设置快门使用的时间、控制方式。

1/ 秒和秒：这是相机拍照使用的快门控制方式。

度：是电影设置中使用的快门控制方式。

帧：计算机设置动画使用的时间控制方法，1秒包含了25帧或者30帧。

设置"类型"下拉选项栏为"1/ 秒"选项，"持续时间"参数分别为"1/50.0"和"1/500.0"，对摄影机视图进行渲染，观察运动模糊效果，如图7-84所示。可以看到，快门的持续时间越长，运动模糊效果就越强烈。

图 7-84

4. 摄影机的曝光

在"曝光"卷展栏内可以对摄影机的曝光度进行控制。利用这些命令可以增强或减弱渲染画面的亮度值。

（1）打开本书附带文件 /Chapter-07/ 书房 / 书房 .max。

（2）激活"透视"视图，在键盘上按下 < Ctrl + C > 快捷键，快速创建"物理摄影机"对象。

（3）此时由于受房子墙壁的遮挡，无法渲染内部的场景。需要用到摄影机剪切平面功能。

（4）在"修改"面板打开"其他"卷展栏，选择"启用"选项，打开剪切平面功能，对"近"和"远"两个参数值进行设置，如图 7-85 所示。

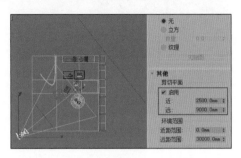

图 7-85

（5）此时在摄影机对象前端，会出现两组红色的辅助线，所有处在这两组辅助线以外的模型都将被修剪。

（6）再次渲染摄影机视口，由于遮挡的墙壁被修剪了，因此就可以渲染室内场景模型了。

在场景中建立了"物理摄影机"对象后，场景环境会使用"物理相机曝光控制"方式，如果曝光控制方式修改了，就不能使用物理摄影机来管理曝光效果了。

（1）在菜单栏执行"渲染"→"环境"命令，打开"环境和效果"界面。

（2）在"曝光控制"选项栏，设置曝光控制方式为"找不到位图代理管理器"选项。

（3）在"修改"面板展开"曝光"卷展栏，可以看到所有的选项和命令不可用，如图 7-86 所示。

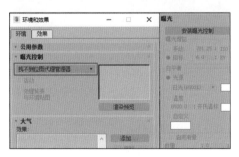

图 7-86

（4）在"曝光"卷展栏单击"安装曝光控制"按钮，此时"环境和效果"界面中的曝光"控制选项"会切换为"物理摄影机曝光控制"选项，同时"曝光"卷展栏内的各项命令成为可以设置状态。

（5）设置"曝光增益"选项组的"目标"参数，可以提升或降低曝光度，默认参数为 6.0，当增加参数时曝光度会减少，反之曝光度会增加，如图 7-87 所示。

提示

选择"目标"方式，就如同打开相机的自动曝光控制功能。用户不用关心光圈、快门和 ISO（感光度）的具体设置，相机会自动适配 ISO 参数，进而适配当前的光圈和快门参数，使渲染画面达到一个最佳的曝光状态。

图 7-87

在"曝光增益"选项组选择"手动"选项，此时场景会按照光圈、快门和 ISO（感光度）3 个参数控制照片的曝光量。这样物理摄影机对象就可以按真实世界的摄影机的参数进行设置了。

（1）在"物理摄影机"卷展栏内将"光圈"参数设置为 f/2.8，快门"持续时间"参数设置为 1/60 秒。

（2）在"曝光"卷展栏分别将 ISO 参数设置为 300.0 和 700.0。渲染场景可以看到 ISO 参数越高，曝光度越强，如图 7-88 所示。

技巧：在设置光圈、快门和 ISO 参数时，在"曝光增益"选项组内可以看到 EV 参数也会发生变化，虽然 EV 参数不可以修改，但是它的数值可以为用户提供参考，当 EV 值接近 6 时，说明当前场景的曝光度是正常的。

图 7-88

（3）在"曝光增益"选项组选择"手动"选项后，光圈和快门的参数会影响当前照片的曝光度，大家可以试着更改光圈和快门的参数，观察曝光度的变化。

由于光源带有色彩，因此会导致照片偏色。例如，中午的日光会导致照片偏蓝色，而傍晚的日光会导致照片偏黄色。如果照片偏黄色，就将白平衡的色彩设置为黄色，这样渲染出的照片会过滤掉过多的黄色，从而解决偏色问题。在"白平衡"选项组提供了 3 种方式，来调整图像色彩的偏色问题。

光源：该选项为用户预设了很多光源类型，包括日光和人造光源，用户可以根据当前场景选择对应的光源类型。

温度：选择"温度"选项，可以根据色温参数设置白平衡色彩。

自定义：选择"自定义"选项后，可以根据自定义颜色色块设置白平衡色彩。

在"曝光"卷展栏的最底部，提供了"启用渐晕"选项，选择该选项可以模拟出真实照片四角变暗的渐晕效果。将"数量"参数设置为10，渲染场景观察渐晕效果，如图7-89所示。

图 7-89

5. 透视校正

在"透视控制"卷展栏内提供了对于视图透视进行校正的参数和命令。这些功能对于建筑效果制作是非常有帮助的。在渲染建筑效果图时，要保证所有的墙体垂直于地面，如果因为透视关系墙体发生了倾斜，这会使画面看起来非常不稳定。此时可以使用"透视控制"功能进行校正。

（1）打开"修改"面板的"透视控制"卷展栏，设置"镜头移动"选项组的"水平"和"垂直"参数，可以平移当前视图。在平移的过程中，视图的透视角度不会发生变化。

（2）在"前"视图将摄影机对象微微向上移动一些距离，此时"摄影机"视图中的墙体会因为透视关系产生倾斜，如图7-90所示。

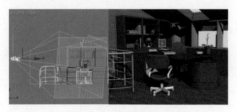

图 7-90

（3）在"倾斜校正"选项组内对"垂直"参数进行调整，可以看到摄影机的取景框会产生倾斜，"摄影机"视图中的倾斜墙体也恢复了垂直状态。

（4）打开"自动垂直倾斜校正"选项，"垂直"参数会消失，同时摄影机会根据当前的视角自动校

正视图透视，保证墙体垂直于地面显示，如图7-91所示。

图 7-91

7.4.3 项目案例——利用摄影机模拟多种摄影特效

通过前面内容的学习，相信读者已经对物理摄影机的强大功能有所了解。物理摄影机是完全基于物理光学理论而建立的摄影机，所以可以模拟传统摄影机的各种摄影技法，包括景深模糊、运动模糊、镜头光晕等。

本小节为大家安排了一组案例，通过具体操作来学习物理摄影机的使用方法和设置技巧。图7-92展示了案例完成后的效果。读者可以结合本课教学视频，对项目案例进行练习和演练。

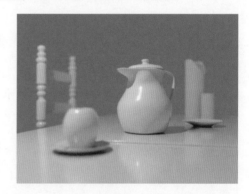

图 7-92

7.4.4 传统摄影机

传统摄影机包含两种摄影机对象，分别是"目标"摄影机和"自由"摄影机。两个摄影机对象的区别就是"目标"摄影机包含目标点控制柄，在"修改"面板，可以自由地切换两种摄影机对象。

传统摄影机对象的参数设置相对简单，是3ds Max 老版本中包含的功能。与物理摄影机相比，传统摄影机的功能非常有限，而且渲染画面质量非常低。今后会逐步被淘汰。3ds Max 之所以保留这些功能，主要是兼容低版本文件中的摄影机对象。由于本书篇幅有限，对于传统摄影机将不再讲述。

在真实世界中，各种物质的材质属性是千变万化的，即使是同一质感的对象，在不同的环境下也会显示出不同的效果。所以要在虚拟三维环境中真实再现对象材质，就要求软件在材质设置方面有很强大的功能。3ds Max 有着强大的材质编辑能力。

3ds Max 中创建材质的方法非常灵活自由，除了 Slate 材质编辑器以外，用户可以根据自己的工作习惯和工作要求来选择材质编辑器，更高效地完成材质设置工作。

学习目标

◆ 正确理解材质的概念
◆ 熟练掌握常用的材质类型
◆ 正确理解贴图的工作原理
◆ 熟练掌握常用的贴图设置

8.1 课时 33：材质的基本概念是什么？

如果想真实地再现物质质感，就要理解材质设置的各项命令和参数。在 3ds Max 中包含了庞大的信息量，包括对材质进行定义和控制。这往往吓退了很多初学者，其实大家大可不必担心，只要能够明白材质编辑的工作原理，由浅入深、循序渐进地学习材质编辑，完全可以在短时间掌握材质编辑的方法。

首先要理解材质的概念，以及材质编辑的工作原理。对于初学者来讲，往往搞不清材质与贴图的区别，简单地讲，材质描述了物质的质感。例如木头、岩石、玻璃、金属等。贴图与材质配套使用，描述物质的纹理、反光、折射等信息。例如，木纹可以分为松树、梨花木等纹理。

下面结合材质编辑的工作流程，来学习与材质编辑相关的概念和原理。

学习指导：

本课内容属于必修课。

本课时的学习时间为 40~50 分钟。

本课的知识点是正确理解材质原理。

课前预习：

扫描二维码观看视频，对本课知识点进行学习和演练。

8.1.1 材质与渲染器

在高版本的 3ds Max 中，包含多个渲染器，不同的渲染器，决定了可以使用的材质类型。不同的材质描述和解析光照的方式不同，这些都与渲染器的渲染功能相对应。

（1）打开本书附带文件 /Chapter-08/ 茶壶 / 茶壶 .max。

（2）在"工具栏"单击"材质编辑器"按钮，打开"Slate 材质编辑器"对话框。

（3）在材质编辑器的左侧是"材质 / 贴图浏览器"窗口，窗口中陈列了当前能够使用的材质与贴图，如图 8-1 所示。

图 8-1

（4）在菜单栏执行"渲染"→"渲染设置"命令，打开"渲染设置"对话框，在"渲染器"选项栏内，可以设置场景使用的渲染器。

（5）更改渲染器类型，"材质浏览器"窗口内的材质类型会发生改变，如图 8-2 所示。

图 8-2

将渲染方式设置为"扫描线渲染器",此时"材质/贴图浏览器"中呈现的材质类型最少,只能使用"扫描线"和"通用"类型的材质。扫描线渲染器是3ds Max最原始的渲染方式,它不是基于光度学的渲染器。虽然该渲染器可以渲染"通用"材质中的"物理材质",但是无法解析材质对光线的反射效果。

1. Quicksilver 渲染器

如果选择"Quicksilver渲染器",则在"材质/贴图浏览器"中将会呈现"Autodesk"材质、"扫描线"材质、"通用"材质。Quicksilver渲染器最大的优点就是渲染速度快。该渲染器不能真实地模拟光线跟踪效果。

2. ART 渲染器

在选择"ART渲染器"后,"材质/贴图浏览器"中将会呈现"Autodesk"材质、"扫描线"材质、"通用"材质。ART(Autodesk Raytracer)渲染器是一种基于物理方式的快速渲染器,适用于建筑、产品和工业设计渲染与动画。该渲染器可以很好地渲染解析"Autodesk"类型的材质。

3. Arnold 渲染器

目前,3ds Max将Arnold渲染器设置为默认的渲染器。它是一款高级的光线跟踪渲染器,是专门用于渲染真实视觉特效的渲染器,其内部集成了模型、摄影机、灯光、物理天空等渲染功能,将该渲染器与"通用"材质中的"物理材质"相配合,可以渲染出惊艳的视觉效果。

> **注意**
>
> 上述内容只是讲述了材质与渲染器的关系,3ds Max也包含了丰富的贴图类型,不同的渲染器对应同的贴图。在选定了渲染器后,支持该渲染器的贴图类型会出现在"材质/贴图浏览器"中,如果不支持将会自动隐藏。

目前,Arnold渲染器是默认渲染器,而且该渲染器功能非常强大,所以本书只对支持该渲染器的材质和贴图进行讲述。由于篇幅有限,对于该渲染器不支持的材质和贴图,将不做太多讲述。在学习本章内容时,请将场景使用的渲染器设置为"Arnold"渲染器。

8.1.2 将材质应用于对象

在编辑材质的过程中,需要将材质指定给目标对象。指定材质的方法有很多种,操作非常简单、灵活。

(1)首先在"材质/贴图浏览器"窗口内展开"通用"材质类型,双击"物理材质",在材质编辑

器中部的"视图1"窗口内创建一个物理材质,如图8-3所示。

图 8-3

(2)在场景视图内选择"茶壶"模型,然后在材质编辑器的"工具栏"内单击"将材质指定给选定对象"按钮,如图8-4所示。

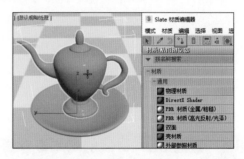

图 8-4

以上是最常用的指定材质方法,另外也可以通过拖动材质的"输出套接点"的方法来指定材质。

在材质编辑器的"视图1"窗口内,将材质的输出套接点拖曳至场景视图的盘子模型表面,如图8-5所示。

图 8-5

一个材质是可以赋予多个对象的,此时茶壶和盘子模型被指定了相同的材质。

将材质指定给模型以后,该材质就成为了热材质。通过观察材质的预览图标可以区分热材质和冷材质。

如果材质赋予模型,则材质的预览窗口4个角会出现白色的三角;如果没有赋予模型,材质预览窗口4个角将没有三角,如图8-6中间图所示。

如果与当前材质关联的模型处于选择状态,预

览窗口 4 个角的三角会呈现亮白色。如果是未选择状态，则呈现灰色的三角，如图 8-6 右图所示。

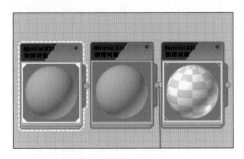

图 8-6

8.1.3 贴图与贴图坐标

贴图是与材质配套使用的，贴图常用于表现材质的颜色和纹理特征。贴图坐标是指贴图在模型表面的平铺方式。

1. 为材质指定贴图

为材质指定贴图的方法非常简单，也非常灵活、多样。

（1）在材质编辑器的"材质／贴图浏览器"窗口内，展开"贴图"→"通用"卷展栏。

（2）双击"Perlin 大理石"贴图，在"视图 1"中将会创建一个贴图，如图 8-7 所示。

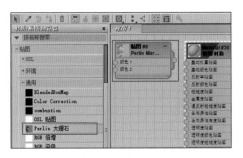

图 8-7

（3）在"视图 1"窗口内，将贴图的输出套接点拖动至材质的"基础颜色贴图"输入套接点，如图 8-8 所示。

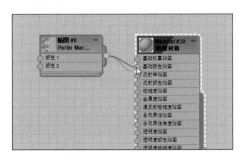

图 8-8

（4）此时"Perlin 大理石"贴图与"基础颜色贴图"通道产生了关联，该贴图指定给了材质。

以上指定材质的方法较为直接，相对来讲比较笨拙。另外还有更为快捷的操作方法。

（1）在材质编辑器"视图 1"窗口选择"Perlin 大理石"贴图节点。

（2）在"材质编辑器"工具栏内单击"删除选定对象"按钮，将已经添加的贴图删除。

（3）双击当前材质的"基础颜色贴图"输入套接点，此时会弹出"材质／贴图浏览器"对话框。

（4）在对话框内选择"通用"贴图下的"高级木材"贴图，然后单击"确定"按钮，添加贴图，如图 8-9 所示。

图 8-9

（5）"高级木材"贴图是一款功能强大的 3D 贴图，该贴图同时提供了 3 幅纹理图像。

（6）按照贴图的名称，使用拖曳输出套接点的方法，将贴图指定到相关贴图通道内，如图 8-10 所示。

图 8-10

（7）在"工具栏"单击"渲染场景"按钮，对场景进行渲染，观察材质的效果。

2. 模型的贴图坐标

在为模型指定了材质与贴图后，贴图纹理会按照模型表面的贴图坐标进行平铺。读者可以把模型理解为一个盒子，贴图理解为礼品包装纸，贴图坐标就是包装纸包裹盒子的方法，如图 8-11 所示。

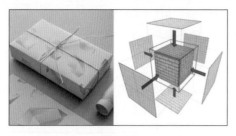

图 8-11

通常建立的参数化模型都是带有贴图坐标设置的。如果是使用曲面建模方法（网格对象、多边形对象）建立的模型，则可能会破坏原有模型的贴图坐标，这时就需要重新定义模型的贴图坐标。

（1）打开本书附带文件 /Chapter-08/ 小狗 / 木头小狗 .max。

（2）在视图中拾取"小狗"模型，在键盘上按下 < M > 键，打开 Slate 材质编辑器。

（3）在"材质 / 贴图浏览器"对话框内双击"物理材质"，然后在材质编辑器工具栏单击"将材质指定给选定对象"按钮，将材质赋予模型。

（4）双击当前材质"基础颜色贴图"输入套接点，打开"材质 / 贴图浏览器"对话框，在对话框内双击"位图"贴图，如图 8-12 所示。

图 8-12

（5）此时会弹出"选择位图图像文件"对话框，打开本书附带文件 /Chapter-08/ 小狗 / 木纹 .tif。

（6）在键盘上按下 < Shift + Q> 快捷键，对被激活的"透视"视图进行渲染，观察模型会发现小狗模型表面并没有出现木纹的纹理，如图 8-13 所示。

图 8-13

（7）在菜单栏执行"渲染"→"渲染设置"命令，打开"渲染设置"对话框。

（8）在对话框上端设置渲染器为"扫描线渲染器"，再次对视图渲染。

（9）此时会弹出"缺少贴图坐标"对话框，提醒用户场景中名称为"狗"的对象缺少贴图坐标，如图 8-14 所示。

图 8-14

（10）单击"取消"按钮关闭对话框，在视图中拾取小狗模型，在"修改"面板内为模型添加"UVW 贴图"修改器。

（11）在"贴图"选项组内选择贴图坐标的方式为"长方体"方式，此时小狗模型表面出现木纹纹理，如图 8-15 所示。

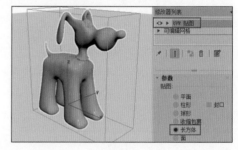

图 8-15

在正确设置了模型贴图坐标后，贴图就知道根据什么方式在模型表面进行平铺，此时位图纹理就可以正常显示了。

通过上述操作，相信读者已经明白了贴图坐标的工作原理。在 3ds Max 中设置贴图坐标的方法有很多，由于篇幅有限在此就不讲述了。读者可以结合本课教学视频，对贴图坐标的设置方法进行详细地学习。

8.1.4 观察与管理材质

在为模型指定了材质后，贴图的纹理未必可以准确地在模型表面分布，此时可以对场景视窗进行设置，使模型显现出表面的贴图纹理，这样可以直观地观察贴图的分布情况。

为了使用户快速对场景中的材质进行统一管理，3ds Max 提供了"材质管理器"对话框。在该对话框内以列表形式展现了场景中所有材质，以及材质与模型间的关系。

1. 在视口中观察材质

为了观察贴图纹理在模型表面的平铺效果，可以在工作视图中打开"在视图中显示材质"功能。3ds Max 为场景视图的显示方式预设了多种方案。

激活"透视"视图，在视图菜单的"标准"菜单内为用户提供了 4 种显示方式，如图 8-16 所示。

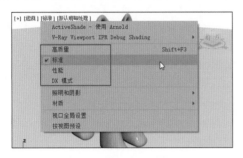

图 8-16

高质量：选择"高质量"模式，视图将渲染真实的材质、光影追踪以及照明预览效果，这种视图显示模式非常占用系统资源。

标准：选择"标准"模式，视图将渲染真实的材质和灯光照明效果。

性能：选择"性能"模式，视图将以最基础的灯光设置来渲染，一般在大型场景中工作时或进行建模工作时使用。

DX 模式：将 DirectX (Direct3D) 明暗器用于视口预览效果。在处理 DirectX 明暗器材质时使用 DX 模式。

在默认状态下，"透视"视图会使用"标准"模式进行显示，在"标准"模式下可以真实地显示材质贴图的纹理。

在"标准"模式下，也可以通过设置，关闭贴图纹理的显示，从而提高视图的显示速度。

单击"标准"视图菜单，在"材质"子菜单下提供了 4 个命令，用于设置在视图中显示材质的方式，如图 8-17 所示。

图 8-17

没有贴图的明暗处理材质：显示明暗处理材质，但隐藏贴图。

有贴图的明暗处理材质：显示明暗处理材质和贴图。

没有贴图的真实材质：显示真实材质，但隐藏贴图。

有贴图的真实材质：显示真实材质和贴图。

> **注意**
>
> 材质属于旧版标准材质，由于"Amold"渲染器不支持该材质类型，因此在"Amold"渲染器下，"没有贴图的明暗处理材质"和"有贴图的明暗处理材质"两个命令是无效的。

2. 材质管理器

为了便于用户管理场景中的材质，3ds Max 专门提供了"材质管理器"对话框。在对话框中以表格的形式陈列出场景中所有的材质内容。用户可以清晰地查看材质包含的贴图，以及与之关联的模型。

（1）打开本书附带文件 /Chapter-08/ 藏宝图 / 藏宝图 .max。激活"透视"视图，按下键盘上的 < Shift + Q > 快捷键对场景进行渲染，观察场景材质，如图 8-18 所示。

图 8-18

（2）当前的场景中已经为模型设置了材质，为了快速清晰地查看材质内容，以及与之关联的模型，我们可以打开"材质管理器"对话框。

（3）在菜单栏执行"渲染"→"材质资源管理器"命令，打开"材质管理器"对话框，如图 8-19 所示。

图 8-19

"材质管理器"对话框分为两部分，上半部分是"场景"面板，下半部分是"材质"面板。

在"场景"面板内呈现出场景中所有的材质，单击材质前端的三角按钮，可以看到材质包含的贴图，以及与之关联的模型，如图 8-20 所示。

图 8-20

在"场景"面板双击材质的名称，可以对材质名称进行修改。单击材质球选择一项材质后，在下端的"材质"面板会展示该材质的详细信息，如图 8-21 所示。包括贴图的类型、贴图的尺寸等信息。

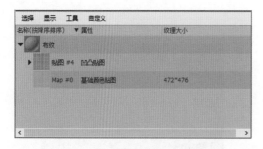

图 8-21

对于一个庞大的场景，"材质管理器"对话框是非常重要的工具。它可以帮用户快速梳理场景的材质结构，查找目标材质，快速重命名材质。

8.2 课时 34：如何使用材质编辑器？

在 3ds Max 中使用材质编辑器可以创建、编辑，以及管理材质。随着版本的提升，3ds Max 拥有两套材质编辑器窗口，它们在使用上各有特点。本课将对材质编辑器的使用方法做详细的讲解。

学习指导：

本课内容属于必修课。

本课时的学习时间为 40~50 分钟。

本课的知识点是掌握材质编辑器的使用方法。

课前预习：

扫描二维码观看视频，对本课知识点进行学习和演练。

8.2.1 材质编辑器

材质编辑器是创建、编辑、保存材质的重要环境。随着材质编辑功能越来越强大和丰富，3ds Max 最初的材质编辑器对话框已经不能满足工作的需要。

在 3ds Max 2011 这个版本中，推出了新版的"Slate 材质编辑器"对话框。所以当前 3ds Max 拥有新旧两个材质编辑器对话框，两个对话框编辑材质的功能完全相同，只是工作模式有较大的区别。

1. 两个编辑器的区别

老版本的材质编辑器现在称作"精简材质编辑器"，如图 8-22 所示。这个名字非贴切，早期的三维环境对于材质的定义相对简单，一个材质往往不会涉及太多的贴图。所以精简材质编辑器完全可以胜任当初的工作。随着材质功能越来越复杂，设置一个材质往往要涉及繁杂的贴图通道，该编辑器由于窗口界面小，工作模式呆板，因此无法胜任正常工作了。

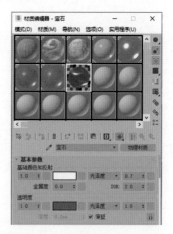

图 8-22

在 3ds Max 2011 版本中新增了 Slate 材质编辑器。延续至今，Slate 材质编辑器的功能日趋完善，并且更加强大了。

Slate 的中文意思是石板，Slate 材质编辑器也称板岩材质编辑器。因为在该编辑器中，材质和贴图都以节点卡片的形式平铺在活动视图中，如同铺在地面上的石板。在活动视图中，材质与贴图的关系用关系线连接，用户可以清晰地看到材质的组成结构，以及分支内容，如图 8-23 所示。这一点就是与老版本材质编辑器最大的区别。

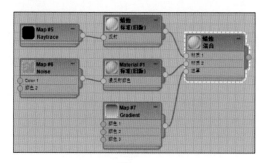

图 8-23

在"Slate 材质编辑器"中编辑材质，具有逻辑清晰、简洁高效、自由度高等优点，作为初学者要熟练地掌握该编辑器，这可以为日后的设计工作提升效率。

在 3ds Max 的工具栏内，提供了两个命令按钮，可以分别打开精简材质编辑器和"Slate 材质编辑器"。

如果材质编辑器已经打开，可以在编辑器"模式"菜单下进行切换，如图 8-24 所示。由于"精简材质编辑器"目前在工作中已经不太常用了，因此本书对该编辑器将不做过多讲解。

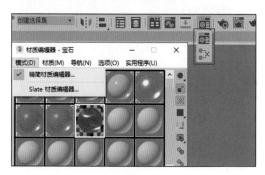

图 8-24

2. Slate 材质编辑器的界面

首先我们先来了解一下 Slate 材质编辑器的界面。简单地讲，该编辑器可以分为 3 大部分，分别为素材库、组合台，以及参数面板，如图 8-25 所示。

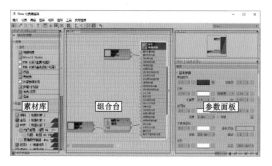

图 8-25

素材库

Slate 材质编辑器左侧为"材质 / 贴图浏览器"

对话框，初学者可以将其理解为素材库，里面包含了各种类型的材质与贴图，根据工作需要选取最适合的素材。

组合台

Slate 材质编辑器中部的活动视图区域为组合台。将选出的各种材质和贴图进行组合，生成逼真的材质和生动的纹理。

活动视图区域是占用面积最大的区域，也是操作最为频繁的区域。如果场景中的材质非常繁杂，活动视图区域还可以建立多个视图对材质进行管理。

参数面板

Slate 材质编辑器的右侧是参数面板区域，可以对材质和贴图的各项参数进行精确的控制。左侧上端还有"导航器"窗口，里面标明了当前视图中材质和贴图的位置。

作为初学者，可以把复杂的 Slate 材质编辑器简单地理解为以上 3 部分，这样有利于快速上手。在学习了一段时间后，初学者对于编辑器的操作非常熟练了，可以将编辑器左侧的"材质 / 贴图浏览器"关闭，这样可以为组合台区域腾出更多的空间。

3. 材质与贴图节点

材质和贴图在材质编辑器中，以矩形卡片形式平铺陈列于活动视图区域。每个卡片称为一个"节点"。通过将节点进行套接，使其组合工作。

（1）在 3ds Max 的工具栏内单击"材质编辑器"按钮，打开"Slate 材质编辑器"对话框。

（2）在"材质 / 贴图浏览器"内打开"材质"→"通用"材质栏，将"物理材质"拖曳到活动视图。

（3）在"材质 / 贴图浏览器"内打开"贴图"→"通用"贴图栏，将"棋盘格"贴图拖曳到活动视图，如图 8-26 所示。

图 8-26

此时活动视图内创建了两个节点，观察节点，可以看到无论是材质节点，还是贴图节点两侧都有圆形的套接点。左侧的套接点是输入套接点，右侧的套节点为输出套接点。

输入套接点：可以接受材质或贴图输入的信息。

输出套接点：可以将自身的信息输出给材质或贴图。

（1）将"棋盘格"右侧的输出套接点，拖曳至"物理材质"的"基本颜色贴图"输入套接点。

（2）此时棋格纹理将会成为材质的表面纹理，"棋盘格"贴图通过输出套接点，将纹理信息传递到"物理材质"的输入套接点，如图8-27所示。

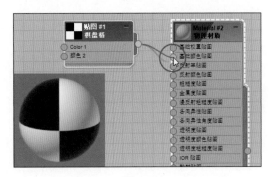

图 8-27

（3）在"材质/贴图浏览器"内将"位图"贴图拖曳到活动视图。

（4）在松开鼠标的同时，会打开"选择位图文件"对话框，打开本书附带文件/Chapter-08/小狗/木纹.tif。

（5）在活动视窗内，将"位图"贴图节点的输出套接点，拖曳至"棋盘格"贴图的"Color 1"输入套接点，此时棋盘格纹理的黑色区域将呈现木纹纹理，如图8-28所示。

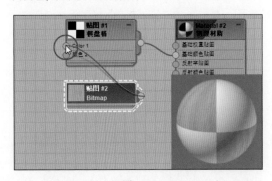

图 8-28

通过上述操作，相信读者已经明白，输入套接点和输出套接点的使用方法。同时也应该体会到以节点方式编辑材质的优势，节点方式使繁杂的材质和贴图关系变得清晰条理。

在节点卡片的右上角有伸缩按钮，单击"−"按钮，节点将收起。此时按钮变为"+"，再次单击，节点将展开，如图8-29所示。

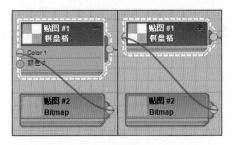

图 8-29

为了更加清楚地观察材质，可以将材质或贴图的预览窗口放大。双击预览窗口将会放大，再次双击预览窗口将会恢复至初始状态。

如果放大后的预览窗口还不能满足需要，也可以单独打开一个预览窗口观察材质。右击材质，在弹出的快捷菜单中执行"打开预览窗口"命令，此时会打开材质预览窗口，该窗口是可以进行缩放的，这样可以更加清晰地观察材质细节，如图8-30所示。

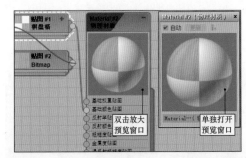

图 8-30

在材质编辑器的活动视图中，单击材质或者贴图节点，该节点将处于激活状态。此时节点周围将会出现白色的虚线，同时在编辑器右侧的参数面板内将会出现该节点的设置参数。

在活动视图内单击"棋盘格"贴图节点，该节点四周将出现白色的虚线；接着在右侧的参数面板内，设置"瓷砖"参数，改变棋盘格的纹理，如图8-31所示。

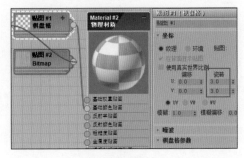

图 8-31

如果在节点间错误地进行了连线，可以将连线删除并重新进行连接。

（1）要选择节点或连线，需要在材质编辑器的工具栏内激活"选择工具"按钮。该按钮默认选择状态。

（2）在活动视图中选择"位图"贴图和"棋盘格"贴图之间的节点连线，连线将变为白色。

（3）在编辑器工具栏内单击"删除选定对象"按钮，可以删除连接线。此时两个贴图节点的连线将断开，如图 8-32 所示。

提示

在键盘上按下 < Delete >键，同样可以删除连线或节点。

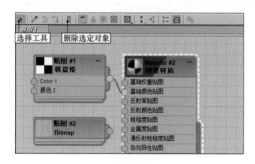

图 8-32

（4）在键盘上按下 < Ctrl + Z > 快捷键，撤销删除连线操作。

4. 选择、移动与摆放节点

在学习了节点的工作模式后，为了更熟练地操作节点，还需要掌握调整和摆放节点的方法。

（1）在活动窗口内将所有的材质和贴图全部框选，在编辑器工具栏内单击"布局子对象"命令按钮。

（2）此时选择的材质和贴图会自动舒展开，清晰地在视图中进行布局，如图 8-33 所示。

注意：对材质和贴图节点进行布局之前一定要先选择需要布局的节点，否则将无法正确摆放节点。

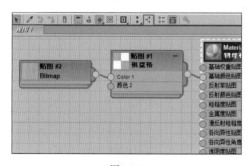

图 8-33

（3）在"材质 / 贴图浏览器"内打开"材质"→"通用"材质栏，拖曳"物理材质"到活动视图，创建第二个物理材质。

（4）在编辑器工具栏内单击"布局全部 – 垂直"命令按钮，此时将会以材质为单位，在视图内进行垂直布局。

（5）长按该按钮会弹出隐藏按钮，单击"布局全部 – 水平"命令按钮所有材质会水平布局，如图 8-34 所示。

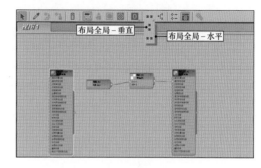

图 8-34

用户可以使用"布局全部"功能在活动视图内摆放材质节点，也可以使用手动拖曳的方式对节点位置进行摆放，为此材质编辑器提供了"移动子对象"功能。

在编辑器工具栏内启用"移动子对象"按钮，此时移动材质节点与材质关联的子节点都会移动。关闭该按钮，此时父节点和子节点在移动时将不再关联。

8.2.2 管理材质与贴图

一个庞大的场景，往往需要设置很多的材质。如果没有一个科学高效的方法来管理材质，那么会大大降低工作效率。初学者往往忽略材质的管理，导致文档制作后期非常混乱。

1. 实例化材质

所谓实例化材质，就是将材质栏中的材质复制生成到活动视图，使其成为可编辑状态。这个过程如同将图片文件读取到 Photoshop 中进行编辑。

（1）打开本书附带文件 /Chapter-08/ 静物 / 静物 .max。

（2）按下 < M > 键，快速打开 Slate 材质编辑器。当前场景的材质已经编辑完成。

（3）如果想要对当前场景的材质进行修改，则需要把目标材质放入活动视窗。

（4）在"材质 / 贴图浏览器"中展开"场景材质"材质栏，该材质栏包含了当前场景中正在使用的所有材质。

（5）拖曳"地面"材质到活动视窗，此时会弹出"实例（副本）材质"对话框，在对话框中选择"实例"选项，然后单击"确定"按钮，将"地面"材质实例化至活动视窗，如图 8-35 所示。

图 8-35

使用"实例"方式将材质复制到活动窗口，活动窗口内的材质与"场景材质"材质栏内的材质之间是关联关系。

以上操作是通过拖曳方式实例化场景材质，如果直接在"场景材质"材质栏双击目标材质，可以直接实例化材质，而不会弹出"实例（副本）材质"对话框。

2. 准确设置材质名称

准确地命名材质是非常重要的，很多初学者往往忽略这一点，这样会导致后期材质管理混乱。从一开始就要养成好的工作习惯。

（1）右击材质节点，在弹出的快捷菜单中选择"重命名"命令。

（2）此时会弹出"重命名"对话框，在对话框中将材质名称修改为"地毯"，然后单击"确定"按钮完成操作，如图 8-36 所示。

图 8-36

（3）材质名称修改后，"场景材质"材质栏内的对应材质名称也会改变。

（4）在"场景材质"材质栏内右击材质名称，在弹出的快捷菜单中也可以执行"重命名"命令。

3. 清空活动视图

如果当前材质已经编辑完成，可以将材质从活动视图内移除，这样活动视图将腾出较大的空间，为编辑其他材质提供便捷。

（1）在活动视图框选材质和贴图节点，然后在编辑器工具栏单击"删除选定对象"按钮。

（2）"地毯"材质从视图中移除，按 < Delete > 键也可以执行删除操作。

在这里一定要注意，上述操作只是从活动视图

移除材质，并不是真正地删除材质，需要时，还可以从"场景材质"材质栏，将材质实例化到活动视图中。但是活动视图中的材质如果没有指定给模型，该材质为冷材质，冷材质就不会出现在"场景材质"材质栏，此时如果执行了删除，就无法找回了。

除了从"材质 / 贴图浏览器"中实例化材质外，还可以从场景中吸取材质到活动视窗。

（1）在编辑器的工具栏内单击"从对象拾取材质"按钮，然后在场景视图内，单击"蜡烛"模型。

（2）此时"蜡烛"模型的材质将会拾取到活动视窗，如图 8-37 所示。

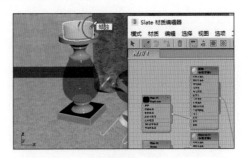

图 8-37

在编辑器菜单执行"编辑"→"清除视图"命令，此时会弹出"确认"对话框，询问用户是否要清除全部内容，单击"确定"按钮将视图清除。

> **注意**
>
> 活动视图窗口的视域是有限的，在清除材质前，一定要在材质编辑器右上角的"导航器"窗口检查一下，看看在视图其他位置是否还有材质，避免误操作。

4. 复制材质

如果新建材质与场景中的已有材质类似，则此时可以对场景材质进行复制，利用复制操作创建新材质。

（1）在"场景材质"材质栏中拖曳"金属铜"材质至活动视图，此时会弹出"实例（副本）材质"对话框，选择"复制"选项并单击"确定"按钮。

（2）此时在活动视图中会复制一份材质，在复制材质的基础上，可以编辑新的材质，如图 8-38 所示。

图 8-38

需要注意的是，当前复制出的材质是一个冷材质，观察材质预览窗4个角是没有三角形符号的。也就是说，这是一个全新的材质，但是该材质的名称与原材质的名称是相同的，如果不修改名称，将材质指定给模型时，该材质将替换原有同名材质。

（1）在场景中选择"玻璃球"模型，然后在材质编辑器工具栏单击"将材质指定给选定对象"按钮。

（2）此时会弹出"指定材质"对话框，询问用户是否替换同名材质，或者对当前材质重命名，如图8-39所示。

图8-39

通过上述操作，读者应该明白，对材质准确命名的重要性。如果通过复制材质创建新材质，请在第一时间修改材质的名称。

5. 根据材质选择模型

当场景包含很多模型和材质时，很难确认当前材质与模型的关联关系。这时可以根据材质来选择模型功能，快速地查找到目标模型。

在"场景材质"材质栏中右击"金属铜"材质，在弹出的快捷菜单中执行"按材质选择"命令，此时会弹出"选择对象"对话框，与目标材质关联的模型都将处于选择状态，单击"选择"按钮，可以选择使用该材质的模型，如图8-40所示。

图8-40

6. 快速选择节点

在活动视图中，可以根据节点的父子关系快速将其选择。右击要选择的节点，在弹出的快捷菜单中"选择"菜单下，提供了4种根据父子关系选择节点的方法。

选择子对象：选择当前节点及其子节点。

取消选择子对象：取消选择当前节点的子节点。

选择树：将当前节点的子节点和父节点全部选择。

按材质选择：在场景中选择指定该材质的模型对象。

8.2.3 熟练使用活动视图

在材质编辑器中心是活动视图。活动视图是材质编辑的组合台，是编辑材质的主要工作环境。所以初学者要熟练地掌握活动视图的调整方法。在材质编辑器右下角，提供了活动视图调整命令按钮，如图8-41所示。

图8-41

缩放百分比：设置活动视图的缩放百分比。

平移工具：拖动平移视图。

缩放工具：单击并拖动鼠标缩放活动视图。

缩放区域工具：单击并拖动鼠标绘制选择框，放大框选区域。

最大化显示：将所有节点呈现在活动视窗。

最大化显示选定对象：将选择节点在视图中最大化显示。

平移至选定项：平移活动视图，将选择节点居中显示。

这些视图调整工具都很简单，大家根据上述提示，在视图中操作一下即可掌握。但是在工作中其实很少用到这些工具，借助鼠标滚轮可以快速调整活动视窗的显示。

滚动鼠标滚轮：缩放活动视图。

拖动鼠标滚轮：平移活动视图。

1. 创建活动视图

在默认状态下，Slate材质编辑器准备了"视图1"活动视图。如果场景材质非常复杂，还可以创建多个活动视图来陈列材质节点。

在活动视图上端右击"视图1"选项卡，在弹出的快捷菜单中，选择"创建新视图"命令，此时会弹出"创建新视图"对话框，设置名称后单击"确定"按钮完成创建，如图8-42所示。

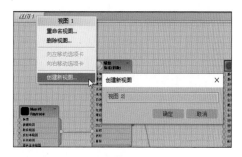

图8-42

另外，在快捷菜单中还有"重命名视图"和"删除视图"命令，顾名思义使用这些命令可以对活动视图进行重命名和删除操作。

如果需要将节点移至另一个视口，可以右击目标节点，在弹出的快捷菜单中执行"将树移至视图"→"视图名称"命令即可，如图8-43所示。

图 8-43

2. 使用导航器

在材质编辑器的右上角是活动视图"导航器"窗口。"导航器"是配合活动视窗使用的，在活动视图中的节点，会以不同的色块等比例呈现在"导航器"内，注意观察可以发现色块的颜色与材质和贴图节点的颜色相同。"导航器"内的红框代表了活动视图的窗口轮廓，如图8-44所示。在"导航器"内拖曳红框可以平移活动视图，可以更改查看区域。

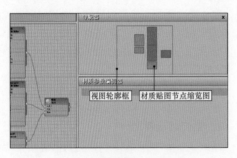

图 8-44

如果对活动视图的操作非常熟练，可以在编辑器内关闭"导航器"窗口，这样可以为参数面板腾出更多的空间，进而呈现更多的设置参数。

8.2.4　3ds Max 的材质类型

在 3ds Max 中包含了丰富的材质类型，多达上百种。其实，作为初学者不必全部掌握这些内容，只要熟练掌握"通用"材质栏内几种常用材质，就可以胜任日常的设计工作了。对于其他类型的材质，可以在日后的工作中慢慢学习。

下面对 3ds Max 中所包含的材质类型做简单介绍。由于在不同的渲染器下使用的材质是不同的，渲染器不支持的材质会自动隐藏。如果下文讲述中材质类型没有出现在"材质/贴图浏览器"中，可

以在键盘上按下＜F10＞功能键，快速打开"渲染设置"对话框，切换不同的渲染器，查看"材质/贴图浏览器"中材质的不同变换。

1. 通用材质

通用材质就是"材质/贴图浏览器"中"通用"材质栏中的材质，也是 3ds Max 中最为核心的材质类型。所有的渲染器都支持通用材质中所包含的材质。

通用材质下的各种材质，有各自的特征和使用方法。有些材质（物理材质、PBR 材质）用于描述真实质感，如图8-45所示；有些材质（混合材质、合成材质）可以将多个材质组合在一起；有些材质（天光/投影材质、壳材质）还可以辅助渲染。熟练地掌握这些材质，就可以胜任大部分的工作要求。

图 8-45

2. Autodesk 材质

Autodesk 材质是建筑和环境设计制图中常用的材质。将其与光度学灯光，以及 ART 渲染器配合使用可以渲染出完美的画面，如图8-46所示。

图 8-46

在"材质/贴图浏览器"中展开"Autodesk Material Library"（Autodesk 材质库）材质栏，可以看到按照建筑材料陈列了丰富的材质组，每个组下都包含丰富的材质内容。材质的命名非常直观明确，即便是初学者也可以快速找到需要的建筑材质，而且 Autodesk 材质还有一个优点，就是材质设置参数非常简单直接，不需要花太多时间就可以完成材质编辑。

3. 扫描线材质

扫描线材质几乎不再使用了。但为了兼容低版本生成的文件，3ds Max 依然保留了扫描线材质。

4. 第三方材质

目前，市面上的很多渲染器插件都可以安装到 3ds Max 中，比如 VRay 渲染器。这些渲染器在安装好后，往往会带有很多材质，我们将这种第三方插件包含的材质称为第三方材质。在安装了 VRay 渲染器后，会增加 VRay 材质。虽然现在 Amold 渲染器是 3ds Max 默认的渲染器，但在早期版本中 Amold 渲染器也是作为插件需要单独安装的。所以在"材质/贴图浏览器"中也有 Amold 材质。

8.3 课时 35：如何设置物理材质？

"物理材质"是 3ds Max（2020）新增的高级材质，它也是"通用"材质栏中最重要的、最常用的材质。"物理材质"可以真实生动地模拟各种质感，该材质将是工作中最为重要的核心材质。本节将重点讲述该材质。

学习指导：

本课内容属于必修课。

本课时的学习时间为 50~60 分钟。

本课的知识点是熟练掌握物理材质的设置方法。

课前预习：

扫描二维码观看视频，对本课知识点进行学习和演练。

8.3.1 物理材质的特征

物理材质是一种分层材质，按照物理学原理对材质的各项参数进行控制。物理材质与 ART 渲染器兼容，但是渲染出的结果与 Amold 渲染器有较大区别。虽然扫描线渲染器也支持物理材质，但扫描器渲染器不是基于物理的渲染，所以无法正确解析物理材质。

1. 分层材质

真实世界中的质感可以分为两类，一类是绝缘体材质，另一类是金属材质。之所以这么分类，取决于光照是否能够渗透到物体内部。光是无法穿透金属物的，但大多数物质都可以渗透光线。例如，处于逆光拍摄的人物皮肤被光穿透会散射出粉嫩的色彩。图 8-47 展示了光线穿透物体的过程。

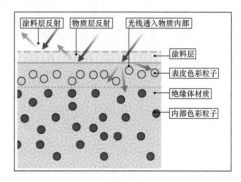

图 8-47

结合光线照射绝缘体物质的物理原理。物理材质提供了以下控制参数。

涂料反色层：模拟材质表面的涂料层，例如汽车和家具表面的烤漆。

物质基础层：物质表面颜色的反射层，也称漫反射层。

金属度：模拟金属的反射效果。

透明度：模拟物质透明度控制，例如玻璃、石英石、橡胶具有不同的透明度。

次表面散射/半透明：模拟物质被光线穿透后的色彩，例如，玉石和蜡烛被光照射后，会散射出颜色。

发射：模拟物质的自发光效果。

使用物理材质时，可以把以上控制参数，理解为一个个的图层，材质需要什么特征，就为材质添加一个对应的图层。例如，材质表面需要纹理，就在物质基础层添加一个纹理贴图；如果材质需要发光，就在发射层添加发光色彩。但是材质在具体使用中，会出现某些控制参数失效的情况，即便将参数设置为最大，材质表面也不会发生变化。这就要谈到第二个问题，就是物理材质的能量守恒特征。

2. 能量守恒

物理材质按照物理学原理模拟真实世界，严格遵循能量守恒定律。

举个例子大家就能很快明白能量守恒定律。当光线照射物体后会向四周反射 100% 的光源，此时如果稍稍增加了些透明度控制，这样光源就会被透明度损耗一些，此时反射的光源就会降低。如果又增加了一些散射控制，光源会再次被损耗。

反过来讲，各种明暗控制组件产生的光能之和，永远小于 100% 的光能，以确保光能只是被反射和被吸收，而不会创建新的虚假光能。在明白了能量守恒定律后，在使用物理材质的参数时，要遵循以下原则。

（1）次表面散射会从漫反射中减去光能。如果次表面散射的参数为 1，则漫反射层将消失。

（2）透明度会从漫反射和次表面散射中减去权重，如果透明度的参数为 1，则漫反射层和次表面散射层将消失。

（3）当金属度参数为 0 时，光能反射力度依赖光线投射方向与模型表面的角度。当金属度参数为 1 时，物理材质将被视为不透明，漫反射、透明度、次表面散射参数全部失效。

（4）透明度层位于其他控制层之上，透明度会被反射参数减弱。涂层的透明度也可以减弱透明度层。

（5）发射层最为特殊，它不参与能量守恒，无论什么情况都是只增加光能。

以上这 5 种原则非常重要，对于初学者来讲可能会稍有难度，请在学习物理材质的控制参数后，再重新学习和体会以上知识点。

8.3.2 物理材质的基础设置

在了解了物理材质的特征后，接下来通过具体操作来学习物理材质的设置方法。与其他同类材质相比，物理材质的设置方法是非常简洁明确的。

1. 使用预设材质

物理材质为用户预设了一些常用的模板材质，载入后直接添加给模型，提升了工作效率。

（1）打开本书附带文件 /Chapter-08/ 工艺品 / 工艺品 .max。

（2）在键盘上按下 < M > 键，打开。"Slate 材质编辑器"对话框，在"材质 / 贴图浏览器"展开"材质"→"通用"材质栏。

（3）双击"物理材质"新建一个材质，在编辑器右侧的参数面板内呈现了材质的设置选项。

（4）在面板最上端是材质的名称栏，设置新材质的名称为"工艺品"。

（5）"预设"卷展栏内提供了一些已经预设好的模板材质，在下拉栏内选择"光滑油漆的木材"选项，载入预设材质，如图 8-48 所示。

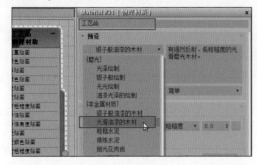

图 8-48

（6）在场景视图选择桌子模型，然后在编辑器工具栏单击"将材质指定给选定对象"按钮，为模型添加材质。

（7）在编辑器菜单栏执行"编辑"→"清除视图"命令，在弹出的确认对话框内单击"确定"按钮，清除当前活动视图。

（8）再次新建一个物理材质，设置新材质名称为"工艺品"。

物理材质的控制参数，在默认状态下是"简单"模式，使用简单模式可以胜任大部分的材质设置工作，高级模式比简单模式多出了一些参数控制。

为了系统学习，需要将模式切换为"高级"模式。在参数面板"预设"卷展栏的下端，设置"材质模式"为"高级"选项。

2. 设置材质的漫反射

首先为材质设置一个基础颜色。基础颜色一般是最先设置的参数，只有材质表面拥有了漫反射纹理，才可以添加其他的控制参数。

（1）在"基本参数"卷展栏的"基础颜色"选项组内，单击颜色色块。

（2）在弹出的"颜色选择器"对话框内定义材质的基础颜色为金黄色（红：1，绿：0.75，蓝：0.13），然后单击"确定"按钮添加颜色，如图 8-49 所示。

图 8-49

提示

因为物理材质使用的 32 为通道，所以 RGB 参数值的定义方法是按照 0 至 1 的方式进行描述的，1 为有颜色，0 为无颜色。

（3）"基础颜色"选项组内的第一个参数栏是"权重"参数栏，默认设置为 1，此时基础颜色完全显示，设置为 0 时将全部消失。

（4）在"权重"参数后面是"基础权重贴图"通道按钮，单击该按钮可以添加贴图，这是会使用贴图纹理来影响基础颜色的权重，贴图的白色区域权重为 1，黑色区域则为 0。

（5）单击"基础权重贴图"通道按钮，在弹出的"材质 / 贴图浏览器"中，双击"棋盘格"贴图直接添加贴图。

（6）可以看到棋盘格黑色区域的基础色变为黑色，这里的黑色代表的是无基础颜色，而不是基础色为黑色。

（7）图8-50展示了权重值为1和0时，以及使用贴图控制权重值时的基础色的状态。

图 8-50

（8）右击"基础权重贴图"通道按钮，在弹出的快捷菜单中执行"清除"命令，清除贴图。

提示

执行清除贴图操作，只是断开了材质节点与贴图节点的连接线，大家还需要在活动视图中选择"棋盘格"贴图，按< Delete >键将其删除。

（9）在"基础颜色"色块右侧有"基础颜色贴图"通道按钮，单击该按钮可以添加漫反射贴图，添加贴图后基础颜色色块将失去作用，材质表面将由贴图纹理取代。

（10）"基础颜色"选项组最右侧是"粗糙度"参数，该参数可以控制材质表面的粗糙状态。粗糙度也可以由贴图控制，白色区域粗糙为1，黑色区域粗糙度则为0。

（11）在场景视图同时选择雕塑和小象模型，将当前定义的"艺术品"材质指定给模型。

8.3.3　项目案例——制作逼真的金属质感

在"反射"选项组中的各项参数用于控制材质的反射效果。合理地设置这些参数，可以制作出逼真的高反光材质，例如金属、陶瓷等。下面利用"反射"选项来制作逼真的金属质感效果。

（1）"反射"选项组第一个参数栏是"反射权重"参数，用于控制反射的力度。设置参数为1时反射度最大，设置参数为0时则无反射。

（2）"反射权重"参数右侧是"反射率贴图"通道按钮，可以通过添加贴图来控制反射权重。贴图白色权重值为1，黑色权重值为0。

（3）更改"反射权重"参数，然后激活"摄影机"视图，在键盘上按< F9 >键，对摄影机视图快速渲染，观察材质的反射效果。

（4）图8-51为大家展示了不同权重值下的反射效果。

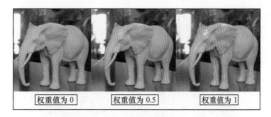

图 8-51

在"反射权重"参数右侧是"反射颜色"色块，设置色块可以改变材质高光的色彩，模拟被彩色光照射的效果。

色块右侧是"反射颜色贴图"通道按钮，通过添加贴图可以呈现高光的色彩与纹理。图8-52展示了各种反射色彩下的高光颜色。建议将反射颜色保持为白色，这样不会脱离真实世界的光照效果。

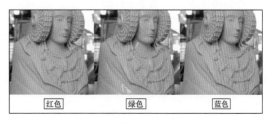

图 8-52

"反射"选项组中除了"粗糙度"外，还包含了"光泽度"选项，这两个选项都是控制反射高光的粗糙状态，不同点就是参数的控制方法不同。

使用"粗糙度"选项可以控制粗糙参数，设置为0表示无粗糙效果，设置为1则表示最粗糙。

使用"光泽度"选项可以控制粗糙参数，设置为0表示最粗糙，设置为1则表示无粗糙效果。

图8-53展示了各种粗糙度下的反射效果。

图 8-53

"金属度"参数是"反射"选项组中最重要的一个参数。当该参数设置为1时，光线将无法穿透材质，材质表面根据基础颜色进行反射。此时修改"粗糙度"参数可以改变材质表面质感，如图8-54所示。

图 8-54

"IOR（折射率）"参数可以控制反射高光的强度和形态。该参数根据 Fresnel（菲尼尔）公式来计算光线和模型之间的角度依赖关系。

简单地讲，增加"IOR（折射率）"参数可以提高模型中心区域（朝向观察者视线面）的反射强度，降低该参数可以增加模型四周（模型的侧面，与观察者视线接近水平）的反射强度，如图 8-55 所示。

图 8-55

在图 8-55 中，"IOR（折射率）"参数分别为 1.1、1.5、2.0。注意观察小象头顶侧面的反射光。提高"IOR（折射率）"参数后，侧面反光强度变化微弱，但是高光区域的颜色亮度变化很大。当"IOR（折射率）"参数小于 1 时，四周的反射强度会接近镜子的反射强度，这样就脱离了真实世界的效果。建议不要将该参数设置为小于 1。

与"IOR（折射率）"参数相关的就是"高级反射比参数"卷展栏。该卷展栏只有在打开了"高级"模式后才会出现。修改"IOR（折射率）"参数时，"高级反射比参数"卷展栏内的反射比曲线会发生变化。图 8-56 展示了不同折射率参数下的曲线状态。

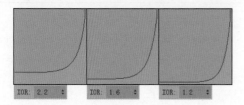

图 8-56

在反射比曲线右侧选择"自定义曲线"选项，此时可以通过手动设置参数的方式更改曲线的形

态，曲线被更改，材质表面反射状态也会改变。各项参数的作用如下。

> **注意**
>
> 如果"金属度"参数设置为 1，无论如何更改反射比曲线，材质表面的反光状态都不会变化。

正面：设置正面参数，曲线的下端横向线段将会提高或降低，面向观察者的面反射会改变。

边：设置边参数后，模型侧面与观察者视线接近水平的表面反光会改变。

坡度：设置坡度参数可以更改曲线的转折弧度。

虽然 3ds Max 提供了手动设置反射比曲线的方法，但建议大家还是使用"IOR（折射率）"参数来控制反射效果，因为该参数根据 Fresnel（菲尼尔）公式计算反射效果，这样与真实世界的光照效果最为接近。

8.3.4 项目案例——制作逼真的玉石与蜡烛材质

在"透明"和"次表面散射"选项组内可以对材质的透明效果进行设置。"透明"选项组内可以设置出，例如玻璃、冰晶等透明材质的效果；"次表面散射"选项组则可以设置出，例如玉石、蜡烛等半透明的散射效果。本节将利用上述功能，制作逼真的玉石和蜡烛质感。

1. 透明设置

首先我们先来学习如何设置材质的透明属性。

（1）打开本书附带文件 /Chapter-08/ 工艺品 / 天使雕塑 .max。

（2）在键盘上按下 < M > 键，打开"Slate 材质编辑器"对话框。实例化一个物理材质，将材质命名为"雕塑"，并将材质设置为"高级"模式。

（3）将"雕塑"材质指定给雕塑模型，在材质编辑器内将"基础颜色"设置为橙黄色（红：1，绿：0.7，蓝：0.3）。

（4）在键盘上按下 < F9 > 键，对"摄影机"视图进行快速渲染。当前的材质可以模拟陶瓷材质，如图 8-57 所示。

图 8-57

接下来利用"透明"选项组内的参数来制作透明玻璃材质效果。在前面的内容中，讲解了物理材质按照能量守恒定律，透明度层位于其他控制层之上，透明度会被反射参数减弱。所以在增加了透明度后，材质的基本颜色，也就是漫反射纹理将会消失。

（1）将"透明"选项组内将权重值设置为1，透明度的色彩设置为绿色（红：0.1，绿：0.7，蓝：0）。

（2）此时就制作出绿玻璃的材质效果。透明的粗糙度控制是与反射的粗糙度锁定在一起的。调整基本颜色选项组中的粗糙度，可以制作出毛玻璃效果，如图8-58所示。

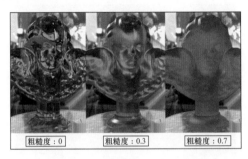

图8-58

（3）单击"透明"选项组右侧的锁定按钮，可以将粗糙度参数与反射的粗糙度解除绑定。

（4）"深度"参数可以模拟光线穿过透明材质力度，如果"深度"参数为0，将不会出现光线吸收现象。如果"深度"参数大于0，材质将会根据深度距离，模拟光线被吸收的效果，如图8-59所示。

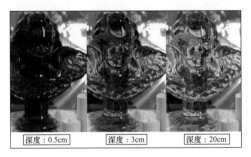

图8-59

在这里很多初学者一定会疑惑，为什么深度值比较小时，材质内会出现大量的黑色？因为深度值模拟的是材质对光吸收的现象，当深度值为0.5cm时，就表示光线刚刚进入材质很短的距离时，就被吸收损耗了，所以就显现为黑色。

在"深度"参数的右侧还有一个"薄壁"选项。启用该选项后，"深度"参数就不起作用了，材质将模拟类似雪碧饮料瓶的薄壁透明效果，如图8-60所示。将"透明"权重参数设置为0，并将"薄壁"选项关闭。

图8-60

2. 次表面散射设置

使用"次表面散射"选项组内的参数，可以为材质制作半透明材质的散射效果。所谓散射光效果，就是光线射入物质内部，然后再分散反射回表面的光泽。由于物质对光线的阻隔，散射光表现得非常柔和，并会带有物质内部的颜色，如果8-61所示。

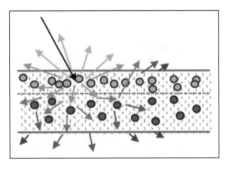

图8-61

图8-61中黄色粒子代表的是材质表面的颜色，红色粒子代表材质内部的颜色，散射光会将材质内部的红色反射会材质表面。

（1）在"次表面散射"选项组内将权重参数设置为1，打开半透明散射效果。

（2）权重参数右侧的色块定义的是材质表面的色彩，一般和"基础颜色"设置相同的色彩。

（3）在"基础颜色"选项组内，将颜色色块拖曳至"次表面散射"色块位置，在弹出的快捷菜单中单击"复制"命令按钮，并对色彩进行复制，如图8-62所示。

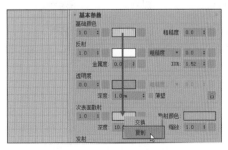

图8-62

（4）将"深度"参数设置为10cm，修改权重参数。图 8-63 展示了在不同的"次表面散射"权重参数下的散射效果。

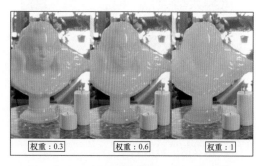

图 8-63

（5）在"次表面散射"选项组最右侧的色块定义的是材质内部的色彩，也就是散射光反射回的色彩，图 8-64 展示了散射光分别为红色、绿色、蓝色时的散射效果。

图 8-64

> **提示**
>
> 为了便于对颜色进行观察，请将"基础颜色"和"次表面散射"的表面颜色，分别修改为白色。

（6）"次表面散射"选项组内也有"深度"参数，与"透明"深度不同，该参数可以定义散射光由多深的位置开始向外产生散射，图 8-65 展示了不同深度下的散射效果。

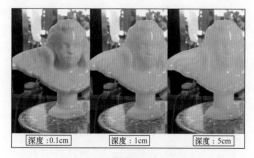

图 8-65

（7）在"深度"参数的右侧是"缩放"参数。该参数是配合"深度"参数使用的，参数值是深度参数的倍增，设置为 1 表示充分地散射，设置为 0 表示没有散射效果，如图 8-66 所示。

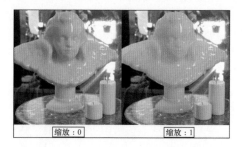

图 8-66

（8）结合上述内容，读者可以根据自己的理解，编辑定义出带有散射效果的蜡烛材质效果，如图 8-67 所示。

图 8-67

8.3.5　项目案例——设置光滑清透的丝绸材质

在"透明"选项组内，如果启用了"薄壁"选项后，"次表面散射"选项组将变为"半透明"选项组，材质的散射效果将会消失。原因很简单，很薄的透明物体是不可能有中内部向外的散射效果。但是薄壁透明物体可以透出遮挡的模型形体。在"半透明"选项组内可以设置薄壁透明材质的透光效果。

（1）打开本书附带文件 /Chapter-08/ 工艺品 / 丝绸旗帜 .max。

（2）在键盘上按下 < M > 键，打开材质编辑器。编辑器内已经准备好了丝绸材质。

（3）在活动视图选择"丝绸"材质，在参数面板打开"基本参数"卷展栏。

（4）在"透明"选项组内启用"薄壁"选项，此时"次表面散射"选项组将转变为"半透明"选项组。

（5）将"基础颜色"色块拖曳至"半透明"选项组的色块中，让透明色与基础颜色保持一致。

（6）更改"半透明"的权重参数，渲染"摄影机"视图，观察半透明透光效果。

（7）图 8-68 展示了丝绸旗帜上的雕塑倒影在不同权重下的半透明效果。可以看到随着半透明参数的提升，丝绸旗帜上的雕塑倒影也越来越明显。

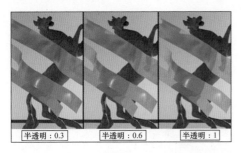

| 半透明：0.3 | 半透明：0.6 | 半透明：1 |

图 8-68

在"发射"选项组内可以为材质设置自发光效果，自发光效果可以模拟类似发光板的照明器材。默认情况下，发射的权重值为 1，但是发射的默认颜色是黑色，所以相当于发黑色的光，也就是不发光。下面来设置自发光效果。

（1）将"基础颜色"的颜色色块拖曳到"发射"颜色色块中，复制材质表面颜色。

（2）设置"发射"权重参数，观察不同强度的自发光效果，如图 8-69 所示。可以看到，自发光强度越强，丝绸表面的反光纹理就越弱。

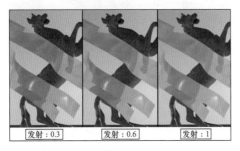

| 发射：0.3 | 发射：0.6 | 发射：1 |

图 8-69

（3）在"发射"选项组右侧还提供了"亮度"和"开尔文"两组参数，这些参数分别可以设置自发光亮度和自发光的色温。

（4）根据上述内容的知识点，将丝绸旗帜的颜色设置为白色、黄色、红色三种颜色，完成案例的制作，如图 8-70 所示。

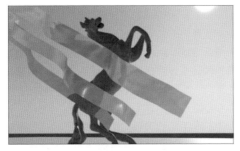

图 8-70

8.3.6 项目案例——设置逼真的汽车喷漆材质

在真实世界中，很多物品的表面都附有一层透明清漆涂层。例如，汽车和家具的表面都有该涂层。涂层的作用主要是增加器皿表面的硬度，提升器皿表面的反光强度，使其看起来更华丽。

在 Slate 材质编辑器的"涂层参数"卷展栏内，提供了设置涂层效果的选项和参数。下面通过涂层参数，制作逼真华丽的汽车喷漆材质。

（1）打开本书附带文件 /Chapter-08/ 工艺品 / 汽车 .max。

（2）当前场景的材质已经设置完毕，在键盘上按下 < M > 键，打开"Slate 材质编辑器"对话框。

（3）在活动视图单击"红漆"材质，在参数面板展开"涂层参数"卷展栏。

（4）设置"涂层"权重参数，即设置涂料的反光强度，图 8-71 中由上至下权重参数分别为 0、0.5 和 1。

图 8-71

（5）在权重参数的右侧是"涂层权重贴图"通道按钮，单击该按钮添加"棋盘格"贴图。此时材质表面的涂层由贴图的纹理控制，黑色是无涂层，白色是有涂层。

（6）在活动视图内单击"棋盘格"贴图，此时参数面板会出现贴图的设置参数，图 8-72 所示为设置贴图的阵列和旋转角度。

图 8-72

（7）与"反射"选项组相同，"透明涂层"也可以设置"粗糙度"和"涂层IOR（折射率）"参数，由于这两项参数和"反射"选项组中的操作相同，在此就不再赘述了。

默认情况下，涂层为透明的清漆反射光为白色。设置"涂层"颜色色块，可以改变涂层的油漆颜色。图8-73中，由上至下涂层颜色分别是白色、黄色和蓝色。

图 8-73

在"影响基本"选项组内提供了"颜色"和"粗糙度"两个参数栏，这些参数可以影响"基础颜色"层的颜色和粗糙度。读者可以试着改变其参数，观察涂层对基础颜色层的影响。

8.3.7 更改高光的形态

通常在默认灯光下，模型表面的高光形状为圆形光斑。在材质编辑器的"各向异性"卷展栏内可以更改高光的形状。下面通过具体操作进行学习。

（1）打开本书附带文件 /Chapter-08/ 玩具 /玩具 .max。

（2）在键盘上按下 < M > 键，打开"Slate 材质编辑器"对话框，当前场景材质已经设置完毕。

（3）在活动视窗选择"木材"材质，然后在参数面板打开"各向异性"卷展栏。

（4）在卷展栏内观察各向异性曲线，可以看到在 U（横向）和 V（纵向）两个轴向上的曲线弧度是相同的，表示当前材质的高光是圆形。

（5）设置"各向异性"参数可以修改 U（横向）方向相对 V（纵向）方向的粗糙度。

（6）设置"各向异性"参数为0.3，此时 x 轴的曲线弧度加大了，表示高光在 U 方向粗糙度增加了，粗糙度增加高光范围会加大，圆形的高光在 U 方向上就被拉长了，高光的形状变为椭圆形，如图

8-74 所示。

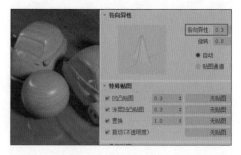

图 8-74

（7）设置"旋转"参数可以调整狭长的高光角度方向，该参数从 0 至 1 进行控制，设置为 1 表示旋转一周，即 360 度。

图 8-75 展示了旋转值分别为 0.2、0.5、0.8 的高光效果。

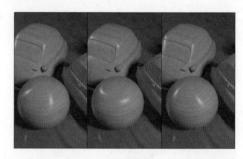

图 8-75

8.3.8 项目案例——制作逼真的硬币纹理

物理材质的拓展性非常强，几乎每项可控参数都可以贴图的形式进行控制。所以物理材质拥有繁杂的贴图通道。

物理材质在各参数项旁边，提供了贴图通道按钮，由于空间有限，因此没有显示贴图通道的名称。如果没有使用贴图，贴图通道按钮呈空白状态；如果设置了贴图，按钮上将会标上字母 M，标示该通道添加了贴图。

在参数面板的"常规贴图"卷展栏内，将以上各项参数旁边的贴图通道进行了汇总列表，以方便用户整体管理。结合前面讲述的知识，试着为贴图通道添加贴图，观察控制参数与贴图通道二者之间的联系。

在参数面板内还有"特殊贴图"卷展栏，该卷展栏内的贴图是比较独立和特殊的，这些贴图通道用于设置材质的凹凸和镂空效果。下面利用这些通道制作真实的硬币浮雕纹理。

1. 凹凸贴图

使用"凹凸贴图"通道可以通过贴图纹理模拟模型表面的凹凸效果。"凹凸贴图"通道制作凹凸

效果的原理是通过在材质表面模拟出受光和阴影纹理，产生一种视觉上的凹凸感，这种凹凸效果并没有改变模型表面形体。凹凸贴图文件通常使用一幅黑白图像，图像黑色区域为凹陷，白色区域为凸起。

（1）打开本书附带文件 /Chapter-08/ 硬币 / 硬币 .max。

（2）当前场景的材质已经设置完毕，接下来利用"特殊贴图"功能，制作硬币的浮雕效果。

（3）在键盘上按下 < M > 键，打开"Slate 材质编辑器"对话框，选择"硬币浮雕"材质，在参数面板展开"特殊贴图"卷展栏。

（4）单击"凹凸贴图"通道按钮，在弹出的"材质 / 贴图浏览器"对话框内，双击"贴图"→"通用"贴图栏中的"位图"贴图。

（5）在弹出的"选择位图图像文件"对话框，打开附带文件 /Chapter-08/ 硬币 / 硬币凹凸 .jpg。

（6）添加贴图图片后，"凹凸贴图"通道按钮上会显示添加贴图的文件名称。

（7）在贴图通道按钮的左侧数值框内，可以设置凹凸效果的力度，默认为 0.3，最大值可以设置为 10。

（8）按下键盘上的 < F9 > 键对"摄影机"视图进行渲染，观察添加了凹凸贴图的效果，如图 8-76 所示。

图 8-76

此时模型表面产生了凹凸效果，但是这种效果只是根据贴图纹理，在材质表面生成受光和背光纹理，并不真的弯曲了模型的表面。"凹凸贴图"适合制作细小纹理，比如木材肌理纹理。在当前场景中，如果对硬币进行特写刻画，凹凸贴图产生的凹凸效果并不能令人满意。

2. 置换贴图

接下来使用"置换贴图"制作硬币表面的浮雕纹理。与"凹凸贴图"不同，置换贴图可以根据图片的纹理真实地修改模型面的拓扑结构。也就是说，根据图片纹理，弯曲模型表面，产生真实的凹凸转折效果。置换贴图图片同样也是一幅黑白图像，图像黑色区域表示凹陷，白色区域表示凸起。

（1）在活动视窗拖曳"凹凸贴图"的输入套接点至"置换贴图"套接点。

（2）此时就将"凹凸贴图"通道中的图片输入"置换贴图"通道中。

（3）在"特殊贴图"卷展栏内，将"置换贴图"的权重值设置为 0.03。因为硬币表面的浮雕纹理非常浅，所以置换贴图的权重值必须较小。

（4）按下 <F9> 键对"摄影机"视图进行渲染，观察添加了置换贴图的浮雕效果，如图 8-77 所示。

图 8-77

此时模型表面是真实的凹凸转折效果，即便把摄影机推得非常近进行渲染，也不会有任何问题。

很多初学者在使用"置换贴图"时，都会产生问题，即设置了贴图后，模型表面没有发生任何凹凸变形效果。这是因为模型网格面没有设置足够的分段。在学习建模知识时，曾经对模型的分段数量做过讨论，只有模型的分段数量满足模型变形的需求时，才可以达到正确的变形效果。

将"凹凸贴图"和"置换贴图"进行比较，两者各有优缺点。

凹凸贴图能够制作细小的，或者远处模型的凹凸转折纹理。该贴图是通过模拟受光和背光纹理，来生成凹凸效果的。其优点是占用系统资源少，渲染速度快；缺点是凹凸纹理不能近距离观察。

置换贴图可以真实地弯曲模型面片，真实地呈现模型表面的凹凸转折。置换贴图最大的缺点就是占用系统资源多，因为它需要足够多的网格面分段，这会导致场景渲染时间过长。

3. 裁切通道

在当前案例中，可以看到硬币表面是由参数模型"平面"对象制作的，模型虽然产生了凹凸效果，但是还残留 4 个折角。此时可以使用"裁切（不透明度）"贴图通道，裁掉多余的模型区域。

设置"裁切（不透明度）"贴图通道，可以根据贴图的纹理对模型表面进行裁切镂空。裁切贴图通常使用的也是黑白图像，黑色区域表示要裁切的区域，白色区域则为保留区域，灰色区域是半透明状态。

（1）单击"裁切（不透明度）"贴图通道按钮，在弹出的"材质 / 贴图浏览器"对话框中选择"位图"贴图。

（2）接着会弹出"选择位图图像文件"对话框，打开附带文件 /Chapter-08/ 硬币 / 硬币裁切 .jpg。

（3）渲染"摄影机"视图，可以看到"平面"模型 4 个角被贴图给裁掉了，如图 8-78 所示。

图 8-78

在"特殊贴图"卷展栏内，还提供了"涂层凹凸贴图"通道，该通道可以对涂层区域设置凹凸效果，它和"凹凸贴图"的使用方法一致，在此就不再赘述了。

8.4 课时 36：还有哪些常用材质类型？

除了最为常用的物理材质以外，在通用材质栏中还包含了其他类型的材质。这些材质各有特点，有些可以生成真实的质感，有些则可以合成组合更多的材质等。由于本书篇幅有限，读者可以结合本课教学视频学习本节内容。

学习指导：

本课内容属于必修课。

本课时的学习时间为 40~50 分钟。

本课的知识点是熟悉各种材质的工作特点。

课前预习：

扫描二维码观看视频，对本课知识点进行学习和演练。

8.4.1 PBR 材质

PBR 材质也是基于物理学的材质。该材质可以精确地表现灯光与模型曲面的交互关系。在 3ds Max 中包含两种 PBR 材质，分别为"金属 / 粗糙"材质和"高光反射 / 光照"材质。这两种材质工作原理相同，不同点是"金属 / 粗糙"材质基于金属进行反射；而"高光反射 / 光照"材质基于镜面进行反射。将两者的贴图通道进行比较，很容易看出这一点，如图 8-79 所示。

图 8-79

"金属 / 粗糙"材质适合制作表面粗糙、反光较弱的材质。"高光反射 / 光照"材质适合制作表面反光较强的材质，如图 8-80 所示。

图 8-80

8.4.2 项目案例——制作逼真的游戏场景

PBR 材质能够生成逼真的材质质感，但该材质的设置方法非常简洁、直观。为了使读者能够熟练地掌握该材质，在这里为大家准备了一组案例，图 8-81 是案例完成后的效果。

图 8-81

8.4.3 复合材质

复合材质可以将多个材质复合为一个材质。在"通用"材质栏内包含 3 种混合材质，分别是"多维 / 子对象"材质、"混合"材质和"双面"材质。

1. 多维 / 子对象材质

"多维 / 子对象"材质可以根据模型表面的 ID

编号设置不同的材质。例如，将人物模型的皮肤 ID 值定义为 1，衣服 ID 值定义为 2。使用"多维 / 子对象"材质根据不同的 ID 编号定义皮肤和衣服材质，如图 8-82 所示。

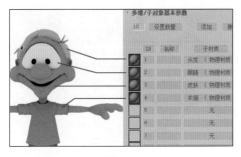

图 8-82

2. 混合材质

"混合"材质将两个独立的材质混合叠加在一起，生成一个新的材质。在理解"混合"材质时，可以把参与混合的两个材质理解为 Photoshop 中的两个图层，两个材质混合过程可以理解为更改 Photoshop 图层的透明度，或者为上层图层设置遮罩蒙版，使图层某些区域进行隐藏，通过图层叠加生成新的材质，如图 8-83 所示。"混合"材质的材质混合效果可以设置成动画，例如模拟一个墙面慢慢老化的过程。

图 8-83

3. 双面材质

在学习建模知识时曾经讲过，在 3ds Max 中的网格面是有方向的，面的方向由法线来标示。正常情况下，模型被赋予了材质后，模型面的内部和外部都是同一材质。使用"双面"材质可以为模型面的内部和外部设置不同的材质，如图 8-84 所示。左侧模型内部和外部使用的是同一材质，右侧模型则设置了"双面"材质。

图 8-84

8.4.4 项目案例——快速准确的复合材质

复合材质的设置方法其实是非常简单的。可以把该材质理解为一个组合器，复合材质本身是无法生成纹理和质感的，它只是将多种质组合拼贴在一起，生成全新的材质效果。为了加深理解理解，在这里安排了一组案例，以便加深对复合材质的理解，图 8-85 展示了案例的完成效果。读者可以结合本课视频进行学习和演练。

图 8-85

8.5 课时 37：如何设置贴图？

在系统学习了材质设置后，相信读者对贴图的概念不再陌生。简单地讲，贴图是配合材质使用的，贴图可为材质提供各种纹理，从而真实地描述材质的质感。本节将详细介绍贴图的使用方法。

学习指导：

本课内容属于必修课。

本课时的学习时间为 40~50 分钟。

本课的知识点是正确理解曲面建模工作原理。

课前预习：

扫描二维码观看视频，对本课知识点进行学习和演练。

8.5.1 贴图的工作原理

在开始学习贴图之前，首先要学习一些贴图在工作时的常规原则。在 3ds Max 中包含丰富的贴图资源，作为初学者不需要全部掌握这些内容，只需要掌握"通用"贴图栏的大部分贴图，就可以胜任日常的设计工作了。

1. 贴图与渲染器

与材质相同，不同的渲染器支持不同的贴图，在选择不同的渲染器时，"材质 / 贴图浏览器"的"贴图"栏内，会呈现不同的贴图列表，不支持当前渲染器的贴图会自动隐藏。

最新版的 3ds Max 将 Arnold 设置为了默认的渲染器，所以本书只对该渲染器支持的贴图进行讲述。这些贴图被放置在"材质 / 贴图浏览器"对话框的"贴图"栏下的"通用"贴图栏内。

2. 贴图的分类

整体来讲，3ds Max 的贴图可以分为 3 大类，分别是纹理贴图、合成器贴图、颜色修改贴图。

纹理贴图顾名思义，就是贴图呈现出一组纹理。在"通用"贴图栏内，大部分的贴图都属于纹理贴图。纹理贴图又分为 2D 贴图和 3D 贴图。

合成器贴图可以将两个或两个以上纹理贴图叠加组合成一个新的贴图。使贴图纹理更为复杂和丰富。

颜色修改器贴图可以对其他的贴图纹理的颜色进行修改，使原有贴图呈现全新的外观。

3. 设置贴图通道编号

贴图通道编号可以将贴图与贴图坐标正确匹配。一个模型可以设置多个贴图坐标方式，然后使用"贴图通道"编号与贴图坐标进行匹配。在 3ds Max 中所有贴图都可以设置"贴图通道"编号，"贴图通道"编号为 1 至 99，默认情况下"贴图通道"编号为 1。下面通过具体的操作来学习该功能。

（1）打开本书附带文件 /Chapter-08/ 贴图通道 / 贴图通道 .max。

（2）在键盘上按下 < F9 > 键，对"摄影机"视图进行渲染，当前场景地面已经设置贴图。

（3）在键盘上按下 < M > 键，打开 Slate 材质编辑器，在活动视图中可以看到，"地面"材质中包含 3 个贴图，分别为"棋盘格"贴图和 2 个"位图"贴图。

（4）如果想通过贴图坐标来调整砖纹瓷砖的角度，需要给模型添加"UVW 贴图"修改器。

（5）在场景视图选择"地面"模型，然后在"修改"面板对模型添加"UVW 贴图"修改器。

（6）在"堆栈栏"选择"UVW 贴图"的"Gizmo

子对象"，然后使用"选择并旋转"工具沿 z 轴对 Gizmos 对象进行旋转。

（7）可以看到贴图坐标被修改后，贴图的方向也会改变，如图 8-86 所示。

图 8-86

此时贴图改变了所有贴图的角度，如果想让贴图坐标只影响砖纹贴图的角度，就可以使用贴图通道编号来控制。

（1）在"修改"面板的"堆栈栏"内选择"UVW 贴图"修改器，

（2）在"参数"卷展栏下端，将"通道"选项组内的"贴图通道"参数修改为 2。

（3）按下 < M > 键，打开 Slate 材质编辑器，在活动视图内单击选择"贴图 #3"贴图节点。

（4）在参数面板将"坐标"卷展栏右侧的"贴图通道"参数设置为 2，如图 8-87 所示。

图 8-87

此时砖纹贴图和贴图坐标就通过贴图通道连接匹配了。按下 < F9 > 键对"摄影机"视图进行渲染，可以看到贴图坐标的旋转只影响砖纹纹理，棋格纹理和大理石纹理，都是按照模型的自身贴图坐标进行摆放的。

如果想要单独调整棋格纹理或大理石纹理，可以再次为模型添加新的"UVW 贴图"修改器，通过设置贴图通道编号来关联贴图。

（1）再次在"修改"面板为模型添加"UVW 贴图"修改器，设置"贴图通道"参数为 3，调整修改器 Gizmos 对象的角度。

（2）打开材质编辑器，选择"贴图 #2"节点，在参数面板设置其"贴图通道"参数为 3。

（3）渲染视图，可以看到大理石纹理和砖纹纹理的角度根据贴图坐标产生了旋转，而棋格纹理还是按模型的自身贴图坐标进行摆放，如图8-88所示。

图 8-88

在设置复杂材质时，其内部要添加很多组合的贴图，贴图通道编号功能增强了贴图和贴图坐标的关联，这极大地增强了贴图在编辑操作中的灵活性。

4. "输出"卷展栏

在"输出"卷展栏内可以对贴图的色彩进行调整，将贴图以新的色彩进行输出。很多贴图（例如位图、渐变、混合等）都包含该"输出"卷展栏，下面通过具体操作来进行学习。

（1）在键盘上按下 < M > 键，快速打开 Slate 材质编辑器。

（2）在活动视图选择"贴图 #3"节点，在参数面板展开"输出"卷展栏。

（3）"输出"卷展栏内的参数和选项其实都很简单，试着调整卷展栏内的各项参数值，可以看到位图图片的色彩发生了，如图8-89所示。

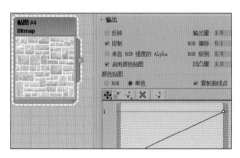

图 8-89

8.5.2　2D 贴图

2D 贴图就是具有宽度和高度的二维图像。最常用的 2D 贴图就是"位图"贴图，该贴图可以导入一张二维的位图图片并附着在模型的表面。在 3ds Max 中，除了"位图"贴图外其他的 2D 贴图都是由计算机程序生成的二维图像纹理。2D 贴图是最常用的贴图类型。

1. 2D 贴图通用的卷展栏

所有的2D 贴图都包含"坐标"和"噪波"卷展栏。在学习 2D 贴图之前，首先对这两个卷展栏进行学习。

"坐标"卷展栏

在"坐标"卷展栏内，可以对贴图在场景中的摆放方式进行设置，如图 8-90 所示。

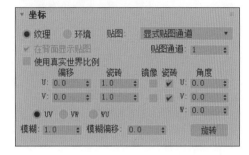

图 8-90

在"偏移"参数组内可以设置贴图纹理沿 U（横向）或 V（纵向）方向上的平移距离。

在"瓷砖"参数组内可以设置贴图在 U 方向和 V 方向的平铺次数。

设置"角度"参数组可以将贴图沿 U 方向、V 方向、W（视角方向）方向进行旋转。

"坐标"卷展栏包含丰富的设置选项和设置参数，关于该卷展栏的具体使用方法，大家可以根据本课时的教学视频，对项目案例进行练习和演练。

"噪波"卷展栏

在"噪波"卷展栏内提供的参数和选项，可以根据分形噪波函数，对 2D 贴图纹理进行扭曲变形。并且这种变形效果可以记录为动画。例如，模拟水面上漂摇变形的倒影动画。

"噪波"卷展栏包含的参数较少，如图 8-91 所示。其设置方法也非常简单，关于该卷展栏的具体设置方法，大家可以参看本节的教学视频。

图 8-91

2. "位图"贴图

"位图"贴图是最为常用、最易理解的一种 2D 贴图。该贴图可以导入一张位图图片作为材质的纹理，如图 8-92 所示。位图贴图支持多种图像格式，包括 FLC、BMP、DDS、GIF、JPEG、PNG、PSD、TIFF 等主流图像格式，甚至 AVI 动画格式，也可以作为"位图"贴图的内容。

图 8-92

3. "平铺"贴图

"平铺"贴图类型适用于在对象表面创建各种形式的方格组合图案,可以创建瓷砖、地板等。用户不仅可以使用预设的图案类型,也可以自己动手调节出更有个性的图案。图 8-93 为"平铺"贴图编辑出的方格纹理。

图 8-93

4. "棋盘格"贴图

"棋盘格"贴图类型是一种常用的贴图类型,该贴图类型主要通过黑白两色组合生成类似棋盘格的图案,常用于制作一些格状纹理,如图 8-94 所示。贴图中的两种颜色可以再次引入贴图,组合出更加复杂的图案样式。

图 8-94

5. "渐变"贴图

"渐变"贴图类型可以设置对象颜色间过渡的

效果,通过嵌套"渐变"贴图类型可以在对象表面创建非常丰富的色彩和图案,如图 8-95 所示。

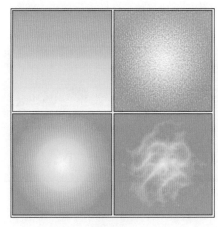

图 8-95

6. "漩涡"贴图

"漩涡"贴图类型利用两种色彩,扭曲旋转在一起形成漩涡纹理。其中的色彩也可以用位图来代替,该贴图类型适合创建水流等漩涡效果,如图 8-96 所示。

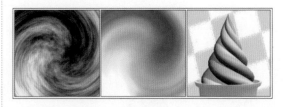

图 8-96

7. "向量"贴图

"向量"贴图实际上就是矢量贴图,该贴图可以将一个 Illustrator 绘制的 AI 矢量图形文件,导入"向量贴图",将矢量图案直接附着在材质表面。

8.5.3　3D 贴图

3D 贴图是根据程序以三维方式生成的图案。例如,将指定了"木材"贴图的几何体切分后,切除部分的纹理与对象其他部分的纹理相一致。3D 贴图在 x、y、z 三个轴向定义贴图纹理,模拟出更加真实立体的纹理效果。

1. 坐标卷展栏

在讲 2D 贴图时,我们介绍了"坐标"卷展栏,因为 3D 贴图生成的是 x、y、z 三个轴向的纹理,所以 3D 贴图的"坐标"卷展栏和 2D 贴图会有所区别。但它们的工作原理都是相同的,都是对贴图纹理的摆放方式进行管理,如图 8-97 所示。关于3D 贴图"坐标"卷展栏的设置方法,读者可看本课配套教学视频,进行详细的学习。

图 8-97

2. "高级木材"贴图

"高级木材"贴图是高版本的 3ds Max 推出的高级贴图，贴图内部设置参数非常丰富。利用这些参数可以生成逼真的木纹纹理，如图 8-98 所示。在"高级木材"贴图中，大量地使用了 Perlin 自然噪波生成算法，模拟出自然逼真的树纹肌理。

图 8-98

3. "噪波"贴图

"噪波"贴图是一种常用的贴图类型，该贴图利用黑色、白色两种颜色，生成随机的噪波纹理。这种纹理可以应用于很多场景，例如模拟水面的起伏，模拟物体表面的灰尘，或者模拟物质表面的颗粒粗糙感。图 8-99 展示了"噪波"贴图生成起伏的水面效果。

图 8-99

4. "细胞"贴图

"细胞"贴图常应用于凹凸贴图通道，通过类似细胞的纹理模拟皮革的褶皱，或者细微的凹凸斑点。图 8-100 展示了"细胞"贴图应用于凹凸贴图通道模拟出的褶皱纹理效果。

图 8-100

5. 凹痕贴图

"凹痕"贴图可以根据分形噪波随机产生的不规则的线性图案分类。常用于"凹凸"贴图，可以制作岩石、风化腐蚀的金属等效果。图 8-101 展示了应用"凹痕"贴图的模型效果。

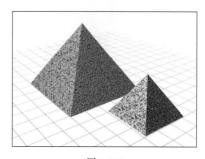

图 8-101

6. "衰减"贴图

"衰减"贴图类型基于几何体曲面上面的角度衰减生成从白到黑的效果。该贴图常用于"自发光""不透明度"和"过滤色"贴图通道。图 8-102 展示了使用"衰减"贴图的模型效果。

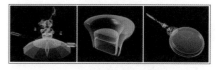

图 8-102

7. 大理石与 Perlin 大理石贴图

大理石与 Perlin 大理石贴图都是在模拟大理石材质的纹理，工作原理非常接近。"Perlin 大理石"贴图的纹理变化稍微丰富一些，因为该贴图使用了 Perlin 自然噪波生成算法，用来模拟真实石材肌理效果。图 8-103 展示了应用"Perlin 大理石"贴图的纹理效果。

图 8-103

8. 粒子年龄贴图

"粒子年龄"贴图类型是一种针对于粒子系统的贴图类型，该贴图类型可以基于粒子的寿命改变材质的颜色或图案，粒子生成时是一种颜色，生长时转变为另一种颜色，消亡时转变为第三种颜色，该贴图类型常被用于粒子动画中。图 8-104 展示了使用"粒子年龄"贴图的效果。

图 8-104

9. "烟雾"贴图

"烟雾"贴图类型能够生成不规则的烟雾图案，可以应用于透明度贴图通道或体积光、体积雾来模拟烟雾的效果，图 8-105 展示了应用"烟雾"贴图后的环境效果。

图 8-105

10. "斑点"贴图

"斑点"贴图类型适合创建类似岩石的具有斑点的贴图。"斑点"贴图的设置较为简单，主要通过对斑点的大小和颜色进行设置，来改变贴图的纹理，如图 8-106 所示。

图 8-106

11. "泼溅"贴图

"泼溅"贴图通常用于"漫反射"贴图通道，用来模拟类似于油漆表层的污点。在"泼溅参数"

卷展栏中，可以对"泼溅"的颜色、大小、反复次数等参数进行设置。图 8-107 展示了应用"泼溅"贴图的模型。

图 8-107

12. "波浪"贴图

"波浪"贴图在 3D 贴图中可以创建潮汐或者是涟漪效果。贴图可以对波形的中心进行自由的控制。用户能够控制波浪的幅度和速度，使用该贴图可以同时产生两种不同的凹凸贴图。图 8-108 展示了使用"波浪"贴图的模型。

图 8-108

8.5.4 项目案例——设置逼真的材质纹理

通过前面的讲述，相信读者对 3ds Max 中的贴图有了一个直观的了解，为了加强大家的实际操作能力，在这里安排了一组案例，对各种贴图进行演练，图 8-109 展示了案例完成后的效果。读者可以结合本课教学视频，对项目案例进行学习和演练。

图 8-109

当场景中完成了三维模型的创建、材质的设置以及灯光摄影机的布局时，就创建了一个较为完整的三维世界。为了使场景具有更强的空间感、真实感，往往需要使用"环境和效果"功能为场景添加大气环境效果。在场景中制作出诸如烟雾、霾、燃烧、灰尘光等逼真的环境效果。

另外，在环境的设置中，还可以改变场景的背景颜色，以及导入背景贴图文件，甚至可以将动画格式的 avi. 文件设置为背景画面；在环境设置中可以改变场景中所有灯光的亮度和色彩。本章将详细讲述上述功能。

学习目标

◆ 熟练掌握环境与效果对话框

◆ 熟练使用场景大气效果

◆ 了解各种效果的特征

9.1 课时 38：如何设置背景与环境光？

因为 3ds Max 中的环境设置命令都集中在"环境和效果"对话框中，所以绝大部分的环境效果都是在该对话框中进行的。在"环境和效果"对话框中可以对场景的背景和环境光进行设置，本课将对以上内容进行讲述。

学习指导：

本课内容属于必修课。

本课时的学习时间为 30~40 分钟。

本课的知识点是掌握背景与环境光的设置方法。

课前预习：

扫描二维码观看视频，对本课知识点进行学习和演练。

9.1.1 设置场景的背景

在默认的情况下，视图渲染后的背景颜色是黑色的，场景中的光源为白色，整个环境的颜色也是黑色。但有时候用户可能希望渲染后背景变为其他颜色，或者直接导入一张图片做背景，其实想达到这个目的非常简单，用户可以在"环境和效果"对话框中进行设置。

（1）打开本书附带文件 /Chapter-09/ 飞艇 / 飞艇 .max。

提示：因为场景文件中使用了体积雾效果，物理渲染器是无法渲染这些效果的，所以必须将渲染器设置为传统的"扫描线渲染器"，开始操作前必须检查渲染器设置。

（2）当前场景已经完成了建模和材质设置，接下来需要设置场景背景。

（3）在菜单栏执行"渲染"→"环境"命令，打开"环境和效果"对话框。

（4）在"公用参数"卷展栏的"背景"选项组内，可以对场景背景进行设置。

（5）单击"颜色"色块，打开"颜色选择器"对话框，设置背景颜色为（红 :170，绿 :220，蓝 :230）天蓝色。

（6）设置完毕后，场景背景色被更改，如图 9-1 所示。

图 9-1

除了使用颜色定义背景以外，还可以用贴图设置场景背景。

（1）在"背景"选项组内选择"使用贴图"选项，使用贴图定义背景功能。

（2）单击"环境贴图"下端的长按钮，打开"材质 / 贴图浏览器"对话框。

（3）双击"位图"选项，打开"选择位图图像文件"对话框，打开本书附带文件 /Chapter-09/飞艇 / 天空 .jpg。

（4）设置完毕后，渲染场景，观察设置图片后的背景效果，如图 9-2 所示。

> 提示
　　图片设置为背景后，需要在材质编辑器中，将"位图"贴图的"环境贴图"选项设置为"屏幕"选项，这样图片才能在场景背景中进行平铺。关于该知识点请查看第8章的8.2.2小节。

图 9-2

9.1.2　场景的全局照明

　　在"公用参数"卷展栏中，还提供了对场景默认的灯光颜色和环境反射颜色进行调整的命令选项。"全局照明"选项组下的选项，可以用来设置场景中的照明光源和环境光源的颜色。

　　（1）继续 9.1.1 小节的操作，在"全局照明"选项组中，单击"染色"色块，打开"颜色选择器"对话框。

　　（2）设置场景全局照明的色彩为（红：230，绿：180，蓝：100）中黄色。

　　（3）渲染场景，可以看到飞艇的受光区域变为黄色，如图 9-3 所示。

图 9-3

　　在"全局照明"选项组中，设置"级别"参数值可以控制场景中整体灯光的亮度。在默认状态下该参数值为 1.0，当级别大于 1 时，整个场景的灯光强度都增强；当级别小于 1 时，整个场景的灯光都减弱。图 9-4 展示了"级别"参数分为为 0.5、1.0 和 2.0 时的效果。

图 9-4

　　单击"环境光"色块，可以在打开的"颜色选择器"对话框中设置环境光的颜色，设置"环境光"色块为（红：0，绿：70，蓝：160）深蓝色。渲染场景，可以观察环境色的变化，如图 9-5 所示。

图 9-5

9.2　课时 39：如何建立场景大气效果？

　　3ds Max 可以在场景中添加雾效、火焰、爆炸等大气效果。将大气效果与模型和材质进行配合，可以真实地呈现大气环境效果。本课将对以上内容进行讲解。

　　学习指导：

　　本课内容属于必修课。

　　本课时的学习时间为 40~50 分钟。

　　本课的知识点是掌握大气效果的设置方法。

　　课前预习：

　　扫描二维码观看视频，对本课知识点进行学习和演练。

9.2.1　大气效果的基本设置

　　在"环境与效果"对话框中展开"大气"卷展栏，该卷展栏是专门用于添加、管理大气效果的。

1.　大气效果与渲染器

　　目前，物理渲染器是不支持大气效果的，添加大气效果后，除了使用传统的"扫描线渲染器"以外，其他的渲染器都无法解析渲染大气效果。

　　所以开始学习大气效果之前，请检查当前软件设置的渲染器。在菜单栏执行"渲染"→"渲染设置"命令，打开"渲染设置"对话框，设置场景使用的渲染器。

2.　大气效果的添加与删除

　　首先学习大气效果的添加与删除方法。

　　（1）在键盘上按下数字键 < 8 >，打开"环境和效果"对话框。

（2）展开"大气"卷展栏，在卷展栏右侧单击"添加"按钮，会弹出"添加大气效果"对话框。

（3）双击"雾"选项，即可将该效果添加至场景内，如图9-6所示。

图 9-6

此时添加的"雾"效果，会出现在"效果"列表栏内，3ds Max 允许添加多个大气效果，场景中所添加的效果都会呈现在列表栏内。在"效果"列表栏内选择效果，在"大气"卷展栏下端会出现与之对应的设置卷展栏。

（1）在"效果"列表栏内选择"雾"效果，在下端会出现"雾参数"卷展栏，可以对雾的外观进行设置。

（2）在"效果"列表栏下端是"名称"栏，可以对添加的大气效果名称重新定义。

（3）单击"大气"卷展栏右侧的"删除"按钮，可以删除选择的效果。

（4）单击"合并"按钮，可以导入其他文件中设置好的大气效果。

9.2.2 项目案例——制作生动的火效果

使用 3ds Max 中的火效果可以产生火焰的动画，烟、物体爆炸等效果。本小节将为读者讲述火效果的设置方法。

1. 火效果的使用原则

火效果只能在"透视"视图和"摄影机"视图窗口中进行渲染，而正交视图和用户视图不能渲染。如果在操作中，发现无法渲染火效果，请检查是否渲染错了视图。

火焰效果只是在渲染画面中呈现出火焰纹理，火效果不能产生任何光能。如果想模拟场景被火焰照亮的效果，就必须在火效果位置处创建模拟火焰光能的灯光。

火效果需要与大气装置配合使用，在大气装置可以定义火效果产生的位置和体积。

2. 创建大气装置

大气装置属于辅助对象，在"创建"面板的"辅助对象"子面板可以找到大气装置。

（1）打开本书附带文件 /Chapter-09/ 厨房 / 厨房 .max。

（2）在"创建"面板中单击"辅助对象"按钮，在其下拉列表中选择"大气装置"选项。

（3）在"对象类型"卷展栏内看到"长方体 Gizmo""球体 Gizmo"和"圆柱体 Gizmo"三个命令按钮。

（4）单击"球体 Gizmo"按钮，在"顶"视图中绘制球体 Gizmo 对象，如图 9-7 所示。

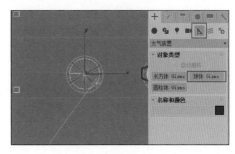

图 9-7

（5）在"修改"面板的"球体 Gizmo 参数"卷展栏，启用"半球"选项，此时 Gizmo 对象外形变为半球。

（6）使用"选择并移动"工具，在"前"视图沿 y 轴将 Gizmo 对象移至灶台的上端。

（7）使用"选择并缩放"工具，在"摄影机"视图，沿 z 轴将 Gizmo 对象向上放大，Gizmo 对象体积变大，所产生火焰效果的体积也会放大，如图 9-8 所示。

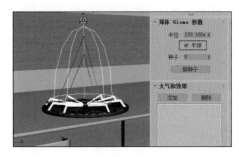

图 9-8

当前大气装置已经设置好，接下来将火效果与大气装置相连接。

（1）在键盘上按下数字键＜8＞，打开"环境和效果"对话框，在"大气"卷展栏单击"添加"按钮。

（2）在弹出的"添加大气效果"对话框内双击"火效果"选项，将火效果添加至场景。

（3）在"火效果参数"卷展栏单击"拾取 Gizmo"按钮。

（4）在场景视图内拾取大气装置 Gizmo 对象，

添加大气效果，如图9-9所示。

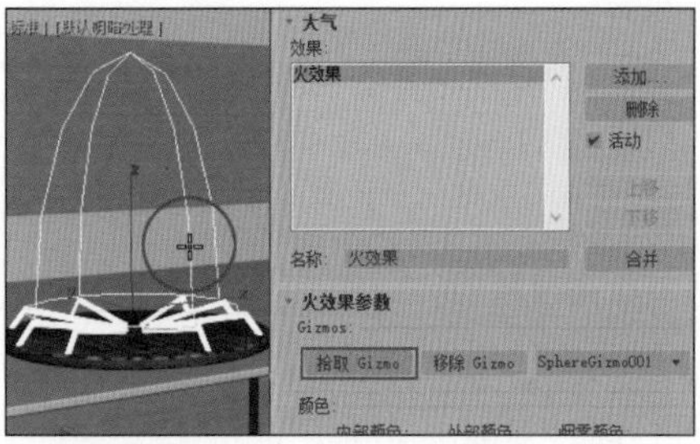

图9-9

（5）一个效果可以添加给多个大气装置，添加效果的大气装置名称会出现在"拾取Gizmo"按钮右侧的下拉列表里。

（6）按键盘上的<F9>键，渲染视图，观察添加的火焰效果，如图9-10所示。

图9-10

3. 设置火效果的外观

在"火效果参数"卷展栏内提供了对火焰效果外观进行修改的选项与参数。

"颜色"选项组中的3个颜色色块，可以设置火焰的颜色。其中，"内部颜色"色块为内焰的颜色；"外部颜色"色块为外焰的颜色；"烟雾颜色"显示窗为烟雾的颜色。如图9-11所示。当前颜色已经设置得非常准确了，所以一般是不做修改的。

图9-11

在"火焰类型"选项组右侧，可以对火焰的类型进行设置，可以将火焰形状设置为"火舌"或"火球"。

选择"火舌"选项后火焰外形变为火舌状，该

形状的火焰效果通常用于制作篝火、火把等带有单一方向性的火苗火焰。

选择"火球"选项后火焰的外形成团状的火球，这种火焰比较适合创建爆炸或燃烧的云团效果。图9-12中左侧是"火舌"火焰，右侧是"火球"火焰。

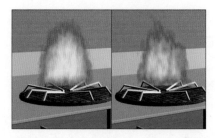

图9-12

在"火焰类型"选项组内还提供了"拉伸"和"规则性"两个参数。

"拉伸"参数可以沿z轴方向拉伸火焰的形态，参数值越大火焰的方向性越明显，图9-13展示了"拉伸"值分别为0.5、1和3时的火焰外形。

图9-13

"规则性"参数可以控制火焰外部火苗的形态，参数值越大火苗的形态就越规则，越贴近大气装置的轮廓形状。图9-14展示了"规则性"参数分别为0.2、0.6和1时的火焰形状。

图9-14

在"特性"选项组中可以对火焰的细节进行更多的设置。在该选项组内的参数控制火焰的大小、密度等，这些选项与大气装置Gizmo对象体积有密切的关系。

设置"火焰大小"参数，可以调节大气装置内部单个火焰的尺寸，图9-15展示了"火焰大小"参数分别为10、20和35时的效果。

图 9-15

"火焰细节"参数可以调节火焰的颜色变化和边角的锐度。该参数越大，火焰效果越丰富，且渲染时间也会延长；相反参数越小，火焰细节越少，同时将会加快渲染时间。

"密度"参数可以调节火焰的透明度和亮度。大气装置的尺寸影响密度，一个大尺寸的大气装置与一个小尺寸的大气装置使用同样密度的火焰效果，尺寸小的大气装置将会产生更多的不透明度和亮度。

"采样数"参数可以设置火焰取样时取样的比例。较高的参数设置可以提供更正确的效果，但是会延长渲染时间。

4. 将火效果生成动画

火效果可以生成逼真的燃烧动画。在"动态"选项组内提供了设置动态火焰的参数。在"爆炸"选项组内可以打开爆炸效果。

（1）在软件底部动画按钮控制区域单击"自动关键点"按钮，打开自动创建关键帧模式。

（2）将时间滑块移至软件最右侧的 100 帧位置。

（3）在"动态"选项组中，将"相位"和"漂移"参数设置为 50，如图 9-16 所示。

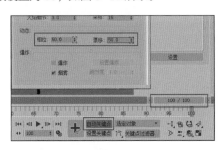

图 9-16

（4）此时火焰的燃烧动画设置完毕。在动画按钮控制区域关闭"自动关键点"按钮。

（5）单击"播放动画"按钮，可以看到"相位"和"漂移"参数随着时间帧的滑动，飞快地进行变化。

此时，如果想要看到火焰的燃烧动画，需要将场景渲染为视频文件。由于目前还没学习动画设置和渲染输出功能，因此关于动画渲染的方法先不进行讲述。在本书附带文件中已经准备了渲染好的

AVI 视频文件，可以打开附带文件 /Chapter-09/火焰 .avi 进行查看。

9.2.3 项目案例——制作逼真的爆炸动画效果

火效果除了可以制作火焰燃烧动画，还可以制作爆炸烟雾效果。其设置方法非常简单。通过设置爆炸选项组中的参数可以设置爆炸效果。

（1）打开本书附带文件 /Chapter-09/ 炸弹 /炸弹 .max。

（2）该场景中的爆炸动画已经设置完毕，在下面的操作中我们只需添加爆炸火焰效果即可，关于动画的知识，在稍后的章节中讲述。

（3）按下键盘上的数字键 < 8 >，打开"环境和效果"对话框。

（4）在"大气"卷展栏内单击"添加"按钮，打开"添加大气效果"对话框，在该对话框内双击"火效果"选项，将火效果添加至场景。

（5）在"火效果参数"卷展栏内，单击"拾取Gizmo"按钮，在视图中单击"爆炸"大气装置对象，拾取该对象，如图 9-17 所示。

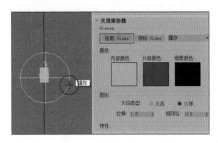

图 9-17

（6）在"爆炸"选项组内选择"爆炸"选项，此时火效果将根据时间产生爆炸动画效果。

（7）选择"烟雾"选项后，爆炸动画在结束时会产生黑色烟雾。

（8）单击"设置爆炸"按钮，将会打开"设置爆炸相位曲线"对话框。

（9）将爆炸效果的"开始时间"设置为 50 帧，"结束时间"设置为 65 帧，如图 9-18 所示。

图 9-18

（10）设置完毕后读者可将其渲染输出为动画文件，观察设置爆炸动画的效果，如图 9-19 所示。读者也可以打开本书附带文件 /Chapter-09/ 炸弹 .avi 进行查看。

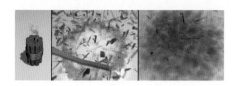

图 9-19

9.2.4 项目案例——制作生动的海面雾效果

使用雾效果可以在场景中创建出标准雾、层雾、烟雾、云雾及蒸汽等大气效果，所设置的效果将作用于全部场景。雾分为标准雾和层雾两种类型。标准雾依靠摄影机的衰减范围进行设置，根据物体离目光的远近产生淡入淡出的效果。层雾根据地平面高度进行设置，产生一层云雾效果。标准雾常用于增大场景的空气不透明度，生雾气茫茫的大气效果；层雾可以表现仙境、舞台等特殊效果。图 9-20 所示为种类雾的画面效果。

图 9-20

1. 基础形态雾效果

雾效果的设置参数可以定义多种形态的雾效外观。首先定义基础形态的雾效果。

（1）打开本书附带光盘 /Chapter-9/ 船 .max。

（2）按下数字键＜ 8 ＞，打开"环境和效果"对话框，在"大气"卷展栏中单击"添加"按钮，打开"添加大气效果"对话框。

（3）双击"雾"选项，添加雾效果并展开"雾参数"卷展栏。

（4）在"雾参数"卷展栏的"雾"选项组中单击"颜色"色块，可以打开"选择颜色器"对话框。

（5）设置雾的颜色为蓝色（红：50，绿：80，蓝：120），并关闭对话框。

（6）此时雾的颜色被修改，渲染场景，观察雾效果，如图 9-21 所示。观察后，再次把雾的色彩改为白色。

图 9-21

在"雾参数"卷展栏中可以添加位图图片作为雾的颜色。单击"环境颜色贴图"下的长按钮，可以根据贴图纹理设置远处雾的颜色和纹理。单击"环境不透明度贴图"下的长按钮，可以在远处雾的基础上遮罩一层纹理。

（1）单击"环境颜色贴图"下的长按钮，在弹出的"材质 / 贴图浏览器"对话框内，双击"通用"贴图栏的"位图"贴图。

（2）在弹出的"选择位图图像文件"对话框内，打开附带文件 /Chapter-09/ 蓝天 1.jpg。

（3）渲染视窗，观察当前雾的形态，没有添加贴图前白色的雾遮挡了远处的天空，而现在远处的雾则呈现天空的纹理，如图 9-22 所示。

图 9-22

（1）单击"环境不透明度贴图"下的长按钮，在弹出的"材质 / 贴图浏览器"对话框内，双击"通用"贴图栏的"位图"贴图。

（2）在弹出的"选择位图图像文件"对话框内，打开附带文件 /Chapter-09/ 蓝天 2.jpg。

（3）渲染视窗，观察当前雾的形态，在原有的天空纹理上又叠加了一层新的天空纹理，如图 9-23 所示。

图 9-23

（4）在"环境颜色贴图"和"环境不透明度贴图"选项的右侧，取消选择"使用贴图"选项。再次渲染场景可以看到雾效纹理被移除，雾效又回到了最初的白色状态。

2. 有穿透感的雾效果

雾效果可以模拟雾的穿透感，配合摄影机对象的环境范围功能，设置出近处稀薄、远处厚重的雾效果。

（1）首先要对摄影机的"环境范围"进行定义。在视图中选择摄影机对象。

（2）在"修改"面板展开"参数"卷展栏，在"环境范围"选项组内选择"显示"选项。

（3）设置"近距范围"参数为300.0，设置"远距范围"为1000.0，观察视图中的摄影机范围。

（4）可以看到在原有摄影机取景框的前端和远端，分别增加了"近距范围"辅助线和"远距范围"辅助线，如图9-24所示。

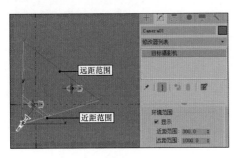

图9-24

（5）按下数字键<8>，打开"环境和效果"对话框，展开"雾参数"卷展栏。

（6）在"标准"选项组中选择"指数"选项，在下端"近端"和"远端"参数栏内可以指定近端雾和远端雾的浓度。

"近端"参数栏的数值定义了摄影机"近距范围"点的雾效浓度值。"远端"参数栏的数值定义"远距范围"点的雾效浓度值。图9-25展示了"远端"参数分别为100.0、60.0、30.0时雾效的形态。

图9-25

3. 设置分层雾效果

分层雾效果模拟了雾气向天空和地面两个方向逐渐变薄和消失的效果。

（1）在"雾"选项组内，设置雾效果的类型为"分层"选项。

（2）此时"雾参数"卷展栏内的参数会进行切换，原来设置"标准"雾效果的参数将不可用，"分层"雾效果的参数将处于激活状态。

（3）在"分层"选项组内可以对分层雾的外观进行设置。

（4）"顶"参数设置分层雾上端结束位置，"底"参数设置分层雾下端结束位置。

（5）图9-26展示了"顶"参数分别为20、50.0和80.0时，各种分层雾的效果。

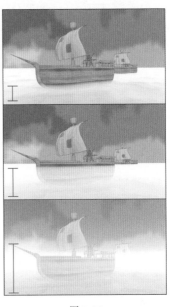

图9-26

图9-26中的红色距离线标明了，随着"顶"参数的加大，雾消失上限逐步抬升的距离。

在"分层"选项组右侧是"衰减"选项，其内部提供了3个选项，分别为"顶""底""无"选项。3个选项可以加强雾的衰减效果。选择"顶"加强顶部衰减，选择"底"加强底部衰减，默认"无"选项。

启用"地平线噪波"选项后，可以在分层雾中间的地平线位置处生成噪波，模拟雾气翻滚的效果。

（1）为了便于观察，首先在"分层"选项组内将"密度"参数设置为100.0。

（2）启用"地平线噪波"选项后，渲染视图，可以看到在分层雾中间产生了噪波效果。

（3）"角度"参数可以加大上下分层雾的距离，将"角度"参数设置为20.0。

（4）"大小"参数可以控制噪波的大小，图9-27展示了"大小"参数分别为5.0、20.0时，雾气噪波的形态。参数越大，噪波点也越大。

图 9-27

在"分层"选项组右下角，同样提供了"相位"参数，该参数可以控制噪波的动态，利用该参数也可以为分层雾设置动画效果。

9.2.5 项目案例——制作流动的云雾效果

使用体积雾效果，可以在一个限定的范围内设置和编辑雾效果。另外，体积雾还可以加入风力值、噪波效果等多方面的控制，利用这些设置可以制作雾气流动的效果。该雾效果是真正的三维雾效果，它具有长、宽、高和浓度等方面的特征，这些特征使用户对雾效果的控制变得更加直观简便。利用体积雾效果可以生动地制作出天空中的云朵。

1. 添加体积雾

首先学习体积雾的设置方法。

（1）打开本书附带文件 /Chapter-09/ 天空之城 / 天空之城 .max。

（2）按下数字键 < 8 >，打开"环境和效果"对话框，在"大气"卷展栏中单击"添加"按钮，打开"添加大气效果"对话框。

（3）在该对话框中双击"体积雾"效果，添加大气效果。

（4）"环境和效果"对话框将自动展开"体积雾参数"卷展栏。

在添加了体积雾后，如果没有拾取大气装置 Gizmo 对象，体积雾效果将会布满整个场景。在"体积雾参数"卷展栏单击"拾取 Gizmo"按钮，然后在场景视图单击"体积雾"大气装置，渲染场景，观察添加了 Gizmo 对象后的体积雾效果。图 9-28 展示了拾取 Gizmo 对象前后的场景变换。

图 9-28

在"Gizmos"选项组中，设置"柔化 Gizmo 边缘"参数，可以控制体积雾边缘的羽化度。该

参数值最小为 0，最大为 1，值越大边缘越柔化。图 9-29 展示了"柔化 Gizmo 边缘"参数分别为 0.2 和 1 时体积雾的效果。

图 9-29

2. 设置体积雾形态

在添加了 Gizmo 对象后，可以在"体积"选项组内对体积雾的颜色和形态进行设置。

（1）在"体积"选项组中单击"颜色"色块，打开"颜色选择器"对话框。

（2）设置颜色后体积雾的颜色将会改变，图 9-30 展示了红色、黄色、蓝色三种颜色体积雾效果。

图 9-30

（3）在"体积"选项组中启用"指数"复选框，体积雾将以指数方式计算增加值，否则以线性方式计算。

（4）在图 9-31 中右图为启用"指数"参数的体积雾形态。

图 9-31

在"体积"选项组中设置"密度"参数值，可以控制体积雾的浓度。数值越大体积雾越厚重。

使用"步长大小"参数值可以调整采样颗粒度。该参数值越低，颗粒越细，雾效果越优质；该参数值越大，颗粒越粗糙，雾效果越差。

使用"最大步数"参数，可以设置雾效采样的数量，参数越小雾的纹理越细碎，参数越大雾的纹理越舒展，如图 9-32 所示。

此外，在"体积"选项组中，还为用户提供了"雾化背景"复选框。在默认状态下该复选框为启用状态，场景中的雾效果将作用于背景，对背景进行雾化处理。

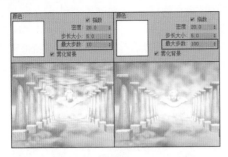

图 9-32

3. 设置体积雾动态

体积雾的噪波选项与材质的噪波选项类似，它同样提供了 3 种噪波类型，分别是"规则""分形"和"湍流"。图 9-33 所示为选择"分形"和"湍流"时体积雾的形态。

图 9-33

在该选项组"类型"的右侧还为用户提供了"反转"复选框，启用该复选框，可以对当前所选的噪波效果进行反向。

"噪波阈值"包含两个参数，分别为"高"和"低"。两个参数可以在 0 ～ 1 之间进行设置。

"高"参数代表有雾的区域，降低该参数有雾的区域会增加。

"低"参数代表没有雾的区域，提高该参数没有雾的区域会增加。

如果降低"高"参数提升"低"参数，会加强体积雾块面化的感觉，如图 9-34 所示。

图 9-34

"均匀性"参数可以过滤体积雾。其参数值在 -1至 1 之间进行设置，该参数值越小，雾越薄；反之

则越厚。

"级别"参数可以设置"分形"和"湍流"状态的变形级别。"级别"参数只有在选择了"分形"和"湍流"选项时才可用。参数值越高变形就越细腻，参数值越低变形就越粗糙。

设置"大小"参数可以更改体积雾的噪波大小，图 9-35 展示了"大小"参数分虽为 5 和 20 时的效果。

图 9-35

"相位"参数可以控制体积雾的变化形态，如果"风力强度"的设置大于 0，雾体积会根据风向产生动画；如果没有"风力强度"，雾将在原处产生涡流滚动效果。

"风力强度"参数可以设置体积雾的流动速度，参数越大体积雾流动得越快。"风力来源"可以设置体积雾流动的方向。

以上 3 个参数相互配合，可以设置出生动的雾气流动动画，读者可以尝试设置参数，观察动画效果。打开本书附带文件 /Chapter-09/ 天空之城 .avi，查看体积雾动画效果。

9.2.6　项目案例——制作逼真的海底体积光

本节为读者安排了一组海底场景效果制作案例，通过案例操作讲解体积光的建立与编辑方法。海底场景整体为液态环境，所以光线具有很强的体积感和景深效果，将体积光效果与摄影机相互配合可以很好地实现。

1. 建立体积光

首先学习如何在场景中建立体积光。

（1）打开本书附带光盘 /Chapter-09/ 海底场景 / 海底场景 .max。

（2）按下数字键 < 8 >，打开"环境和效果"对话框，在"大气"卷展栏中单击"添加"按钮，打开"添加大气效果"对话框。

（3）双击"体积光"选项添加体积光效果，然后关闭该对话框。

（4）在"体积光参数"卷展栏的"灯光"选项组中，单击"拾取灯光"按钮。

（5）在"顶"视图单击"体积光 01"灯光对象将其拾取，如图 9-36 所示。

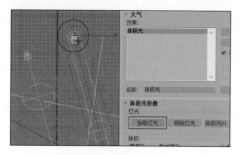

图 9-36

（6）此时根据灯光的照射形态，在场景中将会产生体积光效果。

设置"雾颜色"色块可以更改体积光的色彩，随着光照射距离渐远，光是会产生衰减效果的。设置"衰减颜色"色块可以更改衰减区域体积光的色彩。注意，只有启用了"使用衰减颜色"选项后,定义的"衰减颜色"色块才会起作用，如图 9-37 所示。

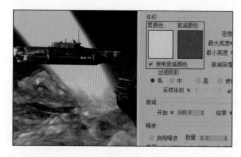

图 9-37

体积光的衰减范围是由灯光对象的"远距衰减"选项控制的。

（1）选择"体积光 01"对象，在"修改"面板展开"强度 / 颜色 / 衰减"卷展栏。

（2）在"远距衰减"选项组中可以设置灯光对象的衰减距离。

（3）"开始"参数定义衰减的起点，"显示"结束参数定义衰减的终点，如图 9-38 所示。

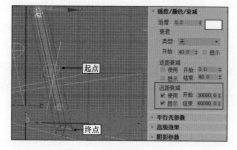

图 9-38

回到"环境和效果"对话框，当前体积光太亮了，更改"密度"参数可以调整体积光的厚度，将"密度"参数设置为 0.5，渲染场景观察体积光，可以看到体积光变得透明了。

在"体积"选项组内提供了"指数"选项，不选择该选项，体积光按投射距离线性增大密度；选择该选项后，体积光将会按投射距离以指数方式增大密度。只有激活该复选框，场景中的透明对象才能与体积光更好地混合，图 9-39 右图是开启了"指数"选项的效果。

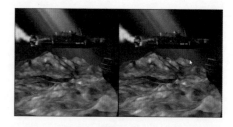

图 9-39

"最大亮度"参数可以控制体积光的亮度，减小该参数体积光的亮度将变暗，如图 9-40 所示。"最小亮度"可以控制体积光区域以外的亮度，增大该参数，体积光以外的区域会增加亮度，一般该参数要保持为 0.0。

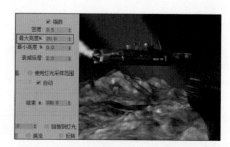

图 9-40

设置"衰减倍增"参数可以增强衰减颜色的强度，该参数越大，衰减颜色就会越显现。在"过滤阴影"选项组中提供了多种过滤阴影的方式。

低 : 选择"低"选项时，则不过滤图像缓冲区，而是直接采样。该选项适合 8 位图像及 AVI 文件等。

中 : 选择"中"选项时，将对相邻的像素采样并求均值。对于出现条带类型缺陷的情况，这可以使质量得到非常明显的改进。

高 : 选择"高"选项地，将对相邻的像素和对角像素采样，为每个像素指定不同的权重。

使用灯光采样范围 : 当选择"使用灯光采样范围"选项时，将根据灯光"阴影贴图参数"中的"采样范围"值，使体积光中投射的阴影变得模糊。

取消"自动"复选框的选择状态，然后对"采样体积"参数值进行设置，控制体积光的采样比例。

2. 设置场景体积光

在了解了体积光的建立方法后，接下来为场景设置体积光效果。

（1）在"大气"卷展栏中单击"添加"按钮，打开"添加大气效果"对话框。

（2）双击"体积光"选项添加体积光效果，然后关闭该对话框。

（3）在"体积光参数"卷展栏的"灯光"选项组中，单击"拾取灯光"按钮。

（4）在"顶"视图单击"体积光02"灯光对象将其拾取，此时场景中已经有两个体积光对象了，如图9-41所示。

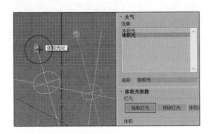

图9-41

（5）拾取完毕后，在"体积"卷展栏对体积光的基本形态进行设置，如图9-42所示。

图9-42

（6）为了使体积光的形态能够有更多的变化，在"噪波"选项组选择"启用噪波"选项。

（7）然后对噪波的参数进行设置，如图9-43所示。

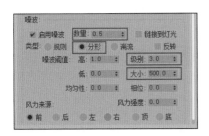

图9-43

（8）为了增强画面的纵深感，还需要添加一个雾效果。

（9）参照之前的操作方法，在"效果"卷展栏中添加"雾"大气效果，并对"雾参数"进行设置。

（10）设置雾的颜色为深蓝色（红：30，绿：40，蓝：80），其他设置如图9-44所示。

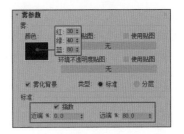

图9-44

（11）最后还需要调整当前几个大气效果的顺序，在"效果"卷展栏中，通过单击"上移"按钮，调整雾效果的顺序，如图9-45所示。

图9-45

（12）设置完毕后，渲染场景，即可观察所设置的大气效果，如图9-46所示。

图9-46

9.3 课时40：有哪些华丽的效果？

与"环境"功能相同，"效果"功能可以为场景添加特殊的视觉特效。使用"环境和效果"对话框中的"效果"选项卡，可以为场景添加效果，设置效果的参数，可以查看设置效果的外观。本课将详细讲述效果功能的设置方法。

学习指导：

本课内容属于选修课。

本课时的学习时间为40~50分钟。

本课的知识点是掌握效果功能的设置方法。

课前预习：

扫描二维码观看视频，对本课知识点进行学习和演练。

9.3.1 效果与渲染器

与大气装置相同，各种场景效果也需要匹配对应的渲染器，除了"扫描线渲染器"以外，其他的渲染器都无法渲染场景效果。所以在学习本节内容时，请将渲染器设置为"扫描线渲染器"。在菜单栏执行"渲染"→"渲染设置"命令，打开"渲染设置"对话框，选择设置场景所使用的渲染器。

9.3.2 项目案例——制作逼真的镜头效果

使用"镜头效果"可以模拟照相机拍照时，镜头产生的光晕效果，这些效果包括光晕、光环、射线、自动二级光斑、手动二级光斑和条纹等。镜头效果是由光源照射产生的，所以镜头效果必须添加到场景的灯光对象上。

1. 查看效果

在"效果"卷展栏中单击"添加"按钮，即可打开"添加效果"对话框，在该对话框中读者可以选择所需添加的各种效果。

（1）打开本书附带文件 /Chapter-09/ 壁灯 /壁灯 .max。

（2）按下数字键< 8 >，快速打开"环境和效果"对话框，单击"效果"选项卡。

（3）在"效果"卷展栏中单击"添加"按钮，打开"添加效果"对话框，然后双击"镜头效果"选项，添加该效果。

（4）此时该效果的设置参数将呈现在"镜头效果参数"和"镜头效果全局"卷展栏，如图 9-47 所示。

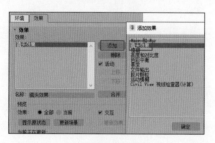

图 9-47

（5）在"镜头效果全局"卷展栏内单击"拾取灯光"按钮，然后在视图中拾取壁灯模型中心的灯管对象。

（6）拾取后，灯光对象的名称会出现在"灯光"选项组的下拉栏内，如图 9-48 所示。

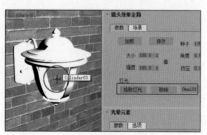

图 9-48

（7）在"镜头效果参数"卷展栏内，可以设置镜头效果的形态。需要哪种形态，就将其从左侧栏内添加至右侧列表栏。

（8）在左侧的列表栏内选择"光晕"效果，然后单击向右的箭头按钮，添加效果如图 9-49 所示。

图 9-49

此时效果就添加完毕了，首先我们来学习如何预览效果。在"效果"卷展栏内的"预览"选项组内提供了预览效果的命令按钮，如图 9-50 所示。

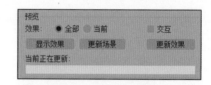

图 9-50

"预览"选项组为用户提供了两种预览效果的模式，一种是"全部"，所有活动效果均将应用于预览；另一种是"当前"，只有高亮显示的效果应用于预览。

单击"显示效果"按钮，会弹出"渲染帧窗口"对话框，对当前场景进行渲染，显示当前效果。同时"显示效果"按钮会转变为"显示原状态"按钮，单击"显示原状态"按钮后，"渲染帧窗口"对话框中的光晕效果将会消失，呈现场景原有状态。

单击"更新场景"按钮，会对场景进行渲染。单击"更新效果"按钮将会对场景内的效果进行重新渲染。如果启用了"交互"选项，"更新效果"按钮将变为不可用状态。场景效果如果进行了调整，会自动在"渲染帧窗口"对话框内对效果进行更新。

2. 设置镜头效果形态

在"镜头效果参数"卷展栏内可以添加各种形态的镜头效果。镜头效果共包含 7 种形态，分别是"光晕""光环""射线""自动二级光斑""手动二级光斑""星形"和"条纹"。

需要哪种形态的效果，将其从左侧列表栏移至右侧列表内，即可在场景中添加效果。在添加了某项形态效果后，在"环境和效果"对话框的下端，会出现该形态的参数设置卷展栏。

（1）在"镜头效果参数"卷展栏的左侧列表栏

3ds Max 三维艺术与设计 50 课（全彩慕课版）

内分别双击"光环"和"射线"形态，将其快速添加至右侧列表栏内。

（2）此时场景添加了 3 种形态的镜头效果，在右侧列表栏内选择添加的形态效果。下端会展开该形态的参数设置卷展栏，如图 9-51 所示。

图 9-51

（3）在"镜头效果参数"卷展栏的右侧列表栏内，选择"Ray"选项，然后单击向左的箭头按钮，即可删除该形态效果。

"镜头效果"的 7 种形态都比较直观，根据其名称就可以想象出镜头效果的形态形状，图 9-52 展示了无效果外观和效果的 7 种形态的外观。

图 9-52

9.3.3 项目案例——模拟镜头模糊效果

模糊效果可以通过 3 种不同的方法使图像变模糊，分别是均匀型、方向型和径向型。模糊效果根据"像素选择"面板中所做的选择应用于各个像素，可以使整个图像变模糊，使非背景场景元素变模糊，按亮度值使图像变模糊，或使用贴图遮罩使图像变模糊。模糊效果通过渲染对象或摄影机移动的幻影，可以提高动画的真实感。

1. 均匀型模糊

添加均匀型模糊效果后，默认状态下会将模糊效果均匀应用于整幅渲染图像。

（1）打开本书附带文件 /Chapter-09/ 飞行器 / 飞行器 .max。

（2）在"环境和效果"对话框的"效果"面板中，单击"添加"按钮，打开"添加效果"对话框。

（3）选择"模糊"效果并单击"确定"按钮，关闭该对话框，如图 9-53 所示。

图 9-53

（4）添加"模糊"效果后，在该对话框中将自动展开"模糊参数"卷展栏，默认状态下，将用"均匀类型"进行模糊处理。

在"模糊参数"卷展栏中，设置"均匀型"下方的"像素半径"参数值，可以控制模糊效果的强度。图 9-54 展示了设置不同"像素半径"参数值后的画面效果。在默认状态下，"影响 Alpha"复选框为启用状态，将均匀型模糊效果应用于 Alpha 通道。

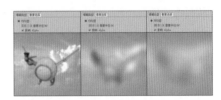

图 9-54

2. 方向型模糊

方向型模糊可以按照方向型参数的设置在任意方向上产生模糊效果。

（1）在"模糊参数"卷展栏中单击"方向型"单选按钮，更改模糊效果。

（2）在"U 向像素半径"参数栏中输入数值可以确定模糊效果在水平方向的强度。

（3）图 9-55 展示了"U 向像素半径"参数分别设置为 5、10、20 时的效果。

> **提示**
>
> 为了便于读者观察设置该参数后的效果，在此将"V 向像素半径"参数值设置为 0。

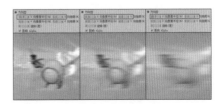

图 9-55

设置"U 向拖痕"参数栏叫以控制模糊拖痕出现的位置。该数值可以在 −100~100 之间进行设置，图 9-56 展示了"U 向拖痕"参数分别为 -100 和 100.0 时的效果。图中可以看出设置为 -100 时，拖痕出现在模型的右侧，设置为 100 时，拖痕出现在模型的左侧。

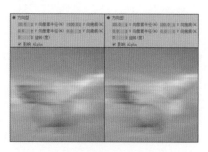

图 9-56

设置"V 向像素半径"参数和"V 向拖痕"参数可以让图像产生垂直方向的模糊拖痕，与"U 向拖痕"设置完全相同，在此就不再赘述。

在"旋转"参数栏中输入数值，可以通过旋转 U 方向和 V 方向的像素点来实现模糊效果。图 9-57 展示了设置相同"旋转"参数值，旋转 U 方向和 V 方向模糊拖痕效果。

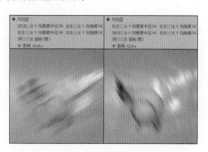

图 9-57

3. 径向型模糊

径向型模糊可以使画面产生放射状的模糊效果。

（1）在"模糊参数"卷展栏中，单击"径向型"单选按钮，将以径向方式模糊图像。

（2）在"像素半径"参数栏中输入数值，可以控制放射状模糊效果的强度。

（3）图 9-58 展示了设置不同"像素半径"参数后的模糊效果。

图 9-58

"拖痕"参数栏可以设置拖痕出现的位置，数值同样是在 -100 和 100 中输入数值，设置为 100 时，拖痕向径向点集中，设置为 -100 时拖痕向图像外围集中，如图 9-59 所示。

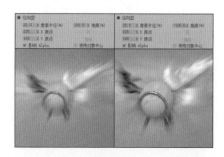

图 9-59

在"X 原点"和"Y 原点"参数栏中输入数值，将根据输出的像素坐标点，指定径向模糊效果的中心位置，如图 9-60 所示。

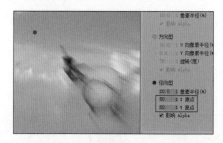

图 9-60

除了手动设置像素坐标点来定位径向中心以外，用户还可以将目标对象设定为径向中心点。

（1）首先选择"使用对象中心"选项，此时"X 原点"和"Y 原点"参数栏将不可用。

（2）单击"无"按钮，然后在场景中拾取作为径向中心的对象，如图 9-61 所示。

图 9-61

（3）此时径向模糊效果将以目标对象为中心产生模糊效果。

9.3.4 项目案例——快速调整渲染画面的色调

亮度和对比度效果可以对图像的亮度和对比度

色调进行调整。该效果通常用于匹配渲染场景对象、图像背景或者是动画。

（1）打开本书附带文件 /Chapter-09/ 宇宙勘测 / 宇宙勘测 .max。

（2）在"环境和效果"对话框的"效果"面板中，单击"添加"按钮，打开"添加效果"对话框。

（3）双击"亮度和对比度"选项，添加该效果并展开"亮度和对比度参数"卷展栏，如图 9-62 所示。

图 9-62

（4）在"亮度和对比度参数"卷展栏中，设置"亮度"参数值，调整整幅图像的亮度。

（5）设置"对比度"参数值，调整整幅图像的对比度关系，如图 9-63 所示。

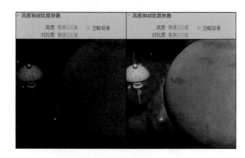

图 9-63

（6）在该卷展栏中启用"忽略背景"复选框，此时色彩调整效果将不会影响背景色调。

9.3.5　项目案例——调整渲染画面的色彩

色彩平衡效果可以对场景渲染图像的色调进行调整。可以通过增强或减弱红色、绿色、蓝色三个通道的色彩来改变画面颜色。

（1）打开本书附带光盘 /Chapter-9/ 调色板 /"调色板 .max"文件。

（2）在"环境和效果"对话框的"效果"面板中，单击"添加"按钮，打开"添加效果"对话框。

（3）双击"色彩平衡"选项，添加该效果。展开"色彩平衡参数"卷展栏，如图 9-64 所示。

图 9-64

（4）在"色彩平衡参数"卷展栏中，拖动滑块调整红色、绿色和蓝色通道，如图 9-65 所示。

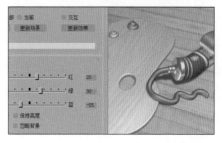

图 9-65

选择"保持亮度"选项后，在改变图像色彩的同时会保持图像的亮度。选择"忽略背景"选项后，色彩调整效果不会影响背景的色调。

9.3.6　项目案例——为渲染图像添加胶片颗粒

"胶片颗粒"效果可以在渲染图像表面模拟胶片颗粒的效果。使渲染图像看起来像一幅老照片。

（1）打开本书附带文件 /Chapter-09/ 路牌 / 路牌 .max。

（2）在"环境和效果"对话框的"效果"面板中，单击"添加"按钮，打开"添加效果"对话框。

（3）双击"胶片颗粒"选项，添加该效果并展开"胶片颗粒参数"卷展栏。

（4）在"胶片颗粒参数"卷展栏中，设置"颗粒"参数值可以控制添加到图像中的颗粒数。

（5）图 9-66 展示了设置不同"颗粒"参数值的渲染效果。

图 9-66

在该选项组中启用"忽略背景"复选框，可以屏蔽背景，使颗粒仅应用于场景中的模型对象。

10

生动逼真的场景除需要准确地设置材质与灯光外，还需要配合渲染技术才能够生成最终的画面。本章将为读者介绍渲染与输出方面的知识。

在 3ds Max 中，包含多种渲染方式，每种渲染方式都有各自的特点，针对不同的场景使用不同的渲染方式。渲染方式越复杂，其渲染效果就越逼真，但也会耗费更多的系统资源和渲染时间。所以读者在选择渲染方式时，必须全面考虑作品的要求，以便选择最合适的渲染方式。

学习目标

◆ 正确理解不同渲染器的特征

◆ 熟练掌握渲染帧窗口

◆ 理解渲染设置对话框各项基础设置

10.1 课时 41: 如何准确渲染场景?

在 3ds Max 主工具栏的右侧，为用户提供了几个主要的渲染命令，通过单击相应的工具图标就可以快速地执行渲染命令。此外，3ds Max 还提供了一个单独的"渲染快捷方式"工具栏，方便用户快速地调用预设的渲染设置。本课将对渲染场景的方法进行讲解。

学习指导:

本课内容属于必修课。

本课时的学习时间为 30~40 分钟。

本课的知识点是掌握渲染帧窗口的使用方法。

课前预习:

扫描二维码观看视频，对本课知识点进行学习和演练。

10.1.1 主工具栏的渲染命令

在主工具栏右侧为用户提供了几个渲染按钮用来调用渲染命令，如图 10-1 所示。如果显示器不能完整显示主工具栏的长度，可以将光标置于工具栏空白处，当光标变为手掌图标时，向左拖曳工具栏，使其显示隐藏的按钮。

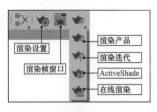

图 10-1

（1）打开本书附带文件 /Chapter-10/ 餐桌 /餐桌 .max。激活"摄影机"透视图。

（2）在主工具栏的右侧单击"渲染设置"按钮，打开"渲染设置"对话框。

提示

读者也可以执行"渲染"→"渲染设置"命令，或按下键盘上的 < F10 > 键，打开"渲染设置"对话框。

（3）在"渲染设置"对话框可以进行各项渲染设置，这些功能将在稍后的章节讲述。

（4）单击"渲染设置 : Arnold"对话框右上角的"渲染"按钮，对场景进行渲染，如图 10-2 所示。

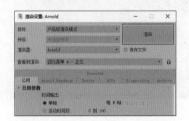

图 10-2

（5）在渲染的过程中，会弹出两个对话框，一个是"渲染帧窗口"对话框，呈现渲染结果，如图 10-3 所示。

图 10-3

（6）另一个是"渲染"对话框，该对话框呈现渲染的进度和当前渲染场景的数据信息，如图 10-4 所示。

图 10-4

渲染的时间由渲染场景的复杂程度决定。如果场景中模型面比较多，应用的材质比较复杂，渲染时间就会长；反之则会短。另外，渲染时间也和计算机的硬件配置相关，计算机配置高渲染得快，反之则会很慢。

在渲染的过程中，可以在"渲染"对话框单击"取消"按钮，终止正在进行的渲染操作。也可以在键盘上按 < Esc > 键终止渲染。

在 3ds Max 工具栏的右侧单击"渲染产品"命令按钮，可以直接对当前激活的视图进行渲染，而不用打开"渲染设置"对话框。

"渲染产品"命令按钮内还包含了另外几种渲染命令按钮，单击并保存该按钮，展开隐藏的按钮。隐藏的渲染命令按钮分别是"渲染迭代""ActiveShade""在线渲染"命令。

渲染迭代："渲染迭代"命令会忽略文件输出、网络渲染、多帧渲染和电子邮件通知。在渲染图像上执行快速渲染迭代结果。同时，在迭代模式下进行渲染时，渲染选定对象或区域会使渲染帧窗口的其余部分保留。

ActiveShade："ActiveShade"渲染方式是一种交互式及时的渲染方法，执行该渲染命令后，会弹出"ActiveShade"对话框，场景内容被修改，"ActiveShade"对话框立即进行渲染更新。

在线渲染："在线渲染"命令可以用网络上连接的多个计算机来执行渲染任务。通常在线渲染具有数百帧或数千帧的动画。即使是具有 3 台或 4 台计算机的小型网络也能显著缩短渲染时间。

（1）在 3ds Max 工具栏的右侧单击"ActiveShade"命令按钮，此时会弹出"ActiveShade"对话框。

（2）对话框内会对当前激活视窗进行及时的渲染，如图 10-5 所示。

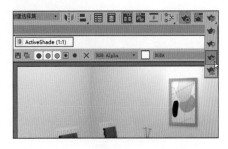

图 10-5

（3）在"顶"视图单击，激活该视图。此时"ActiveShade"对话框会立即渲染"顶"视图。

（4）试着调整桌面上的花盆模型，可以看到当场景改变时，"ActiveShade"对话框会立即渲染更新图像。

除了使用"ActiveShade"对话框对场景进行及时渲染以外，还可以将视图设置为及时渲染窗口。

（1）在"摄影机"视图菜单内执行"标准"→"ActiveShade - 使用 Arnold"命令，如图 10-6 所示。

图 10-6

（2）此时"摄影机"视图将会转变为"ActiveShade"窗口，呈现场景的渲染效果。

（3）在 3ds Max 只允许有一个"ActiveShade"窗口，所以在启用"ActiveShade"窗口后，原有的"ActiveShade"对话框会自动关闭。

（4）另外，此时如果用"渲染帧窗口"对话框对场景进行渲染，"ActiveShade"窗口会自动转变为"标准"模式窗口。

10.1.2　渲染帧窗口

"渲染帧窗口"对话框是用于显示渲染输出的窗口。在 3ds Max 中将很多的扩展功能集成到了"渲染帧窗口"对话框中，为用户的操作提供了更加便捷的途径，大大提高了工作效率。

1. 调整渲染窗口的显示

渲染结果会呈现在"渲染帧窗口"对话框内，此时我们可以对图像进行放大或缩小，以对图像细节进行观察。

（1）打开本书附带文件 /Chapter-10/ 国际象棋 / 国际象棋 .max。

（2）激活"摄影机"视图，按下键盘上的 < F9 > 键渲染场景,此时会自动弹出"渲染帧窗口"对话框。

（3）在按下 < Ctrl > 键的同时，在渲染图像上单击，将放大图像，右击，可以缩小图像。

（4）此时光标变为放大镜图标，如图 10-7 所示。

图 10-7

（5）将视图放大后，在按下键盘上 < Shift > 键的同时，拖曳鼠标可以平移图像。此时光标会变为手掌图标。

（6）除了配合快捷键外，用户也可以通过滚动鼠标滚轮的方式，放大与缩小图像，按住鼠标滚轮可以平移图像。

2. 设置渲染区域

在"渲染帧窗口"对话框内可以设置渲染区域，可以对场景的一个局部进行渲染，而非整个场景。这样可以提高渲染速度。

（1）在"渲染帧窗口"对话框左上角是"要渲染的区域"下拉栏，在下拉栏内提供了 4 种局部渲染的方式,分别为"选定""区域""裁剪"和"放大"方式。

（2）在"要渲染的区域"下拉栏内选择"选定"选项，在"摄影机"视图选择一个棋子模型。

（3）单击"渲染帧窗口"对话框的"渲染"按钮，渲染场景，可以看到在渲染结果中只出现了选定的模型，如图 10-8 所示。

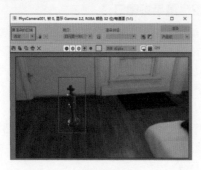

图 10-8

（4）在"要渲染的区域"下拉栏内选择"区域"选项，此时"渲染帧窗口"和"摄影机"视图内，都会出现"渲染区域"设置框。

（5）拖曳"渲染区域"设置框四周的控制柄，可以调整"渲染区域"设置框的位置和尺寸。

（6）在"要渲染的区域"下拉栏下端，单击叉号图标（"清除"按钮），将视图清除。

（7）单击"渲染"按钮渲染场景，可以看到只有"渲染区域"设置框内渲染出内容，如图 10-9 所示。

图 10-9

在"要渲染的区域"下拉栏右侧有两个设置按钮，分别是"编辑区域"按钮和"自动选定对象区域"按钮。默认开启的是"编辑区域"按钮，选择"自动选定对象区域"按钮后，"编辑区域"按钮会关闭，同时"渲染帧窗口"对话框内的"渲染区域"设置框也会消失。此时将会按选定的对象区域进行渲染。

（1）在"要渲染的区域"下拉栏右侧单击"自动选定对象区域"按钮。

（2）单击叉号图标（"清除"按钮），将视图清除。

（3）在"摄影机"视图选择"棋盘"模型组，然后在"渲染帧窗口"单击"渲染"按钮渲染场景。

（4）此时只有选定的棋盘区域进行渲染，如图 10-10 所示。

图 10-10

以自动选定对象区域的方式进行渲染，是一种能够提高工作效率的渲染方法，尤其是对一个大型场景来讲，用户不需要渲染全部内容，只需要渲染观察当前的工作对象即可。

在"要渲染的区域"下拉栏右侧单击"编辑区域"按钮，"自动选定对象区域"按钮将会关闭，同时"渲染区域"设置框会再次出现，在"渲染区域"设置框内有一个×，该按钮不是关闭"渲染区域"设置框，单击该按钮后是锁定当前"渲染区域"设置框，如图10-11所示。"渲染区域"设置框锁定后，"要渲染的区域"下拉栏右侧的"编辑区域"按钮将会关闭。如果要编辑"渲染区域"设置框，再次激活"编辑区域"按钮即可。

图 10-11

在"要渲染的区域"下拉栏选择"剪裁"选项后，可以对视窗中的选定区域进行渲染。

（1）在"要渲染的区域"下拉栏内选择"剪裁"选项。

（2）此时激活视图内会出现"渲染区域"设置框，调整"渲染区域"设置框的位置和尺寸。

（3）在"渲染帧窗口"对话框内单击"渲染"按钮，此时将只渲染"渲染区域"设置框内的区域，如图10-12所示。

图 10-12

在"要渲染的区域"下拉栏选择"放大"选项后，可以对视窗中的选定区域进行放大渲染。

3. 渲染指定视窗

在"渲染帧窗口"对话框的"视口"下拉栏内，可以指定当前要渲染的视口。

（1）在"渲染帧窗口"对话框单击"视口"下拉栏，可以看到下拉栏内提供了很多的视口选项。

（2）选择"四元菜单4-顶"选项，此时"顶"视图将被激活，单击"渲染"按钮，将渲染"顶"视图。

（3）在"视口"下拉栏选择"四元菜单4-PhysCamera001"选项，此时"摄影机"视图再次被激活。

在"视口"下拉栏右侧有一个"锁定到视口"按钮，将其激活将会锁定当前渲染窗口。即便用户在其他视图进行工作，在渲染时，也只是渲染锁定的视图，如图10-13所示。

图 10-13

"锁定到视口"按钮是非常有用的，如果不打开该按钮，每次按＜F9＞键渲染场景时，都要先激活"摄影机"视图。打开"锁定到视口"按钮后，即便在其他视图进行工作，渲染场景时永远渲染锁定的视图。

在"视口"下拉栏右侧有"渲染预设"下拉栏，在该下拉栏内可以选择预设的渲染方式。

"渲染预设"下拉栏右侧是"渲染设置"和"环境和效果对话框（曝光控制）"按钮。单击"渲染设置"按钮打开"渲染设置"对话框。单击"环境和效果对话框（曝光控制）"按钮则打开"环境和效果"对话框。

4. 编辑与查看图像信息

在"渲染帧窗口"对话框内还提供了渲染图像的管理功能，我们可以对当前渲染的图像进行保存、复制和删除。

在"渲染帧窗口"对话框的左上端有一排命令按钮，分别是"保存图像""复制图像""克隆图像""打印图像"和"删除图像"按钮。这些按钮的功能都很直观。

保存图像：单击该按钮可以保存当前渲染

图像。

复制图像：单击该按钮后，将当前渲染图像复制到内存中，然后在需要的位置粘贴即可。例如，打开 Photoshop 新建一个文档，然后执行"粘贴"命令粘贴复制的图像。

克隆图像：单击该按钮可以再次打开一个"渲染帧窗口"对话框，将当前渲染图像克隆一份。该功能是常用的，在对场景进行调整时，可以将调整前的渲染图像克隆，然后将调整前后的渲染图像进行比较。

打印图像：单击该按钮可以将当前渲染图像进行打印。

删除图像：单击该按钮可以将当前渲染图像删除，删除后"渲染帧窗口"对话框内呈现黑色背景。

在"渲染帧窗口"对话框内还提供了图像查看按钮，如图 10-14 所示。这些按钮分别是"启用红色通道""启用绿色通道""启用蓝色通道""显示 Alpha 通道"和"单色"。

图 10-14

启用红色通道：启用该按钮后，显示图像红色通道的颜色信息。

启用绿色通道：启用该按钮后，显示图像绿色通道的颜色信息。

启用蓝色通道：启用该按钮后，显示图像蓝色通道的颜色信息。

显示 Alpha 通道：启用该按钮后，颜色信息通道将会关闭，图像显示 Alpha 通道信息。

单色：启用该按钮后，图像将以黑色、白色、灰色单色方式显示。

为了准确地观察颜色，"渲染帧窗口"对话框内还提供了精确显示颜色信息的功能。在渲染图像上拖曳鼠标右键，鼠标光标将会转变为吸管图标，光标指针处的色彩信息会在信息面板中呈现出来，如图 10-15 所示。在渲染图像上右击，光标指针处的色彩信息会被吸取到"渲染帧窗口"对话框的色块内。

图 10-15

10.2　课时 42：如何进行渲染设置？

在"渲染设置"对话框中包含了很多设置选项，利用这些设置选项可以对渲染方式、渲染质量进行控制，下面学习"渲染设置"对话框的设置方法。

学习指导：

本课内容属于必修课。

本课时的学习时间为 40~50 分钟。

本课的知识点是掌握渲染设置方法。

课前预习：

扫描二维码观看视频，对本课知识点进行学习和演练。

10.2.1　设置渲染方式

在"渲染设置"对话框上端，可以选择要使用的渲染器，选择预设的渲染配置文件。

（1）打开本书附带文件 /Chapter-10/ 餐厅 / 餐厅 .max。激活"摄影机"透视图。

（2）在键盘上按下 < F10 > 键，快速打开"渲染设置：Arnold"对话框。

（3）在"渲染设置：Arnold"对话框上端的"目标"下拉栏，可以选择渲染方式。

1.　选择渲染方式

"目标"下拉栏包含 5 个选项。分别是"产品级渲染模式""迭代渲染模式""ActiveShade 模式""A360 在线渲染模式"和"提交到网络渲染"选项。这些选项和 3ds Max 工具栏的"渲染产品"命令按钮相同，如图 10-16 所示。用户可以选择不同的方式对场景进行渲染。

图 10-16

产品级渲染模式：该选项是默认选项，使用该模式渲染场景可以完整系统地整合场景参数，渲染生成场景图像。

迭代渲染模式：选择该选项，将以迭代模式对场景进行渲染。

ActiveShade 模式：选择该选项，在渲染时会弹出"ActiveShade"对话框，对场景进行即时渲染。

A360 在线渲染模式：选择该选项将使用 Autodesk Rendering Cloud 控件，对场景进行网络渲染。

提交到网络渲染：选择该选项后，将会把当前场景提交到网络渲染。3ds Max 将打开"网络作业分配"对话框对场景进行网络渲染。

"目标"下拉栏的选项与主工具栏的"渲染产品"命令按钮实际上是有关联的。

（1）在"目标"下拉栏选择"迭代渲染模式"选项，此时主工具栏的"渲染"按钮会切换为"渲染迭代"按钮。

（2）在主工具栏选择"渲染产品"命令按钮，这时"渲染设置"对话框的"目标"下拉栏会切换为"产品级渲染模式"。

2. 渲染预设

在对场景进行渲染时，需要进行很多设置，例如选择渲染器、设置渲染尺寸等。用户可以将常用的渲染设置保存下来，以便在新的场景中快速调用。在"渲染设置：扫描线渲染器"对话框上端的"预设"下拉栏，可以载入和建立渲染预设。

（1）在"渲染设置：扫描线渲染器"对话框单击"预设"下拉栏，可以看到 3ds Max 已经为用户预设了一些常用的渲染设置，如图 10-17 所示。

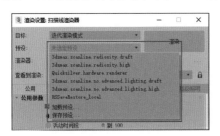

图 10-17

（2）在下拉栏的下端有"加载预设"和"保存预设"两个选项，选择"保存预设"选项可以保存当前渲染设置。

（3）选择"保存预设"选项后，会弹出"保存渲染预设"对话框，在对话框内设置预设文件名，然后单击"保存"按钮，如果 10-18 所示。

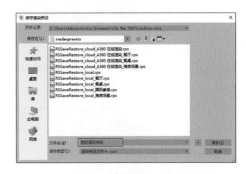

图 10-18

因为渲染操作涉及很多功能的配合，例如"环境和效果"对话框中的设置等，在保存渲染预设时会弹出"选择预设类别"对话框，让用户确认渲染预设中所包含的内容，在对话框中单击"保存"即可。这时渲染与预设就建立好了，单击"预设"下拉栏，可以看到新建立的预设选项。

3. 设置渲染器和渲染视窗

在前面章节讲述灯光和材质知识时，曾经多次提到了渲染器分类与功能。在"渲染设置"对话框上端的"渲染器"下拉栏内，可以为场景指定渲染器。

默认状态下 3ds Max 包含了 5 种渲染器，分别是"扫描线渲染器""Quicksilver 渲染器""ART 渲染器""VUE 文件渲染器"和"Arnold 渲染器"。在安装了 VRay 插件后，会增加 VRay 渲染器。

扫描线渲染器：该渲染器是一款多功能渲染器，在渲染过程中可以由上至下生成一列扫描线逐步渲染场景。

Quicksilver 渲染器：该硬件渲染器使用图形硬件对场景进行渲染。

ART 渲染器：Autodesk Raytracer (ART) 渲染器是一款仅使用 CPU 进行运算渲染的渲染器，该渲染器基于物理方式进行运算，适用于建筑、产品和工业设计渲染与动画。

VUE 文件渲染器：该渲染器可以创建 VUE (.vue) 文件。VUE 文件使用可编辑的 ASCII 格式保存。

Arnold 渲染器：目前，3ds Max 将 Arnold 渲染器设定为默认渲染器，该渲染器基于物理方式进行渲染，功能强大，渲染效果真实、生动。

不同的渲染器支持不同的灯光和材质，渲染方法不同的渲染速度差别也很大。简单地讲，运算复杂的渲染器，渲染时间长，渲染结果真实、生动。运算简单的渲染器，渲染时间快，但渲染结果会比较差。

如何选择渲染器，关键要看场景渲染后的使用场景，如果要作为真实的效果图展示，就要选择基于物理的渲染器。如果渲染二维动画片，使用"扫描线渲染器"就可以满足渲染要求，如图 10-19 所示。

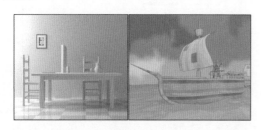

图 10-19

在"渲染器"下拉栏右侧是"保存文件"选项，选择该选项后可以将当前渲染的图像保存下来。

（1）在"渲染器"下拉栏右侧单击"保存文件"选项，此时会弹出"渲染输出文件"对话框。

（2）在对话框内设置渲染图像要保存的位置、文件名、文件格式，然后单击"保存"按钮。

（3）在"渲染设置"对话框单击"渲染"按钮，在渲染完毕后 3ds Max 会按指定方式保存当前渲染图像。

在"渲染设置"对话框上端的"查看到渲染"下拉栏内，可以设置要渲染的视图。而且在下拉栏右侧同样有"锁定"按钮，锁定当前的渲染视图。这些功能和"渲染帧窗口"对话框的"视口"选项完全相同，如图 10-20 所示。

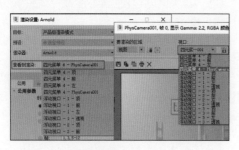

图 10-20

10.2.2 设置渲染画面

在对场景进行渲染时，需要设置渲染图像的尺寸、渲染的动画帧等信息。这些设置被集中放置在

"公用"选项卡内。

在"公用"选项卡中包含了所有渲染器的主要控件，可以设置渲染静态图像或动画，设置渲染输出的分辨率等，此外在该选项组下还可以指定渲染器。在"公用"选项卡中，包含了 4 个卷展栏，分别是"公用参数""电子邮件通知""脚本"和"指定渲染器"。

1. 渲染单帧图像和动画图像

使用"公用参数"卷展栏可以设置所有渲染器的公用参数。

（1）打开本书附带文件 /Chapter-10/ 闹钟 /闹钟 .max。

（2）激活"摄影机"视图并按下 <F10> 键，打开"渲染设置"对话框。

（3）该场景已经设置了动画效果，在软件下端单击"播放动画"按钮可以观看场景动画。

在"公用参数"卷展栏内，首先是"时间输出"选项组，该选项组可以对渲染的时间帧进行设置。"时间输出"选项组内主要包含 4 个选项，分别是"单帧""活动时间段""范围"和"帧"。

"单帧"选项是默认设置选项，选择该选项可以对当前场景的时间帧进行渲染。

（1）在软件下端，将时间滑块拖动至 160 帧位置，在"渲染设置"对话框单击"渲染"按钮。

（2）此时可以看到 160 帧时的场景画面，如图 10-21 所示。

图 10-21

选择"活动时间段"选项后，可以对当前场景的所有动画帧进行渲染，此时在选项右侧"每 N 帧"参数栏内，可以设置渲染帧的采样方式。例如，输入 8 则每隔 8 帧渲染一次。该参数只适用于"活动时间段"和"范围"两个输出选项。

选择"范围"选项后，可以自定义动画渲染的起始时间和结束时间。例如，设置为 10 帧至 20 帧，那么渲染时，就只对 0 帧～ 20 帧的动画进行渲染。

　　（1）选择"范围"选项，设置起始帧为110，设置结束帧为160。

　　（2）在"渲染设置"对话框上端选择"保存文件"选项，在弹出的"渲染输出文件"对话框，设置文件的保存路径、文件的名称。

　　（3）动画帧图像的文件格式一般使用 TGA 图片格式，TGA 格式是视频编辑专用格式。

　　（4）设置完毕后，单击"渲染"按钮，稍等片刻将会生成动画序列帧文件，如图 10-22 所示。

图 10-22

　　在"公用参数"卷展栏的"时间输出"选项组内也可以设置文件保存功能。该功能和"保存文件"选项是有关联的。

　　选择"帧"选项后，可手动设置动画采样帧进行渲染，在选项右侧的数值栏内可以设置渲染的动画帧序列。设置单帧序列用逗号隔开，设置连续帧用中横线连接。例如，渲染第 1 帧、第 3 帧和第 5 帧，输入"1，3，5"。如果渲染第 10 帧到第 20 帧的连续动画，则输入"10-20"。

2. 设置渲染区域和图像尺寸

　　如果要对场景的特定区域进行渲染,可以在"要渲染的区域"选项组进行设置。该选项组与"渲染帧窗口"对话框的"要渲染的区域"选项，使用方法完全相同，如图 10-23 所示。在此就不再赘述。

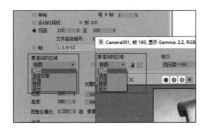

图 10-23

　　在"输出大小"选项栏内可以设置渲染图像的尺寸和图像纵横比。选项组上端的下拉栏内为用户预设了常用的电影和视频尺寸。在下拉栏内可以快速进行选择和切换。使用"宽度"和"高度"参数栏可以自定义当前渲染图像的尺寸。

　　（1）设置"宽度"参数为 400，设置"高度"参数为 250。

　　（2）此时"图像纵横比"参数会自动变为 1.6。该参数会根据图像的宽度值和高度值自动生成。

　　（3）在"图像纵横比"参数的右侧启用"锁定"按钮，此时"图像纵横比"参数将无法修改。

　　（4）更改"宽度"参数为 300 后，"高度"参数会根据当前的图像纵横比参数自动生成，如图 10-24 所示。

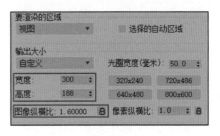

图 10-24

　　在"高度"和"宽度"参数栏的右侧，提供了 4 个尺寸预设按钮，按钮上标明了预设的尺寸数字。单击其中的按钮，将快速指定图像的高度和宽度参数。

　　这 4 个预设按钮的尺寸值是可以更改的，用户可以根据自己的应用习惯，将图像尺寸参数记录在预设按钮上。

　　（1）右击"320 × 240"按钮，会弹出"配置预设"对话框，在对话框内可以设置"高度"和"宽度"，以及"像素纵横比"参数值。

　　（2）单击"获取当前设置"按钮，可以获取当前正在使用的图像设置尺寸。

　　（3）设置完毕后单击"确定"按钮，"320×240"按钮上的尺寸变为了"300 ×188"，如图 10-25 所示。

图 10-25

3. 指定渲染器

　　在"公用"面板的最下端是"指定渲染器"卷

展栏，该卷展栏虽然不起眼，但是它的功能很重要。在 3ds Max 中有 3 个环节需要用到渲染器，分别是场景渲染输出时、材质编辑器预览材质时，以及使用"ActiveShade"功能对场景及时渲染时。

这 3 个环节使用的渲染器可以是相同的，也可以是不同的。在"指定渲染器"卷展栏内可以对相应功能设置渲染器。

（1）在"指定渲染器"卷展栏单击"产品级"选项右侧的方形按钮，此时会弹出"选择渲染器"对话框。

（2）选择要指定的渲染器，单击"确定"按钮即可完成渲染器的指定操作，如图 10-26 所示。

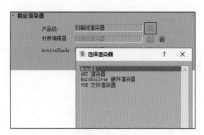

图 10-26

在这里建议大家将 3 个渲染环境的渲染器指定为相同的渲染器，以免在渲染输出时产生混乱。另外，"ActiveShade"即时渲染功能必须使用物理渲染方式，所以只能指定为"Arnold"或者"ART渲染器"。否则即时渲染功能将无法运行。

176 ### 10.2.3 项目设置——设置不同的渲染效果

在"选项"选项组内提供了很多的渲染选项，我们可以根据需要启用或关闭渲染选项。默认情况下"大气""效果"和"置换"三个选项是选择的。如果取消选择，那么在渲染过程中，将不会计算相关数据。例如，不选择"大气"选项，场景中的"雾"和"体积光"大气效果将不被渲染，如图 10-27 所示。

图 10-27

（1）打开本书附带文件 /Chapter-10/ 水池 /水池 .max。

（2）在"选项"选项组内取消"大气"选项，渲染场景后会看到，大气效果会消失，如图 10-28所示。

图 10-28

（3）启用"视频颜色检查"复选框，在渲染时将会检查图像中是否有超出 NTSC 制或 PAL 安全阈值的像素颜色，如果有，则将对它们做上标记或转化为允许的范围值。

（4）启用"渲染为场"复选框，为视频创建动画时，将视频渲染为场，而不是渲染为帧。图 10-29 展示了渲染过程中图像的效果。

图 10-29

（5）启用"渲染隐藏几何体"复选框，将会对场景中所有对象进行渲染，包括被隐藏的对象，效果如图 10-30 所示。

图 10-30

在"选项"选项组内还包含"区域光源 / 阴影视作光源""强制双面""超级黑"三个选项。这些选项的作用如下。

区域光源 / 阴影视作点光源：启用"区域光源 /阴影视作点光源"选项，会将场景中所有的区域光源和阴影都当作从点对象发出的进行渲染。这样可以加快渲染的速度，但是会降低一些质量。

强制双面：选择"强制双面"选框，对象内外表面都将进行渲染。

超级黑：启用"超级黑"选框，可以限制渲染几何体的暗度，除非确实需要此选项，否则将禁用。

3ds Max 三维艺术与设计 50 课（全彩慕课版）

通过对前面章节的学习，相信读者已经对 3ds Max 非常熟悉了，并且能够利用 3ds Max 中提供的各种工具进行场景的创建和制作了。熟练掌握建模、材质、灯光等静态图像的制作技巧，是制作优秀动画的前提条件，当场景中的模型、材质、灯光都设置完毕后，下一步就可以设置生动、逼真的动画效果了。

3ds Max 具有非常强大的动画编辑功能，相比于其他功能，动画编辑功能包含的命令非常丰富和复杂，所以对于初学者来讲会有一定的难度。本章将由浅入深地讲解基础动画方面的知识，配合具体的案例操作，使读者能够轻松掌握基础动画的编辑技巧。

学习目标

◆ 正确理解动画的基本概念和术语
◆ 熟练掌握动画的建立和编辑方法
◆ 熟练掌握轨迹视窗的操作

11.1 课时 43：动画的基本概念是什么？

在学习动画制作之前，必须先对动画的原理有一个初步的了解，以便为深入学习动画编辑技术打下基础。本课将对动画的基本概念进行讲解。

学习指导：

本课内容属于选修课。

本课时的学习时间为 30~40 分钟。

本课的知识点是正确理解动画的制作原理。

课前预习：

扫描二维码观看视频，对本课知识点进行学习和演练。

11.1.1 动画的概念

动画技术是以人类视觉感官原理为基础而产生的。当一系列相关联的静态图像在眼睛前快速切换时，大脑会感觉静态图片产生了动态变化，根据此

原理，便产生了动画制作技术。

组成动画的静态图像可以称为"帧"。电影是由很多张胶片组成的连续画面，电影中的单张胶片就是 1 帧画面，如图 11-1 所示。

下面通过一个完成制作的动画场景，使读者对动画的组成有一个更直观的认识。

（1）打开本书附带文件 /Chapter-11 / 瑞雪 / 瑞雪 .max。

（2）在动画控制区中单击"播放动画"按钮，可以观察到时间滑块在轨迹栏上进行滑动。

（3）该场景中的动画共包含了 200 个动画帧，也就是由 200 个静态图像组成了一段动画。

（4）"摄影机"视图将显示动画的每帧画面，如图 11-1 所示。

图 11-1

使用 3ds Max 设置动画时，用户不需要对每帧画面都进行设置，只需要定义关键帧即可。关键帧之间的过渡画面，可以由 3ds Max 自动生成。在图 11-2 中，位置 1 和位置 3 的模型动作为关键帧动作，位置 2 的过渡动作是计算机生成的中间帧。

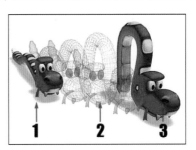

图 11-2

下面使用设置关键帧的方法设置一段简单的动画，使读者对"关键帧"和"中间帧"的概念加深理解。

（1）打开本书附带文件 /Chapter-11/ 雪橇 .max。

（2）选择"雪橇"对象，然后在动画控制区中单击"切换设置关键点模式"按钮。

（3）时间滑条和视图外框将变为红色，这表示当前进入动画设置模式。

（4）单击"设置关键点"按钮，这时将在时间滑块所在的第 1 帧位置创建一个关键帧，如图 11-3 所示。

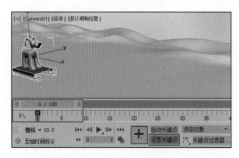

图 11-3

（5）将时间滑块拖至第 40 帧位置处，然后使用"选择并移动"工具调整"雪橇"对象的位置。

（6）再次单击"设置关键点"按钮，创建第 2 个关键帧，如图 11-4 所示。

图 11-4

（7）再次单击"切换设置关键点模式"按钮，关闭动画设置模式。

（8）然后使用鼠标在轨迹栏的第 0~ 第 40 帧之间拖动滑块，可以观察到"雪橇"对象的运动状态。

在第 0 帧和第 40 帧处设置的是动画关键帧，第 0~40 帧的动画帧，是由 3ds Max 自动生成的中间过渡帧，如图 11-5 所示。在 3ds Max 中，场景中的所有参数，几乎都可以设置关键帧动画。例如，可以将修改器参数设置为动画，如"弯曲""拉伸"或"锥化"等，还可以将灯光亮度和颜色、材质参数的变化、摄影机的移动设置动画等，几乎所有可以操控的参数都可以设置为动画。

图 11-5

11.1.2 动画的帧率

动画的帧率是指在单位时间内播放的帧数。不同的动画格式具有不同的帧率，单位时间中播放的画面帧数越多，动画就越细腻、流畅；反之，动画画面会产生抖动和闪烁的现象。动画画面每秒至少要播放 15 帧才可以形成流畅的动画效果，网页中 flash 动画的帧率为每秒 15 帧，传统电影的帧率为每秒 24 帧，如图 11-6 所示。现在一些 CG 游戏为了追求逼真的视角效果，动画帧率甚至可以达到每秒 60 帧。

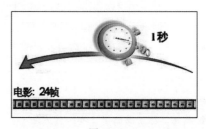

图 11-6

如果用户想要更改一个动画的帧速率，可以通过"时间配置"对话框来完成。

（1）打开本书附带文件 /Chapter-11/ 弹性球 .max。

（2）系统在默认情况下所使用的是 NTSC 标准帧速率，该帧速率为每秒播放 30 帧动画，当前动画共有 120 帧，所以总时间为 4 秒，如图 11-7 所示。

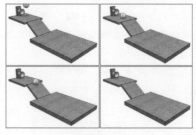

图 11-7

（3）播放动画时，可以看到动画在播放到第 3 秒，也就是第 90 帧时，球体就已经消失了。

（4）接下来要更改动画帧率，使球体在相同的时间内运动速度减慢。

（5）在动画控制区中单击"时间配置"按钮，打开"时间配置"对话框。

（6）在"时间配置"对话框的"帧速率"选项组中选择"电影"单选按钮，这时下侧的 FPS 数值将变成 24，表示当前动画帧率为 24 帧，如图 11-8 所示。

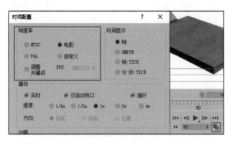

图 11-8

（7）单击"确定"按钮，退出"时间配置"对话框。此时帧率调整快了，所以在动画总帧数不变的情况下，动画的行程就变长了。

11.2　课时 44: 如何设置场景动画?

在 3ds Max 中用于设置动画、观察和播放动画的工具，位于视图的右下方，这一区域称为"动画记录控制区"，该区域由一个大图标和两排小图标组成，如图 11-9 所示。

图 11-9

动画记录控制区内的按钮，可以设置动画关键帧，还可以按多种形式播放查看动画。这些是制作动画最基本的工具，本课将着重介绍动画记录控制区的按钮功能，通过具体操作来演示这些按钮的操作方法。

学习指导:

本课内容属于必修课。

本课时的学习时间为 40~50 分钟。

本课的知识点是熟练掌握动画的设置方法。

课前预习:

扫描二维码观看视频，对本课知识点进行学习和演练。

11.2.1　项目案例——设置船模的游动动画

3ds Max 中有两种动画设置模式，分别为"自动关键点"和"设置关键点"，这两种动画设置模式各有所长，下面使用这两种动画设置模式创建不同的动画效果。结合上述功能，本节将制作小船模型在水中游动的动画效果。

1.　自动关键点模式

通过"自动关键点"模式设置动画时，3ds Max 会将不同时间点对象发生的改变自动创建为关键帧，从而生成动画效果。使用该模式制作动画的优点是简洁灵活，用户不需要关心创建关键帧的操作，只需要把注意力放在什么时间发生了什么动作上。

（1）打开本书附带文件 /Chapter-11/ 小船 / 小船 .max，该文件包括水面、障碍物和一艘小船的模型。

（2）首先来设置小船沿直线运动的动画。在动画控制区的"当前帧"栏内输入 50，然后激活"自动关键点"按钮。

（3）使用"选择并移动"工具，在"顶"视图中沿 x 轴向左移动"小船"的位置，如图 11-10 所示。

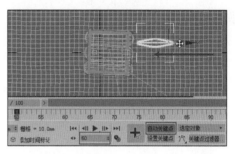

图 11-10

（4）关闭"自动关键点"按钮，将当前时间设置到第 0 帧位置。

（5）然后激活"摄影机"视图，单击"播放动画"按钮，可以看到小船游动的动画。

（6）将时间滑块调整到第 0 帧位置，然后在轨迹栏上框选创建的两个关键帧，按 < Delete > 键将关键帧删除，如图 11-11 所示。

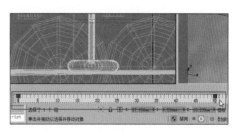

图 11-11

接下来设置"小船"绕过障碍物的动画，如果要使"小船"绕开障碍物，至少需要 3 个关键帧。

（1）使用"选择并旋转"工具在"顶"视图中沿 z 轴将"小船"旋转至图 11-12 所示的位置。

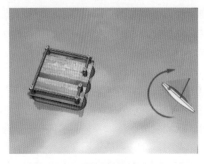

图 11-12

（2）激活"自动关键点"按钮，在动画控制区的"当前帧"栏内输入50，然后将"小船"移动并旋转至图11-13所示的位置。

图 11-13

（3）接下来需要设置最后一个关键点，在动画控制区的"当前帧"栏内输入100，将"小船"移动并旋转至图11-14所示的位置。

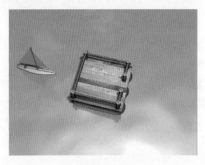

图 11-14

（4）关闭"自动关键点"按钮，播放动画，可以看到"小船"绕障碍物飞行的动画。

2. 设置关键点模式

在"设置关键点"模式下，需要用户手动设置每个关键帧，该方法虽然略显烦琐，但是相比于"自动关键点"模式，在设置动画时更加稳健和精准。

（1）再次打开本书附带文件/Chapter-11/小船/小船.max"，激活"设置关键点"按钮。

（2）在"顶"视图中沿 z 轴将"小船"模型旋转。然后单击"设置关键点"按钮，在第0帧的位置设置一个关键点，如图11-15所示。

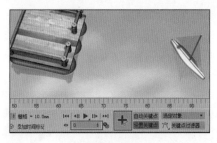

图 11-15

（3）在动画控制区的"当前帧"栏内输入50，将"小船"移动并旋转至图11-16所示的位置，单击"设置关键点"按钮，在第50帧的位置设置第2个关键点。

图 11-16

（4）在"当前帧"栏内输入100，将"小船"移动并旋转至图11-17所示的位置，单击"设置关键点"按钮，在第100帧的位置设置第3个关键点。

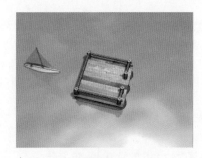

图 11-17

（5）关闭"设置关键点"按钮，播放动画，可以看到"小船"绕障碍物飞行的动画。

11.2.2 控制动画

场景设置了动画关键帧后，需要反复播放动画，对动画效果进行检查和调整。为了准确设置关键帧动作，有时需要在当前画面和关键帧之间进行切换，使用动画记录控制区内的按钮，可以快速实现上述操作。

（1）打开本书附带文件/Chapter-11/跳跃.max，下面通过动画记录控制区多的命令按钮，来学习动画的基本控制方法。

（2）在场景中选择球体对象，可在轨迹栏中观察到设置该对象动画所创建的关键帧，如图 11-18 所示。

图 11-18

（3）通过单击"上一帧"按钮或"下一帧"按钮，可以依次观察动画每帧的画面效果，以便用户精确地对相应帧的画面进行修改，如图 11-19 所示。

图 11-19

激活"关键点模式切换"按钮，这时"上一帧"按钮和"下一帧"按钮将会变成"上一关键点"和"下一关键点"按钮，通过单击这两个按钮，可以将时间滑块移动到上一个关键帧或者下一个关键帧的位置，如图 11-20 所示。

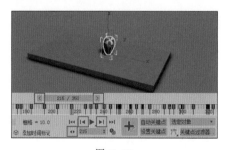

图 11-20

在时间滑块两端分别有两个箭头按钮，它们分别是"上一帧"和"下一帧"按钮，单击这两个按钮可以逐帧观看动画。在键盘上按"，"和"。"键来逐帧观察动画效果。当激活"关键点模式切换"按钮后，时间滑块两端的"上一帧"和"下一帧"按钮，也将切换为"上一关键点"和"下一关键点"按钮。

单击"转至结尾"按钮，可以将时间滑块移动到活动时间段的最后一帧，也就是整个动画的最后

一帧画面；单击"转至开头"按钮，可以将时间滑块移动到活动时间段的第 1 帧，也就是整个动画的起始帧画面，如图 11-21 所示。在键盘上按下 < Home > 键和 < End > 键，可以快速将动画切换到起始帧和结尾帧。

图 11-21

单击"播放动画"按钮，可在当前激活的视图中循环播放动画；单击"停止播放"按钮时，动画将会在当前帧处停止播放。通过按主键盘上的 < / > 键，可播放动画，再次按 "< / >"键可停止播放动画，也可通过按 < Esc > 键停止播放动画。

"播放动画"按钮还包含一个隐藏按钮，长按"播放动画"按钮，会弹出"播放选定对象"按钮，选择该按钮，此时播放动画，除了选定的对象，其他对象将会全部隐藏，如图 11-22 所示。如果场景中包含了较多的动画对象时，使用该方法播放动画，可以让我们观察得更加清晰。

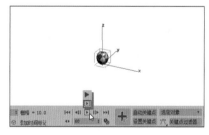

图 11-22

单击"停止播放"按钮，可以停止播放，同时没有被选择的球体将在当前视图中显示。

"当前帧"参数栏内显示了当前动画帧的位置，在该栏内输入 200，按 <Enter> 键，可将时间滑块移动到第 200 帧的位置，如图 11-23 所示。

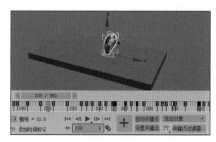

图 11-23

11.2.3 设置关键点过滤器

当用户在"设置关键点"模式下设置动画时，用户可以通过"关键点过滤器"功能选择要建立的动画数据类型。

例如，让小船绕开障碍物，需要将小船在位置和角度两个参数上的变化结果记录为动画。使用"关键点过滤器"功能，可以限制动画记录的数据，此时限制只能记录位置变化的动画，而不能记录旋转角度的动画，那么小船在角度上的变化是无法记录关键帧的。

（1）打开本书附带文件 /Chapter-11/ 小船 / 小船 .max。接下来使用"关键点过滤器"功能设置动画。

（2）激活"设置关键点"按钮，在该按钮右侧单击"打开过滤器对话框"按钮，此时会弹出"设置关键点"对话框，如图 11-24 所示。

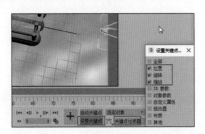

图 11-24

（3）默认状态下"设置关键点"对话框内，"位置""旋转"和"缩放"三个选项是选择的。这表示这 3 类数据是可以建立关键帧的。

（4）在"设置关键点"对话框将"位置""旋转"和"缩放"三个选项取消选择。

（5）此时按照我们之前讲述的建立动画的方式，建立关键帧动画。会发现单击"设置关键点"按钮，是无法建立关键帧的。

现在读者应该明白"过滤关键帧"功能的作用了。在"设置关键点"对话框将"位置""旋转"和"缩放"三个选项选择。此时，再设置动画，就和以前一样了。

需要注意的是，"过滤关键帧"功能只对"设置关键点"动画设置模式有效，而对"自动关键点"动画设置模式是无效的。

11.2.4 项目案例——利用切线设置飞船飞行动画

关键帧的切线会影响对象的运动形态。不同的切线方式会使对象产生不同的运动节奏，在本节将使用不同的切线设置两艘飞船的飞行状态。

（1）打开本书附带文件 /Chapter-11/ 飞船 / 飞船 .max。

（2）选择"飞船 01"对象，激活"自动关键点"按钮，将时间滑块调整到第 100 帧位置。

（3）使用"选择并移动"工具，在"顶"视图中调整飞船在第 100 帧时的位置，如图 11-25 所示。

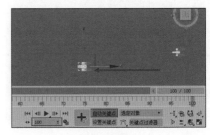

图 11-25

退出"自动关键点"模式，然后播放动画，会发现飞船模型缓慢启动，然后缓慢停止，这是因为关键点切线所使用的是"平滑切线"类型。

（1）长按动画控制区中的"新建关键点的默认入 / 出切线"按钮，将弹出图 11-26 所示的按钮列表。

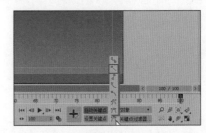

图 11-26

（2）在弹出的按钮列表中选择"线性"按钮，下面将通过该切线类型为另外一艘飞船设置匀速飞行的动画。

提示

改变切线类型不会影响已经创建好的关键帧，只会影响在开启该模式后的新建立的关键帧，用户可以使用不同的切线类型为同一个对象设置丰富的动画效果。

（3）在视图中选择另外一艘飞船模型，然后激活"自动关键点"模式，将时间滑块调整到第 100 帧位置处。

（4）在"顶"视图调整飞船模型的位置，如图 11-27 所示。

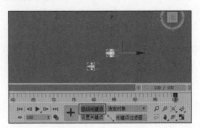

图 11-27

退出“自动关键点”模式，播放动画，可以看到两艘飞船运动动作相同，但是运动节奏是有较大区别的。一艘飞船是缓缓启动，然后在结束时缓缓停止。另一艘飞船则是匀速地进行移动。这就是“平滑”切线和“直线”切线的不同动画效果。关于切线的调整方法，将在讲述“轨迹视图”窗口时，详细进行讲解。

11.2.5　时间配置对话框

通过“时间配置”对话框，可对动画的制作格式进行设置，这些设置包括帧率控制、播放控制和时间的设定等。

1. 帧率和时间显示

在“时间配置”对话框中经常进行的操作是设置当前场景的帧率。

（1）打开本书附带文件 /Chapter-11/ 探险车 .max。

（2）在动画控制区中单击“时间配置”按钮，打开“时间配置”对话框，如图 11-28 所示。

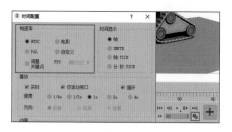

图 11-28

在该对话框的“帧速率”选项组中可以设置动画每秒所显示的帧数。默认情况下，使用的是“NTSC”帧率，表示动画每秒包含 30 帧画面；选择“PAL”单选按钮后，动画每秒播放 25 帧；选择“电影”单选按钮后，动画每秒播放 24 帧，如图 11-29 所示。具体采用哪种帧率，关键要看动画将来要在哪种平台播放。如果是电影播放就选择 24 帧，如果是电视可以选择 25 帧。

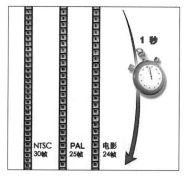

图 11-29

通过“时间显示”选项组中的各个选项，可

对时间滑块和轨迹栏上的时间显示方式进行更改。将时间滑块调整到第 60 帧位置，然后设置不同的时间显示方式来观察效果，如图 11-30 所示。默认情况下就是用“帧”模式。图 11-30 界面中的 SMPTE 是电影工程师协会的标准，用于测量视频和电视产品的时间。

图 11-30

2. 动画播放控制

在“播放”选项组内可以对动画的播放方式进行设置，可以加快播放动画，也可以减慢播放动画。

在“播放”选项组上端是“实时”“仅活动视口”和“循环”三个选项，如图 11-31 所示。它们的作用如下。

图 11-31

实时：选择“实时”选项后，将会按正常的动画顺序和标准的帧率播放动画，只有选择了“实时”选项，才可以对动画播放速度进行设置。

仅活动视口：选择“仅活动视口”选项后，只有当前激活的视窗会播放动画，其他视图不会播放动画；如果不选择该选项，所有视口都会同时播放动画。

循环：选择“循环”选项后，会以循环方式播放动画；不选择该选项时，动画播放到最后一帧时，会自动停止。

在“速度”选项组内可以设置动画的播放速度。加快播放动画，可以高效地对长动画进行概览；减慢播放动画，可以对动画的动作细节进行观察分析。这里的更改速度只是更改动画播放的速度，并不影响动画的本身速度。只有“实时”选项为启用状态时，播放速度才可以更改。

在“播放”选项组内将“实时”选项取消选择，此时“方向”选项组处于激活状态，可以将动画向前正序播放，也可以将动画向后倒序播放，还可以将动画往复循环播放。

读者可以根据以上描述，在"播放"选项组内进行设置，观察动画的播放效果。

3. 设置动画长度和开始时间

在"动画"选项组内可以设置动画的时间长度，定义动画的开始时间与结束时间，如图11-32所示。"动画"选项组中各项参数的作用如下。

图 11-32

开始时间：该参数可以设置动画起始帧的位置，可以从第0帧开始，也可从其他任何一帧开始。

结束时间：动画结束的时间帧位置。

长度：当前动画的总的时间长度。

帧数：该参数标明了动画中动画画面总数量，由总的时间帧加上0帧的动画画面，所以该参数会比动画长度多1位。

当前时间：该参数显示了当前时间滑块所处的时间帧位置。

为了加深读者的理解，下面对"开始时间"和"结束时间"参数分别进行设置。

（1）在"动画"选项组将"开始时间"参数设置为-20。此时结束时间是120，所以动画总长度变为了140。

（2）将"结束时间"设置为100，这样动画总长度又变为了120帧，如图11-33所示。

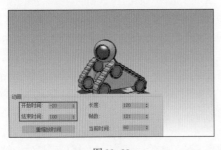

图 11-33

在更改"开始时间"和"结束时间"参数后，注意观察时间滑块下端的时间刻度，开始时间变为了-20。

在更改"开始时间"和"结束时间"参数之前，探险车模型会从第0帧时向前开动，修改了"开始时间"参数后，探险车会从-20帧停止，至0帧时再开始启动。

在"动画"选项组内还有一个"重缩放时间"按钮，单击该按钮可以打开"重缩放时间"对话框，

在该对话框内可以定义动画的长度，也可以重新定义开始帧的位置。

（1）在"动画"选项组内单击"重缩放时间"按钮，打开"重缩放时间"对话框。

（2）在"重缩放时间"对话框上端的信息栏内显示了当前场景中动画设置状态。

（3）设置"开始时间"参数为0，此时时间滑块下端的时间刻度将会由-20修改为0。

（4）设置"结束时间"为80，此时整个动画长度会缩短为80帧，单击"确定"按钮完成设置，如图11-34所示。

图 11-34

播放动画会发现，虽然现在动画开始时间是从0帧开始的，但是现在的0帧，是由-20帧修改而来的，所以探险车会在停滞20帧后才开动。

4. 关键点步幅

在动画控制按钮区激活"关键点模式切换"按钮，这时"上一帧"按钮和"下一帧"按钮将会变成"上一关键点"和"下一关键点"按钮，在调整关键帧画面时，需要打开该功能，这样可以快速地跳动至关键帧位置。

在"时间配置"对话框下端的"关键点步幅"选项组内，可以控制关键帧跳动的方式。

（1）打开本书附带文件/Chapter-11/敲钉子/敲钉子.max。

（2）在动画控制区中单击"关键点模式切换"按钮，进入关键点编辑模式。

（3）在视图中选择"钉子"和"锤棒"模型，轨迹栏中会显示出两个模型的动画关键帧，如图11-35所示。

图 11-35

（4）单击"上一关键点"和"下一关键点"按钮，时间滑块会在关键帧位置处进行切换。

在"时间配置"对话框下端的"关键点步幅"选项组内可以对关键帧的参考方式进行设置。

（1）在动画控制区中单击"时间设置"按钮，打开"时间设置"对话框。

（2）在"关键点步幅"选项组中禁用"使用轨迹栏"复选框，下端的两个复选框成为可编辑状态，如图 11-36 所示。

图 11-36

仅选定对象：选择该选项后，单击"下一关键点"按钮时，只在当前选择对象的关键帧位置进行横跳。如果不选择该选项，会参考场景所有的关键帧位置横跳。

使用当前变换：选择该选项后，单击"下一关键点"按钮时，会根据当前选择的变换工具，在对应的关键帧位置横跳；例如，当前使用的是"选择并移动"工具，那么将会参考"位置"关键帧进行横跳；如果不选择该选项，其下"位置""旋转"和"缩放"三个选项将变为可用状态，此时我们可以单独设置关键帧参考的类型，例如选择"旋转"选项后，只会在旋转关键帧上横跳。

为了加深大家的理解，我们进行一下操作。

（1）打开"时间设置"对话框，禁用"使用轨迹栏"复选框。

（2）将"仅选定对象"选项禁用，在场景中不选择任何对象，单击"下一关键点"按钮时也可以参考场景中的关键帧进行横跳，如图 11-37 所示。

图 11-37

（3）此时"使用当前变换"选项还是激活状态，在 3ds Max 工具栏选择"选择并移动"工具。

（4）单击"下一关键点"按钮，此时只会在钉子模型移动的两个关键帧上横跳。因为钉子模型的动画记录了移动的参数变化。

（5）选择"选择并旋转"工具，再次单击"下

一关键点"按钮，只会在锤棒模型的关键帧上横跳，因为锤棒模型记录了旋转参数的变化。

（6）打开"时间设置"对话框禁用"使用当前变换"选项，在其下端只选择"旋转"选项。

（7）此时单击"下一关键点"按钮，就只会在锤棒模型的旋转动画关键帧上横跳了，如图 11-38 所示。

图 11-38

需要初学者注意的是，"关键点步幅"选项组的功能是非常重要的，尤其是对动画进行细致修改时，快速准确地跳转至关键帧位置，可以有效地提升动画的修改速度。

11.2.6　项目案例——设置生动的砸锤子动画

为了加深读者对关键点步幅功能的理解，在这里为大家安排了一组案例。通过对场景设置动画，来理解关键点步幅功能在编辑调整动画时的重要性。图 11-39 展示了案例的完成效果。读者可以结合本课教学视频，对项目案例进行练习和演练。

图 11-39

11.3　课时 45: 轨迹视图有何作用？

"轨迹视图"对话框是一个重要的动画编辑工具，在 3ds Max 的主工具栏内单击"曲线编辑器"按钮，可打开"轨迹视图"对话框。在该对话框内，可以对动画关键帧进行各种调整与编辑。例如移动关键帧、复制粘贴关键帧、添加运动控制器、改变运动状态等。

由于"轨迹视图"对话框对于动画编辑工作非常重要。3ds Max 还提供了第二种方式打开"轨迹视图"对话框。在时间帧刻度条的左侧，单击"打开迷你曲线编辑器"按钮，可以打开"迷

你曲线编辑器"窗口。两个"轨迹视图"对话框的操作方法是相同的。本课将对上述知识进行讲解。

学习指导：

本课内容属于必修课。

本课时的学习时间为 40~50 分钟。

本课的知识点是掌握轨迹视窗的使用方法。

课前预习：

扫描二维码观看视频,对本课知识点进行学习和演练。

11.3.1 项目案例——使用轨迹视图窗口设置传送动画

"轨迹视图"窗口有两种显示方式,即"曲线编辑器"和"摄影表"。在"轨迹视图"窗口的菜单栏中执行"编辑器"→"曲线编辑器"命令,运动轨迹将以功能曲线方式显示;执行"编辑器"→"摄影表"命令,运动轨迹将以图表方式显示。图 11-40 展示了这两种不同的显示方式。

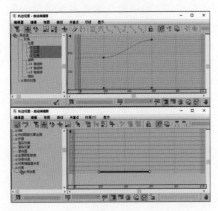

图 11-40

使用"曲线编辑器"模式可对动作细节进行精确的调整。而"摄影表"模式更像是整体编排演员的出场顺序。例如第 1~ 第 50 帧时卡车开进画面、第 50~ 第 10 帧时卡车卸下货物画面。下面通过具体操作来学习上述功能。

1. 轨迹视图界面

对于初学者来讲,第一次打开轨迹视图会有些迷茫。因为从一个直观的三维空间切换到一个密密麻麻的 Excel 表格当中,会让人无所适从。其实,"轨迹视图"对话框是一个非常简洁、高效的动画设置工具。通过对本节的学习,相信读者

可以轻松掌握。

"曲线编辑器"显示方式为轨迹视图窗口默认的显示方式,下面将以"曲线编辑器"显示方式为例为读者讲解其使用方法。

(1)打开本书附带文件 /Chapter-11/ 飞碟 .max。单击"播放动画"按钮观察动画效果。

(2)"传送器"对象由第 20~ 第 60 帧向上移动,"飞碟"对象由第 30~ 第 70 帧开始旋转。

(3)在了解了动画基本信息后,接下来打开"轨迹视图"对话框进行查看。

(4)首先在视图中拾取"传送器"模型,然后在动画刻度条左侧单击"打开迷你曲线编辑器"按钮,如图 11-41 所示。

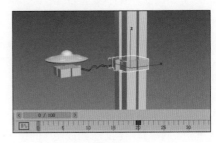

图 11-41

(5)"轨迹视图"对话框可以分为两部分,左侧是"控制器"窗口,如图 11-42 所示。在"控制器"窗口内罗列了场景中可以设置动画的所有选项。

图 11-42

(6)在"轨迹视图"对话框右侧是"功能曲线"窗口,如图 11-43 所示。在该窗框内可以对动画关键帧进行设置。

注意

如果"功能曲线"窗口内没有呈现对象的运动曲线,可以在工具栏单击"框选水平范围选定关键帧"和"宽选值范围选定关键帧"按钮,此时选择对象的关键帧会呈现在"功能曲线"窗口内。

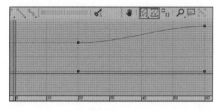

图 11-43

首先学习"功能曲线"窗口内曲线的含义。在默认状态下,在"控制器"窗口内会将当前选择对象的"x 位置""y 位置"和"z 位置"三个层选择。因为这 3 个选项内包含动画关键帧。

为了便于观察,依次单击这 3 个层,观察"功能曲线"窗口内曲线的变化。可以看到"x 位置"和"y 位置"的曲线是水平的,只有"z 位置"的曲线是向上的坡度线。

在"功能曲线"窗口选择坡度线左侧的关键帧点,在视图上端的"时间帧"和"值"参数栏内,会出现该关键帧的时间和参数信息,如图 11-44 所示。

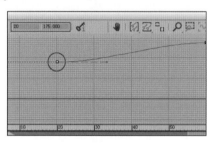

图 11-44

在"功能曲线"窗口选择坡度线右侧的关键帧点,观察第二个关键帧的信息。根据信息可以了解到"传送器"模型在第 20~ 第 60 帧的时间里,其 z 轴的值由 175 增大至 270。在动画中,模型沿 z 轴向上产生了移动动画。

此时可以将"功能曲线"窗口理解为一个函数表,水平的 x 轴方向代表时间的变化,垂直的 y 轴方向代表对象的参数变化,参数的变化方式由曲线的形态决定,如图 11-45 所示。在"功能曲线"窗口内如果更改了曲线的形态,对象的动画形态也会发生变化。

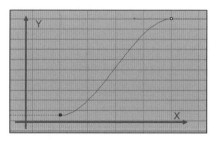

图 11-45

2. 调整曲线形态

在了解了功能曲线的工作原理后,接下来学习功能曲线的编辑方法。

(1)在"控制器"窗口内选择"传送器"模型的"z 位置"层。

(2)在"轨迹视图"的工具栏内选择"滑动关键帧"按钮,在"功能曲线"窗口内将第一个关键帧向左滑动至第 0 帧位置,如图 11-46 所示。该工具只能水平移动关键帧。

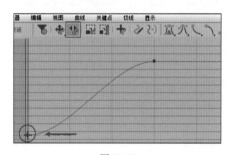

图 11-46

(3)在"轨迹视图"的工具栏内选择"移动关键帧"按钮,将第二个关键帧向视图的右上方移动,如图 11-47 所示。该工具可以自由移动关键帧。

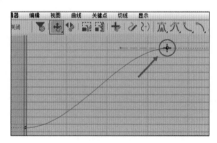

图 11-47

播放动画,对调整后的效果进行观察。通过更改关键帧的位置,重新调整了动画的开始时间和结束时间,以及模型在 z 轴方向移动的高度。

除了上述两个工具以外,还有很多工具可以对功能曲线的形态做出修改。

(1)在"轨迹视图"的工具栏内选择"添加 / 移除关键点"按钮。

(2)在"z 位置"层曲线中心处单击,建立一个新的动画关键帧。

> **提示**
>
> 在使用"添加/移除关键点"工具时,单击是建立关键帧;配合按下键盘上的 < Shift >键,单击已建立关键帧可以移除关键帧。

(3)新建立的关键帧是处于被选择状态的,在工具栏单击"将切线设置为自动"按钮,新建立的关键帧两侧会出现曲线调整控制柄，如图11-48所示。

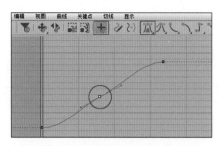

图 11-48

（4）在"轨迹视图"的工具栏内选择"移动关键点"按钮。调整新建立关键帧的曲线控制柄，修改功能曲线的形态，如图11-49所示。

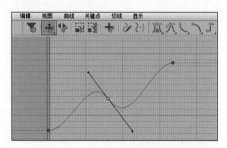

图 11-49

（5）播放动画，可以看到模型出现升起落下的动画效果，其运动形态完全按照曲线的形态进行变化。

（6）在"轨迹视图"工具栏内选择"绘制曲线"按钮。在坡度曲线上单击并拖动鼠标，可以通过绘制的方式设置曲线的形态。

（7）绘制的过程中3ds Max会根据鼠标位置自动建立关键帧，如图11-50所示。

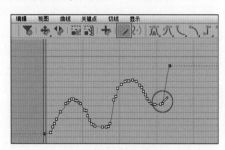

图 11-50

（8）在工具栏内选择"移动关键点"按钮，然后在视图中将所有的关键帧全部框选。

（9）接着在工具栏选择"简化曲线"按钮，此时会弹出"简化曲线"对话框。

（10）在对话框内将"阈值"参数设置为10.0，并单击"确定"按钮，可以看到曲线上原本密集的关键帧被简化了，如图11-51所示。

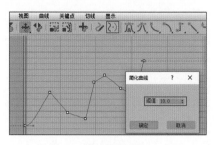

图 11-51

（11）在工具栏内选择"缩放关键点"按钮，在选择的关键帧上沿水平方向拖曳鼠标，可以看到关键帧的间距产生了变化。同时光标的右侧会出现缩放操作的提示信息。

（12）若关键帧的间距变长，则动作的进行时间就会加长，动作会变慢；若关键帧的间距缩短，动作就会变快，如图11-52所示。

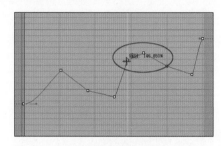

图 11-52

（13）在工具栏内选择"缩放值"按钮，此时"功能曲线"窗口内会出现一根棕色的参考线。

（14）将棕色的参考线拖至曲线的高度中心位置，在选择的节点上沿垂直方向向下拖曳鼠标，可以看到选择的关键帧向参考线位置汇集。

（15）如果向上拖曳鼠标，关键帧位置将会偏离参考线，如图11-53所示。

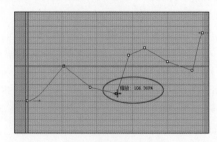

图 11-53

通过上述操作，可以看出对于功能曲线的修改方法是非常灵活多样的，这确保了在设置动画工作中的高效性和准确性。

3. 调整功能曲线视图

在设置一些比较复杂的动画时，功能曲线可能会非常长，而且变化丰富。所以要学会灵活地调整"功能曲线"窗口的显示状态。这样可以有效提高工作效率。

（1）再次打开本书附带文件 /Chapter- 11/飞碟.max。将刚才的操作清除。

（2）在场景中选择"传送器"模型，单击"打开迷你曲线编辑器"按钮，打开"迷你轨迹"对话框。

（3）在"轨迹视图"对话框的"控制器"窗口内选择"z 位置"层。

（4）调整"功能曲线"窗口，使显示的工具被集中放置在"轨迹视图"对话框工具栏的右侧，如图 11-54 所示。

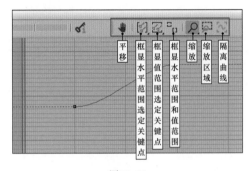

图 11-54

这些工具的使用方法都很简单直接。

平移：选择"平移"工具，拖曳视窗可以平移视图。

框显水平范围选定关键点：单击该按钮可以将选择的关键帧，在"功能曲线"窗口水平方向最大化显示，如果在没有选择关键帧的状态下单击该按钮，可以将整个时间帧最大化显示。在该工具下还包含了两个隐藏按钮，分别是"框显水平范围关键点"和"框显水平范围"工具。

框显水平范围关键点：单击该工具可以将所有关键帧在"功能曲线"窗口水平方向最大化显示。

框显水平范围：单击该工具可以将整个时间帧最大化显示。

框显值范围选定关键点：单击该按钮，可以将选择的关键帧在垂直方向最大化显示。该按钮同样也包含了两个隐藏工具，两个按钮图标不同，但都叫作"框显值范围"。这两个工具可以将曲线在高度方向上最大化显示，垂直双箭头图标按钮可以将所有曲线最大化显示。水平双箭头图标按钮可将当前编辑的曲线最大化显示。

框显水平范围和值范围：单击该工具可以在水平方向和垂直方向最大化显示选择的关键帧；如果当前未选择关键帧，将使整个时间长度和所有曲线高度最大化显示。

缩放：选择该工具可以缩放"功能曲线"窗口。该工具包含两个隐藏按钮，分别是"缩放值"和"缩放时间"功能，这两个工具可以水平缩放和垂直缩

放视图。

缩放区域：该工具可以将框选区域进行最大化显示。

隔离曲线：选择曲线上的关键帧，单击该按钮可以单独显示目标曲线。

由于以上功能都很简单直接，因此就不做具体演示了，大家可以根据以上文字描述，尝试着使用视图调整工具，对"功能曲线"窗口进行调整。虽然这些工具操作简单，但在工作中的作用是非常重要的，所以初学者务必要熟练掌握。

4. 时间滑块与时间标尺

在"轨迹视图"也提供了时间滑块和时间标尺。利用它们可以播放动画，以及精确地调整时间帧。

在"功能曲线"窗口内有两根垂直的蓝色线条，这就是"时间滑块"，两根蓝色线条中的间隙对应当前的时间帧位置。沿水平方向左右拖曳"时间滑块"，场景视图将会播放动画，如图 11-55 所示。

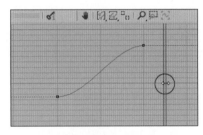

图 11-55

在"功能曲线"窗口下端是"时间标尺"，"时间标尺"是可以移动位置的，将"时间标尺"向上拖到"功能曲线"窗口的中心，贴紧关键帧可以更精准地查看时间帧位置，如图 11-56 所示。

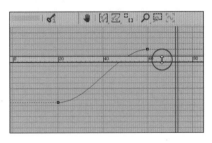

图 11-56

11.3.2 项目案例——使用切线制作监控温度动画

在"轨迹视图"中，关键帧之间的曲线形态，可以直接影响对象的运动形态。对关键帧的切线进行设置，可以修改曲线的形态。

在 3ds Max 中共有 7 种不同的关键帧切线设置方法，这些方法可以将曲线定义成不同的形态，从而生成丰富的动画效果。本节将使用上述方法，

制作温度计的不同的升降状态动画。

1. 自动关键点切线

自动关键点切线的形态较为平滑，在靠近关键帧的位置时，对象运动速度略慢，远离关键点时，对象运动速度略快，大多数对象在运动时都是这种运动状态，例如汽车在启动和停止的时候，就符合这种运动状态。

（1）打开本书附带文件 /Chapter-11/ 温度计 / 温度计 .max，场景中已经设置了一个简单的动画，播放动画可以观察动画效果。

（2）选择场景中的"控制柄"虚拟对象，该对象在 z 轴高度上的变化将会影响温度计模型中液体柱的高度。

> **提示**
>
> 对"液体柱"模型添加"连接变换"修改器后，可以将模型的顶部节点连接在"控制柄"虚拟对象上，这样虚拟对象移动时将会改变节点的位置，从而影响模型形状。

（3）单击"打开迷你曲线编辑器"按钮、打开"迷你轨迹"对话框，选择"控制柄"对象的"z 位置"层，如图 11-57 所示。

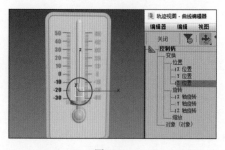

图 11-57

（4）在"轨迹视图"对话框工具栏内选择"添加 / 移除关键点"工具，在曲线中心单击建立一个新的关键帧。

（5）建立完毕后，在"轨迹视图"对话框工具栏设置新关键帧的时间参数为 50，值参数为 400.000，如图 11-58 所示。

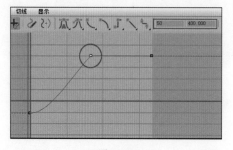

图 11-58

（6）选择曲线上最右侧关键帧，将其值参数修改为 -100.000，如图 11-59 所示。

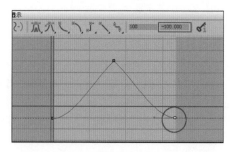

图 11-59

（7）播放动画，可以看到温度计的液体柱产生先升高后下降的动画效果。

（8）选择中间的关键帧，然后在"轨迹视图"对话框工具栏单击"将切线设置为自动"按钮，可以看到关键帧两侧产生了曲线调整控制柄，如图 11-60 所示。

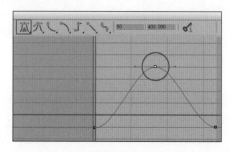

图 11-60

此时曲线形态改变，动画效果也会变化。播放动画，可以看到温度计里的液体柱缓慢上升，然后缓慢下降。

当前关键帧两侧的控制柄是切线控制柄，控制柄会永远和曲线相切，调整一侧控制柄，另一侧也会随之改变，如图 11-61 所示。

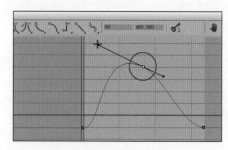

图 11-61

2. 快速关键点切线

使用快速关键点切线，可以将关键帧位置处的曲线设置为尖突的夹角，动画会随着曲线形态产生快速升高、快速下降的效果。

（1）在"功能曲线"窗口中选择中间的关键帧，然后单击工具栏中的"将切线设置为快速"按钮。

（2）此时关键帧位置处的曲线形成了尖锐的夹角，如图11-62所示。

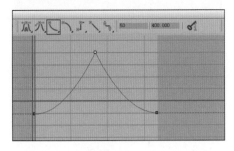

图11-62

播放动画，会发现动画在播放到第10帧左右时，液体柱会以较快的速度上升；然后播放到第50帧时，又以较快的速度下降；一直到第90帧左右才缓慢下降。

3. 将切线设置为样条线

将切线设置为样条线模式可以根据当前曲线的形状在关键帧两侧生成曲线控制柄。

（1）在"功能曲线"窗口中选择中间的关键帧，然后单击工具栏中的"将切线设置为样条线"按钮。

（2）此时曲线夹角处的关键帧两侧出现了两个控制柄，如图11-63所示。调整控制柄的位置可以影响夹角的形态。

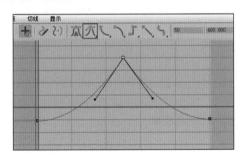

图11-63

很多初学者搞不清楚"将切线设置为样条线"和"将切线设置为自动"这两个工具的区别，单击"将切线设置为自动"工具，关键帧两侧会生成一根标准的切线；而单击"将切线设置为样条线"工具，根据当前曲线形态生成切线控制柄。

4. 慢速关键点切线

慢速关键点切线使对象在接近关键帧时，速度减缓。这与抛物线运动曲线的状态正好相反，当物体在运动过程中受到阻力时，就是这种运动状态。

（1）选择曲线中间的关键帧，在"轨迹视图"对话框工具栏中单击"将切线设置为慢速"按钮，如图11-64所示。

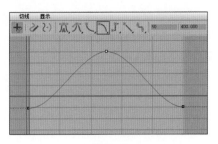

图11-64

（2）此时曲线中心形成了柔和的过渡，播放动画，可以看到液体柱的形态变化很柔和。

5. 阶梯关键点切线

阶梯关键点切线使对象在两个关键点之间保持静止状态，然后突然由一种运动状态转变为另一种运动状态，这与一些机械的运动很相似，例如冲压机、打桩机等。

（1）在"轨迹视图"窗口的工具栏中单击"将切线设置为阶梯式"按钮，如图11-65所示。

（2）播放动画，液体柱在第0~第49帧时保持原有状态，而到第50帧时突然上升，在第50~第99帧时保持一种状态不变，到第100帧时又急剧下降。

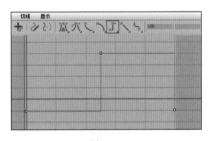

图11-65

6. 线性关键点切线

线性关键点切线使对象保持匀速直线运动，运动过程中的对象，例如飞行的飞机、移动的汽车行驶时通常为这种状态，使用线性关键点切线还可设置对象的匀速旋转，例如螺旋桨、风扇等。

（1）在"轨迹视图"窗口中同时框选曲线上的3个关键点，然后单击工具栏中的"将切线设置为线性"按钮，将这3个关键点的切线类型都设置为线性，如图11-66所示。

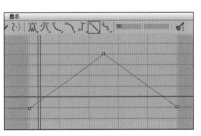

图11-66

（2）播放动画，液体柱会先匀速上升，然后匀速下降。

7. 平滑关键点切线

平滑关键点切线可将功能曲线的转折处设置得非常圆润平滑，对象在运动时动作非常柔和，不会产生任何顿挫感。

（1）在"轨迹视图"窗口中，保持3个关键点的选择状态。

（2）然后单击工具栏中的"将切线设置为平滑"按钮，此时功能曲线犹如一个半圆形，如图11-67所示。

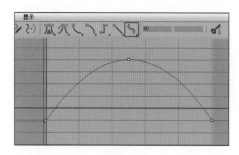

图11-67

（3）播放动画，可以观察到液体柱平滑上升和下降的动画。

8. 为关键帧设置不同切线

为了使动画效果变化与丰富，同一关键帧两侧可以设置不同的切线方式。

（1）在"轨迹视图"对话框中选择曲线中心的关键帧，然后右击该关键帧，会打开"控制柄 /z 位置"对话框。

（2）在对话框的下端有"输入"和"输出"两个切线状态按钮，"输入"代表关键帧左侧的切线状态，"输出"代表关键帧右侧的切线状态，如图11-68所示。

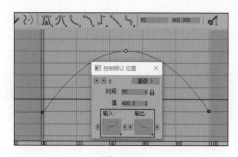

图11-68

（3）按住"输入"切线状态按钮，按钮会展开隐藏按钮，在隐藏按钮中选择"将切线设置为阶梯式"按钮。

（4）此时曲线的形态一侧是阶梯状转折，另一侧是平滑状转折，如图11-69所示。

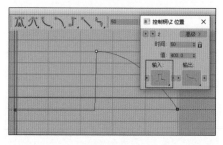

图11-69

关闭"控制柄 /z 位置"对话框，除了在该对话框中设置切线以外，在工具栏中也可以将选择的关键帧设置为不同的切线状态。在"轨迹视图"对话框工具栏内，其实每个切线状态按钮都包含隐藏按钮，分别是单独设置"输出"和"输入"按钮。

（1）依旧选择曲线中心的关键帧，在"轨迹视图"对话框工具栏内，按住"将切线设置为慢速"按钮。

（2）在弹出的隐藏按钮中选择"将切线设置为慢速输出"按钮，此时曲线的另一侧由原来的平滑切线转变成尖突切线，如图11-70所示。

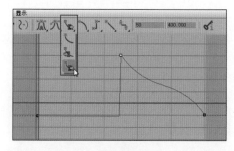

图11-70

11.3.3 项目案例——使用循环运动功能制作机械传送动画效果

在3ds Max中可以设置关键点切线的循环运动，也就是说用户可以在仅设置少量关键帧的情况下，使用循环运动功能使当前简单动作不断重复循环，使对象产生有规律的动作，比如机器人走路动作。这样既提升了工作效率，又保证了重复动作的准确性。下面使用循环运动功能，制作一组机械传送动画效果。

（1）打开本书附带文件 /Chapter-11/ 滑车 / 滑车 .max。在场景中选择"滑车"对象。

（2）单击"打开迷你曲线编辑器"按钮，打开"迷你轨迹"对话框，进入该对象的"y 位置"层。

> **提示**
>
> 如果功能曲线未显示在当前视窗中，则在对话框工具栏内单击"根据水平范围和值范围"按钮，将曲线显示。

（3）在"功能曲线"窗口可以看到，滑车模型在第 30~ 第 80 帧的时间里，在 y 轴方向上发生了移动动画，如图 11-71 所示。而在第 30~ 第 80 帧之外的区域是静止不动的。

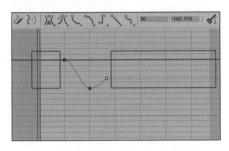

图 11-71

所谓循环动画就是将当前已设置的动画曲线，进行循环重复。下面通过具体操作进行学习。

（1）在"轨迹视图"对话框菜单栏执行"编辑"→"控制器"→"超出范围类型"命令。

（2）此时会弹出"参数曲线超出范围类型"对话框，在该对话框内可以对动画曲线进行复制设置，使静止的动画曲线产生动态效果。

（3）默认是"恒定"模式，就是动作之前和动作之后不发生任何变化。

（4）在对话框中单击"周期"模式，然后单击"确定"按钮，此时功能曲线在超出动作之外的区域开始重复已有动作，如图 11-72 所示。

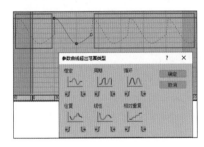

图 11-72

播放动画可以看到，滑车模型开始重复执行第 30~ 第 80 帧的动作。注意观察"参数曲线超出范围类型"对话框中的"恒定"和"周期"模式的图标，会出现其实和功能曲线的形态也非常接近。

在"参数曲线超出范围类型"对话框中还提供了很多其他类型的循环动画模式。下面依次来看一下。

（1）在"轨迹视图"对话框菜单栏执行"编辑"→"控制器"→"超出范围类型"命令。打开"参数曲线超出范围类型"对话框。

（2）单击"往复"模式然后单击"确定"按钮，关闭对话框。

（3）此时循环动作会产生镜像往复的动画效果，如图 11-73 所示。

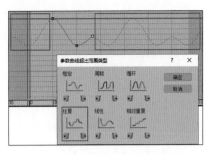

图 11-73

大家可以尝试设置其他的循环动画模式，查看不同模式下的动画效果有何不同。关于循环动画的更多讲述内容大家可以参看本课配套教学视频。从而进行详细的学习。

11.3.4 项目案例——使用可见性制作时空传送动画效果

在"曲线编辑器"模式下，可以通过编辑对象的可见性轨迹来控制对象的显示与隐藏，而且可见性的变化可以设置为动画，在动画中对象产生渐渐消隐的效果。

为对象添加可见性轨迹后，可以在轨迹上添加关键帧。当关键帧的值为 1 时，对象可见；当关键帧的值为 0 时，对象不可见。通过编辑关键点的值，可以设置对象的可视动画。本节将使用上述功能制作时空传送动画效果。

（1）打开本书附带文件 /Chapter-11/ 时空转换 / 时空转换 .max。

（2）下面设置时空器将飞船由一个转换器移动至另一个转换器的动画，动画中通过可见性功能控制飞船和闪电的渐隐效果。

（3）选择"飞船 01"对象，单击"打开迷你曲线编辑器"按钮，打开"迷你轨迹"对话框，在"控制器"窗口中选择"飞船 01"层，如图 11-74 所示。

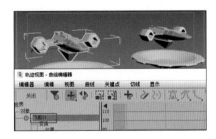

图 11-74

（4）在"轨迹视图"对话框菜单栏执行"编辑"→"可见性轨迹"→"添加"命令。

（5）此时在"飞船 01"层下端会出现一个新的"可见性"层，在该层设置关键帧即可控制对象的可见性。

（6）选择"可见性"层，然后在"轨迹视图"

对话框工具栏单击"添加/移除关键点"按钮，在功能曲线上单击添加两个关键帧，如图11-75所示。

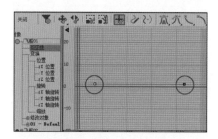

图 11-75

（7）在功能曲线上右击第一个新建立的关键帧，打开"飞船01/可见性"对话框，在对话框中设置该关键帧的"时间"为20帧、"值"为1.0，如图11-76所示。

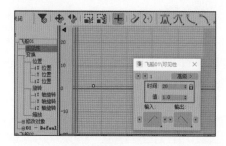

图 11-76

（8）在"飞船01/可见性"对话框上端单击向右的箭头按钮，可以向后切换关键帧，箭头旁边的数值为2时，表示选择了第二个关键帧。

（9）将第二个关键帧的"时间"设置为130帧，"值"设置为0。此时动画就设置好了，在第20~第130帧的时间里，飞船01模型会渐渐隐藏。

（10）使用相同的方法，对场景中的"飞船02"模型设置可见性动画。

（11）选择"飞船02"模型，在"轨迹视图"对话框的菜单栏内执行"编辑"→"可见性轨迹"→"添加"命令。

（12）添加了"可见性"层后，在功能曲线上添加2个关键帧。设置第一个关键帧的"时间"是20帧，"值"设置为0；设置第二关键帧的"时间"为130帧，"值"为1.0，如图11-77所示。

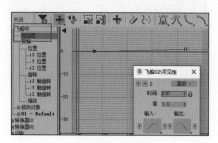

图 11-77

这样两个飞船的可见性动画都设置完毕了，播放动画可以看到，在第20~第130帧的时间里，左侧飞船渐渐消隐，右侧飞船渐渐显现，实现了时空传送的效果。

最后也可以对两个飞船中间的闪电模型，添加可见性控制，为该对象添加4个关键帧。设置第1个关键帧的"时间"为20帧，"值"为0；设置第2个关键帧的"时间"为22帧，"值"为1；设置第3个关键帧的"时间"为128帧，"值"为1；设置第4个关键帧的"时间"为130帧，"值"为0。这样闪电模型会配合飞船模型，在第20~第22帧出现；在第128~第130帧消失。

由于设置方法非常简单，在此就不再演示，读者可以根据上述文字的提示，自行完成操作。本书附带文件/Chapter-11/"时空转换.avi"为本实例完成后的动画文件，可以播放查看。

11.3.5 项目案例——使用摄影表制作字幕动画

通过上述描述，相信大家对"轨迹视图"对话框已经非常熟悉了。"轨迹视图"对话框有"曲线编辑器"和"摄影表"两种显示方式。不同的显示方式完成不同的工作。

在"曲线编辑器"模式下主要是对对象的动画细节进行设置与调整。在"摄影表"模式下是对所有对象的动画进行编排，确认出场的先后顺序和动画节奏。下面使用"摄影表"模式设置一组陨石飞行的字幕动画。

1. 反转动画

打开本书附带文件/Chapter-11/三维文字/三维文字.max。当前场景已经设置了简单的基础动画，播放动画可以看到几个字母模型向镜头远处飞出。这是常见的一种字幕效果。

现在需要将动画的播放效果反转过来，制作出字母模型由远处飞至镜头前的效果，这一点可以在"轨迹视图"对话框内轻松完成。

（1）首先在场景中将4个字母模型全部框选。

（2）在3ds Max的菜单栏执行"图形编辑器"→"轨迹视图–摄影表"命令，打开"轨迹视图"的"摄影表"窗口。

（3）在"轨迹视图"对话框上端工具栏内单击"编辑关键点"按钮，以关键点方式对动画进行编辑，如图11-78所示。

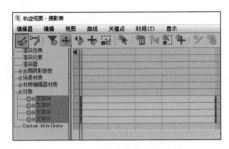

图 11-78

（4）在"轨迹视图"对话框工具栏内单击"选择时间"按钮，然后在"关键点视图内"两个关键帧之间双击，将当前对象的所有时间帧全部选择，如图 11-79 所示。

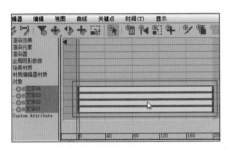

图 11-79

（5）在选择了时间后，在"轨迹视图"对话框工具栏内单击"反转时间"按钮。此时动画的整个时间被反转。

播放动画可以看到，字母模型由原来的飞向远方，改为了由远方飞至屏幕前。

2. 设置动画播放顺序

"轨迹视图"的"摄影表"视窗最大的强项就是编辑各组动画的播放顺序，下面通过具体操作来学习。

（1）在"轨迹视图"对话框工具栏单击"编辑范围"按钮，此时视窗内会出现几条黑线，这些黑线代表各个对象的动画轨迹，如图 11-80 所示。

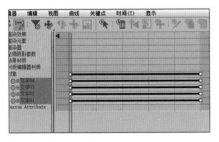

图 11-80

（2）在最上端"对象"层的黑线，代表所有模型对象的总动画轨迹，调整其两端的节点，将动画轨迹缩短，4 个文字对象的动画轨迹也会变短，如图 11-81 所示。

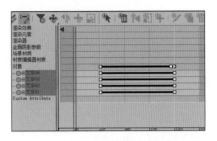

图 11-81

（3）将鼠标放置在"文字 01"层动画轨迹中心，向左进行拖曳，使其动画由第 0 帧时开始播放，如图 11-82 所示。

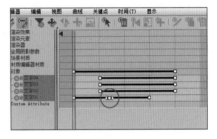

图 11-82

（4）使用相同的方法调整另外 3 个字母模型，使其按顺序依次开始动画，如图 11-83 所示。至此字母动画就编辑完成了，播放动画可以看到字母模型依次翻转着，由远处飞行至屏幕前。

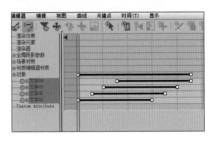

图 11-83

在 3ds Max 中，粒子系统是非常强大的动画设置工具，通过粒子系统能设置密集对象群的运动，能完成诸如云、雨、烟雾、暴风雪及爆炸等效果其他动画设置方法难以实现的动画效果。

使用高级粒子系统，还可以设置逼真的粒子爆炸效果，或将任意对象设置为粒子形态以完成复杂动画的设置。在使用粒子的过程中，粒子的速度、寿命、旋转及繁殖等参数可以随时进行编辑，并可与空间扭曲相配合，实现逼真的碰撞、反弹、阻尼等效果；粒子流可以在"粒子视图"对话框中使用操作符、流和测试，设置复杂粒子行为。

本章将为读者介绍有关粒子系统的知识，包括基础粒子系统、高级粒子系统、粒子流源及空间扭曲四部分。

学习目标
◆ 熟练掌握各种粒子的使用方法
◆ 正确理解粒子流源的工作原理
◆ 熟练掌握空间扭曲对象的使用

12.1　课时 46: 如何建立粒子系统？

本书将"喷射"和"雪"两种粒子类型定义为基础粒子系统，与其他粒子系统相比，这两种粒子系统参数较少，只能使用有限的粒子形态。无法实现粒子爆炸、繁殖等特殊运动效果，但其操作较为简便，通常用于对质量要求较低的动画设置。本课将对上述内容进行讲解。

学习指导：
本课内容属于必修课。
本课时的学习时间为 40~50 分钟。
本课的知识点是掌握基础粒子的使用方法。
课前预习：
扫描二维码观看视频，对本课知识点进行学习和演练。

12.1.1　喷射粒子系统

"喷射"粒子系统可以模拟雨、喷泉、公园水龙带的喷水等水滴效果。下面将通过具体的操作，来讲述"喷射"粒子系统的创建方法和应用技巧。

（1）打开本书附带文件 /Chapter-12/ 街景 / 街景 .ma x。

（2）在"创建"面板的"几何体"次面板中，在上端下拉栏选择"粒子系统"选项。

（3）此时面板呈现了所有的粒子系统创建按钮，单击"喷射粒子"按钮。

（4）在"顶"视图单击并拖动鼠标创建"喷射粒子"对象，使粒子对象覆盖整个场景，如图 12-1 所示。

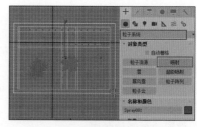

图 12-1

（5）此时粒子系统的高度和地面的高度相同，在"前"视图沿 y 轴将粒子系统向上调整高度。

（6）在键盘上按下 <M > 键，打开 Slate 材质编辑器对话框。

（7）在"材质 / 贴图浏览器"窗口的"场景材质"材质栏内，找到"雨"材质，双击该材质将其实例化，并将其指定给新建立的粒子对象，如图 12-2 所示。

图 12-2

此时"喷射"粒子系统就创建完成了，下面打开"修改"面板，对该粒子系统的设置参数进行学习。

选择新建立的"喷射"粒子系统，打开"修改"面板，在"参数"卷展栏内罗列了粒子系统的各项参数。

在"粒子"选项组内提供的各项参数都属于粒子的基础参数，可以设置粒子的数量、尺寸和变化效果。

视口计数："视口统计"参数仅设置场景视图中的粒子数量，一般为了提高显示速度会设置得较小。

渲染计数："渲染统计"参数可以设置粒子在渲染时的数量，这个根据场景的需要进行定义。

水滴大小："水滴大小"参数可以设置水滴的尺寸。

速度："速度"参数可以控制粒子下落的速度。参数越大粒子下落越快。

变化："变化"参数可以设置粒子下落轨迹的变化，参数越大粒子就越向四周分散。

水滴、圆点、十字叉：这3个单选项可以设置粒子在场景视图中的呈现方式，该外观并不影响渲染时粒子外观。

如图12-3所示，对"粒子"选项组的参数进行设置，观察粒子的喷射效果。会发现粒子颗粒只是集中在天空的上半部分，这是因为粒子的寿命太短了，在还没有落到地面时，就消亡了。

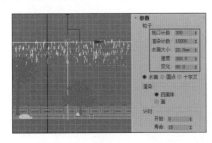

图 12-3

在"计时"选项组内将"开始"参数设置为 -50。使粒子系统在第 -50 帧时就开始发射，到第 0 帧动画开始时，场景中就已经产生很多粒子了。再将"寿命"参数设置为 100。此时喷射出的粒子会存活 100 帧的时间，这样粒子就可以落到地面上了，图 12-4 是修改参数后的雨滴效果。

图 12-4

在"渲染"选项组内提供了两个单选项，分别为"四面体"和"面"。选择"四面体"选项后，

粒子在渲染时的形状是模拟水滴的四面体；选择"面"选项后，粒子则会呈现面片状。

如图 12-5 所示，在"渲染"选项组选择"面"选项，然后适当增大粒子的尺寸，渲染场景，观察粒子的外观效果。

图 12-5

在"计时"选项组中，"恒定"选项默认选择状态，此时发射的粒子是均匀恒定的。取消"恒定"选项后，可以自定义每帧发射的粒子量，注意在"恒定"选项下端有一段文字"最大可持续速率 100"描述当前的恒定发射率。当"出生速率"的参数值小于最大可持续速率参数值时，粒子可以均匀恒定地发射；如果"出生速率"参数值大于该参数粒子会聚集发射，这是因为在瞬间将所有的粒子都发射了，需要再等一段时间才能发射。

图 12-6 展示了"出生速率"参数值大于最大可持续速率值时，粒子的聚集发射效果。这种粒子聚集效果非常适合制作烟雾一团团有节奏冒出的效果。需要初学者注意的是最大可持续速率的参数是会变化的，粒子的寿命越长，该参数值就会越大。

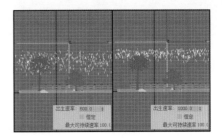

图 12-6

在"发射器"选项组中可以设置粒子发射区域，通过"长度"和"宽度"参数可以设置发射器的长度和宽度，在粒子数目确定的情况下，发射器的面积越大，粒子越稀疏。用户可以通过启用"隐藏"复选框在视图中隐藏发射器。

12.1.2 项目案例——使用"雪"粒子系统制作蒸汽动画

"雪"粒子系统与"喷射"粒子系统较为相似，"雪"粒子系统可以是六角形面片，主要用于制作雪花动画效果。该粒子系统还增加了翻滚参数，可以用来控制每片雪花在下落时进行的翻滚运动。将"雪"粒子系统与材质贴图相配合，可以模拟出烟雾、彩色纸屑等动画效果。本节将利用上述功能制作生动的蒸汽动画效果。

（1）打开本书附带文件 /Chapter-12/ 烧杯 .max。现在需要使用"雪"粒子系统设置排气筒喷出的烟雾。

（2）参照图 12-7 所示在"顶"视图中创建一个"雪"粒子系统。该粒子系统创建完毕后，还需要在"前"视图将其位置抬高至液体表面。

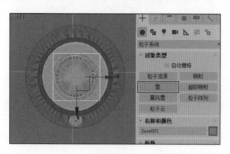

图 12-7

（3）目前粒子系统是向下发射的，如果制作向上蒸腾的烟雾效果，需要将粒子系统反转。

（4）在 3ds Max 工具栏中单击"镜像"工具，在弹出的"镜像"对话框设置沿 y 轴镜像，如图 12-8 所示。

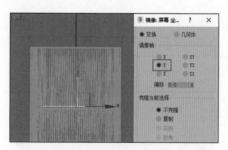

图 12-8

此时"雪"粒子系统就建立了，打开"修改"面板可以看到"雪"粒子系统的各项参数设置。很多参数都和"喷射"粒子系统是相同的，所以我们就不再赘述了，下面只对两个粒子系统不同的选项进行讲解。

在"渲染"选项组中，"雪"粒子系统提供了3 种形态，分别为"六角形""三角形"和"面"，图 12-9 展示了 3 种形态的渲染效果。

图 12-9

在"粒子"选项组内提供了"翻滚"参数，该参数可以让粒子产生随机翻滚动作，当参数为 0 时雪花不翻滚；当参数为 1 时，雪花翻滚得最快。"翻滚速率"参数可以控制雪花的翻滚速度，值越大粒子旋转得越快。

当在"渲染"选项组中设置渲染形态为"面"时，"翻滚"参数将无法设置，此时所有的面将会朝向摄影机。下面使用"雪"粒子系统模拟水蒸气效果。

（1）如 12-10 所示，在"修改"面板对"雪"粒子系统的参数进行设置。

图 12-10

（2）在键盘上按下 < M > 键，快速打开"Slate 材质编辑器"对话框，在"材质 / 贴图浏览器"窗口的"场景材质"材质栏内，双击"烟雾"材质将其实例化，如图 12-11 所示。

图 12-11

（3）将"烟雾"材质指定给"雪"粒子系统，完成案例的制作，图 12-12 展示了案例完成后的效果。

图 12-12

12.2 课时47：高级粒子系统有何设置技巧？

本书将"暴风雪""粒子云""粒子阵列"和"超级喷射"四种粒子系统定义为高级粒子系统。高级粒子系统拥有更加复杂的设置参数，用户不仅可以设置粒子融合的泡沫运动动画，还可以设置粒子的运动继承和繁殖等参数。由于其功能强大，因此操作也较为复杂，这4种粒子系统参数较为接近，在本课将以"粒子阵列"粒子系统为例，为读者讲解高级粒子系统相关知识。

学习指导：

本课内容属于必修课。

本课时的学习时间为40~50分钟。

本课的知识点是掌握高级粒子使用方法。

课前预习：

扫描二维码观看视频，对本课知识进行学习和演练。

12.2.1 项目案例——制作逼真的机甲射击动画

"粒子阵列"粒子系统是一种较为典型的粒子系统，该粒子系统几乎包含其他几种粒子系统的功能，掌握该粒子系统后，再学习另外几种粒子系统就比较容易了。

本节将为读者讲解"粒子阵列"高级粒子系统的工作原理。同时利用该粒子制作一组炮弹发射的动画效果。

1. 粒子基本参数

通过"基本参数"卷展栏中的各个选项，可以创建和调整粒子系统的大小，并且可以为粒子系统拾取分布对象。此外，还可以指定粒子相对于分布对象几何体的初始分布，以及分布对象中粒子的初始速度，用户在此处也可以指定粒子在视口中的显示方式。下面通过一组实例来讲解"基本参数"卷展栏中的参数设置。

（1）打开本书附带文件/Chapter-11/机甲射击/机甲射击.max。场景中有关对象变换的动画已经全部设置完毕。现在只需设置粒子系统的动画就可以了。

（2）在"创建"面板单击"粒子阵列"按钮，参照图12-13所示在"顶"视图中创建一个"粒子阵列"粒子系统。

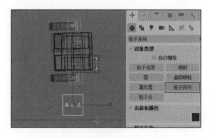

图 12-13

（3）与基础粒子系统不同，"粒子阵列"粒子系统自身不能发射粒子，必须选择其他对象作为发射器。

（4）首先选择PArray001粒子阵列对象，进入"修改"面板，在"基本参数"卷展栏单击"拾取对象"按钮。

（5）在"顶"视图拾取"主炮01"模型，如图12-14所示。

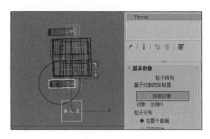

图 12-14

（6）此时播放动画，可以看到粒子按照指定的模型，向四周进行发射。

下面需要对粒子的分布进行设置，让粒子从模型的炮筒内发射出来。在"粒子分布"选项组内有5种定义粒子分布的方法。首先设置炮筒发射效果。

（1）在"粒子分布"选项组内选择"在整个曲面"选项。然后在选项组下端启用"使用选定子对象"选项。

（2）此时播放动画，可以看到粒子从炮筒发射出来，如图12-15所示。

注意

在启用了"使用选定子对象"选项后，发射粒子的模型的子对象只有处于选择状态，才能实现按指定的面进行分布的效果。

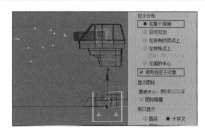

图 12-15

（3）在场景中选择"主炮01"模型，在"修改"面板进入模型的"面"次对象层，在"左"视图可以看到，模型炮筒位置的面处于选择状态，如图12-16所示。

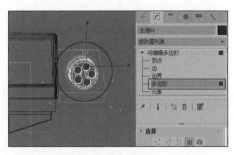

图12-16

（4）如果模型的子对象面没有选择，那在粒子系统中启用"使用选定子对象"选项也是没有任何效果的。

在场景中选择粒子系统，回到"修改"面板的"基本参数"卷展栏。下面学习其他分布方式的效果。

沿可见边：选择该选项，粒子将随机从源对象的可见边界发射。

在所有的顶点上：选择该选项，粒子将从源对象的顶点发射。

在特殊点上：选择该选项，粒子将由源物体表面的任意顶点随机发射，其下方的"总数"参数可以设置源对象表面发射粒子顶点的数目。

在面的中心：选择该选项，粒子将根据默认值从源对象三角面的中心发射。

在"视口显示"选项组内可以对场景中粒子的显示方式进行设置，有"圆点""十字叉""网格"和"边界框"四种形态，该选项只是定义粒子在场景中的显示状态，并不会影响渲染结果。"粒子数百分比"参数可以定义当前场景显示的粒子数量，如果设置为100，那么所有粒子都将显现。

2. 粒子生成

通过"粒子生成"卷展栏中的选项，可以控制粒子产生的时间和速度，以及粒子的移动方式。

（1）接着前面的操作，展开"粒子生成"卷展栏。

（2）在"粒子数量"选项组可以通过两种方式设置粒子的产生数量。

（3）如果选择"使用总数"选项，会按其下参数栏的数值，在发射时间内生成粒子数量。

（4）如果选择"使用速率"选项，将根据其下端参数栏的数值，在每帧产生对应的粒子数量。将该选项的参数值设置为5，如图12-17所示。

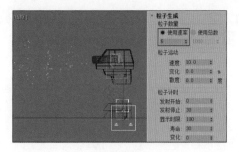

图12-17

（5）在"粒子运动"选项组内可以设置粒子的"速度""变化"和"散度"。

（6）将"速度"参数设置为150.0，因为粒子的移动速度加快，所以在单位时间里，粒子会移动得非常远。

（7）设置"变化"参数可使粒子的速度产生变化，粒子会产生有快有慢的效果。

（8）设置"散度"参数可以控制粒子向四周的扩散力度。

（9）为了模拟炮弹的飞行，将"变化"和"散度"参数都设置为0.0。

在"粒子计时"选项组可以设置粒子的发射开始时间和停止时间，以及粒子的寿命等。

发射开始：该参数可以设置粒子开始发射的时间帧。

发射停止：该参数可以设置粒子停止发射的时间帧。

显示时限：该参数可以设置粒子显示时间。

寿命：设置该参数可以定义每个粒子的寿命。

变化：该参数可以让粒子寿命产生变化，在规定的寿命时间里，有的粒子寿命长一点，有的粒子寿命则少一点。

子帧采样：在该选项包含3个选项，分别是"创建时间"、"发射器平移"和"发射器旋转"，为了避免粒子的发射轨迹产生膨胀变形，可以在"子帧采样"选项下，将3个选项勾选。这样粒子将以子帧采样方式解析粒子的发射，使粒子的移动更加精准。

参照图12-18对当前粒子对象的"粒子计时"选项组进行设置。

图12-18

在"粒子大小"选项组内可以对粒子的"大小"和"变化"进行设置。

大小：该参数可以定义粒子的外观大小。

变化：该参数以粒子的大小参数为基础，产生体积变大或变小的百分比。

增长耗时：该参数可以设置粒子体积变大过程中所用的时间。

衰减耗时：该参数可以设置粒子体积变小过程中所用的时间。

唯一性：该选项组可以让粒子的发射形态产生随机的变化，每单击一次"新建"按钮，"种子"参数就会发生随之变化，同时粒子的发射形态也会产生变化。该选项组对于渲染静帧画面非常有用，可以快速找到复合要求的粒子发射形态。

参照图 12-19 对粒子对象的"粒子大小"选项组进行设置。

图 12-19

3. 粒子类型

使用"粒子类型"卷展栏中的参数，可以指定所用粒子的类型，以及粒子所赋予贴图的类型。

在"粒子类型"卷展栏的"粒子类型"选项组中，有 4 种粒子类型，其中"标准粒子"选项为默认的选择状态，用户可通过其下方的"标准粒子"选项组中提供的粒子类型设置粒子的形状。图 12-20 和图 12-21 所示为 8 种标准粒子的形态。

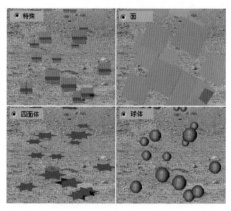

图 12-20

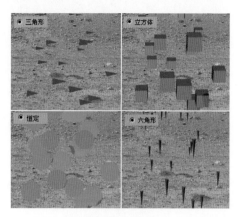

图 12-21

在"粒子类型"选项栏选择"变形球粒子"选项，这时相交的粒子可以相互融合，模拟类似液体流动的效果。

选择"变形球粒子"选项后，"变形球粒子参数"选项组中的参数变为可编辑状态，通过"张力"参数可控制粒子球的紧密程度，值越大，粒子越小，越不易融合；值越小，粒子越大，也越黏滞，越不易分离。"变化"参数可以"张力"参数为基础而产生随机变化。

在"粒子类型"选项组中选择"对象碎片"单选按钮后，源对象的表面将会产生炸裂的效果，进而生成不规则的碎片，爆炸碎片由粒子组成，不会影响源对象本身。

选择"对象碎片"粒子类型后，"对象碎片控制"选项组中的参数变为可用状态，通过"厚度"参数可以设置碎片的厚度。图 12-22 展示了不同"厚度"参数的碎片效果。

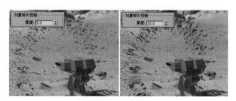

图 12-22

在"粒子类型"选项组中选择"实例几何体"单选按钮后，可以将场景中的模型对象设置为粒子形态。

（1）在"粒子类型"选项组内选择"实例几何体"选项，然后在"实例参数"选项组中单击"拾取对象"按钮。

（2）在键盘上按下 < H > 键，打开"拾取对象"对话框，在对话框内双击"弹头"模型将其拾取。

（3）此时，粒子的外观变为弹头模型，当前粒子的尺寸还需要调整，设置"大小"参数为 1，如图 12-23 所示。

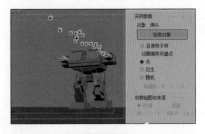

图 12-23

如果拾取的"弹头"对象连接了子对象，而且"实例参数"选项组中的"且使用子树"复选框处于启用状态，那么子对象也将作为粒子的发射对象。在"动画偏移关键点"选项下方的 3 个选项是针对带有动画设置的粒子发射对象的，如果发射对象原来或后来指定了动画，将会同时影响所有粒子。

在"材质贴图和来源"选项组内选择"实例几何体"单选按钮，然后单击"材质来源"按钮，可以使粒子具有与"弹头"对象相同的材质，如图 12-24 所示。

图 12-24

4. 粒子运动继承

当制作粒子跟随源物体运动的动画时，有些粒子是不紧跟着源物体运动的，例如火车喷出的烟雾应该向着与前进方向相反的方向飘动，而不是保持笔直的喷射状态。"对象运动继承"卷展栏中的参数则是用来控制源物体在运动时粒子的跟随速度的。

进入"对象运动继承"卷展栏，在"影响"参数栏中输入 0，该参数可设置粒子继承源物体速度的百分比。指定为 0 值后，粒子将不继承发射器的运动。播放动画可以看到粒子的喷射动作更加整齐。

"倍增"参数可用来加大移动目标对象对粒子造成的影响，而"变化"参数可设置倍增参数的变化百分比。在此这两个参数都保持默认设置。

至此弹头的发射动画就设置完毕。将当前粒子系统复制，然后将"主炮 02"模型设置为发射源，完成整个案例的制作。本书附带文件 /Chapter-11/ 机甲射击 .avi，是完成后的动画效果，大家可以打开查看。

12.2.2　项目案例——制作飞船喷射探测器动画

现实世界的粒子通常会边移动边旋转，并且互相碰撞。用户可通过"旋转和碰撞"卷展栏中的选项来设置粒子的旋转及运动模糊效果，并控制粒子间的碰撞。接下来将对"旋转和碰撞"卷展栏中的参数进行讲解。

本节将利用"旋转和碰撞"卷展栏内的各项功能，制作一组飞船喷射探测器的动画。

（1）打开本书附带文件 /Chapter-11/ 太空船 .max，下面需要制作出飞船抛射探测器的动画效果。

（2）首先要设置粒子发射源位置。在视图中选择"主舱体"对象，打开"修改"面板，在堆栈栏"顶点"子对象层，如图 12-25 所示在"前"视图拾取顶点。

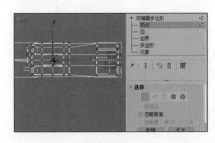

图 12-25

（3）选择顶点后，在堆栈栏单击"可编辑多边形"选项，返回对象编辑层。

（4）在"创建"面板单击"粒子阵列"按钮，在场景中创建一个粒子对象。

（5）然后进入"修改"命令面板，在"基本参数"卷展栏单击"拾取对象"按钮，拾取"主舱体"模型为粒子系统设置发射器。

（6）接着在"粒子分布"选项组中选择"在所有顶点上"选项，如图 12-26 所示。

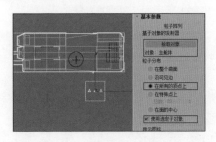

图 12-26

（7）在"视口显示"选项组设置粒子显示方式为"网格"方式，设置"粒子数百分比"参数为 100。

（8）接着展开"粒子类型"卷展栏，设置"粒子类型"选项为"实体几何体"类型，如图 12-27 所示。

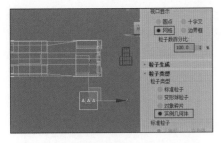

图 12-27

（9）在"实例参数"选项组单击"拾取对象"按钮，在场景中拾取"探测器"模型，将模型设置为粒子的形状。

（10）在"材质贴图和来源"选项组选择"实例几何体"选项，然后单击"材质来源"按钮，为粒子定义材质，如图 12-28 所示。

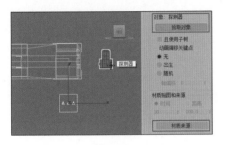

图 12-28

（11）此时飞船已经可以喷射粒子了，但是喷射出的粒子形态还不符合要求。

（12）展开"粒子生成"卷展栏，在"粒子数量"选项组选择"使用总数"选项，设置选项参数为 8，此时将会喷射 8 个探测器粒子。

（13）在"粒子运动"选项组设置粒子的速度为 15.0，"变化"和"散度"参数均为 0.0。

（14）在"粒子计时"选项组设置粒子的发射时间和寿命，如图 12-29 所示。

图 12-29

（15）在"粒子大小"选项组设置"大小"参数为 1，"变化""增长耗时"和"衰减耗时"参数均为 0。此时粒子的基本参数就设置完毕了，播放动画可以查看粒子的发射动画。

下面需要利用"旋转和碰撞"卷展栏内的选项，来设置探测器的滚动效果。展开"旋转和碰撞"卷

展栏，在"自旋速度控制"选项组可以对粒子的自旋转动作进行设置。

自旋时间：该参数可以设置粒子在旋转时的时间，如果设置为 0，则不进行旋转。

变化：该参数可以设置自旋时间随机变化，以"自旋时间"为基础进行变化的百分比。

相位：该参数可以设置粒子的初始旋转的角度。

变化：该参数可以设置初始角度随机化的效果，以相位参数为基础进行变化的百分比。

参照图 12-30 对粒子的自旋速度参数进行设置。

图 12-30

在"自旋轴控制"选项组内，提供了 3 种粒子自旋转形态，分别是"随机""运动方向 / 运动模糊"和"用户定义"选项。

随机：选择该选项后，粒子将进行随机形态的自旋转。

运动方向 / 运动模糊：选择该选项后，粒子将会以移动方向为参考进行自旋转。启用该选项后下端还有"拉伸"参数，设置该参数可以使粒子产生拉伸变形效果。

用户定义：选择该选项后，可以以 x、y、z 三个轴向来自定义粒子的自旋效果。

在"粒子碰撞"选项组中勾选"启用"复选框，这时将计算粒子之间的碰撞，通过"计算每帧间隔"参数，可设置粒子碰撞过程中每次渲染间隔的时间数量，"反弹"参数可设置碰撞后恢复速率的程度，用户还可以通过"变化"参数设置粒子碰撞变化的百分比。在该案例中，粒子间的距离比较远，所以不会产生碰撞效果。

12.2.3 项目案例——利用气泡运动卷展栏模拟海底气泡上升动画

水中的气泡在上升过程中，并不是垂直移动的，受水的阻力影响，气泡在上升过程中会左右晃动。"气泡运动"卷展栏主要用于模拟气泡在水中的晃动效果。本节将利用上述功能，制作出逼真的海底气泡上升动画。

（1）打开本书附带文件 /Chapter-11/ 海底气

泡／海底气泡 .max，然后在视图中选择"粒子阵列"对象。

（2）打开"修改"命令面板，并展开"气泡运动"卷展栏。

（3）此时播放动画，气泡呈线性喷射，并没有产生晃动动作。

（4）设置"幅度"参数，可以控制粒子的晃动幅度，设置参数值为 150.0。其下的"变化"参数可以让"幅度"产生随机变化，将该值设置为 20.0。

（5）此时播放动画，还是没有晃动动作，这是因为"周期"参数设置的值太大了，"周期"参数可以控制粒子晃动一次的时间，将该值设置为 15。

（6）"周期"下端的"变化"参数可以设置周期的随机变化百分比，设置该参数为 10.0，如图 12-31 所示。

图 12-31

在"气泡运动"选项组内还有"相位"参数，该参数可以设置粒子初始角度，该参数下端的"变化"参数可以设置相位的随机变化效果。此时播放动画，可以看到气泡左右晃动着向上端漂去，该案例就制作完成了。

12.2.4 项目案例——制作太空堡垒游戏动画

"粒子繁殖"卷展栏内的参数用于设置粒子在死亡或碰撞后的繁殖，这些参数不仅可以设置粒子的繁殖，还可以将任意对象作为繁殖的形态，并可以对繁殖对象的尺寸、速度及混乱度等参数进行设置。下面将通过一个实例，向读者介绍"粒子繁殖"卷展栏中各项参数的使用方法。本节将利用粒子的繁殖功能，制作飞船在空中变形的动画效果。

（1）打开本书附带文件 /Chapter-12/ 太空堡垒 .max，该文件为一组飞行器的科幻动画，现在粒子系统已经设置完毕，需要设置粒子繁殖的动画。

（2）该案例涉及的功能需要"空间扭曲"对象进行配合，所以我们先要将粒子和"空间扭曲"对象建立链接。

（3）在 3ds Max 工具栏选择"绑定到空间扭曲"按钮，拖曳"飞船"粒子对象，此时会出现一根连接线。

（4）将鼠标移至"导向板"空间扭曲对象，如图 12-32 所示。此时粒子和空间扭曲对象建立了链接，粒子喷射时遇到"导向板"对象会发生碰撞效果。

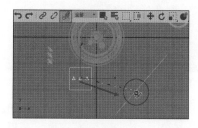

图 12-32

此时播放动画，飞船飞至空间扭曲对象后，将会反弹回去；在没有链接空间扭曲对象前，飞船是呈直线向前飞的。关于空间钮的知识，我们会在稍后的章节进行讲述。

下面我们在"粒子繁殖"卷展栏内，为粒子添加更多的碰撞繁殖形态。

（1）在视图中选择"飞船"粒子对象，进入"修改"面板，在堆栈栏选择"PArray"选项，展开"粒子繁殖"卷展栏。

（2）在"粒子繁殖效果"选项组可以对粒子的繁殖效果进行设置，默认为"无"选项，此时粒子碰撞到空间扭曲对象后会反弹回去。

（3）选择"碰撞后消亡"选项，此时粒子在碰撞到空间扭曲对象后会消失。

（4）在该选项下端还有"持续"和"变化"两个参数，"持续"参数可以控制碰撞后持续一些时间再消亡。"变化"参数可以将持续时间设置为随机变化效果，如图 12-33 所示。

图 12-33

在"粒子繁殖效果"选项组中还提供了 3 种繁殖选项，分别为"碰撞后繁殖""消亡后繁殖"和"繁殖拖尾"，它们可以设置不同的繁殖状态。选项下端"繁殖数目""影响""倍增"和"变化"四个参数，可以对粒子繁殖的数量进行设置。

碰撞后繁殖：选择该选项后，粒子与绑定的导向器碰撞时，会产生繁殖效果。

消亡后繁殖：选择该选项后，在每个粒子的寿命结束时产生繁殖效果。

繁殖拖尾：选择该选项后，在粒子寿命的每帧都繁殖新粒子，所以粒子移动时就产生了拖尾效果。

繁殖数目：该参数可以设置除了原粒子以外的繁殖数量。例如，将此选项设置为2，并选择消亡时繁殖，每个粒子超过原寿命后再繁殖一次。

影响：该参数可以设置繁殖粒子的百分比。如果减小此参数，会减少粒子的繁殖数量。

倍增：该参数可将繁殖数量倍增。

变化：该参数可为"倍增"参数设置随机化效果。

此时大家在设置繁殖数量时，感觉繁殖的数量永远是1，这是因为繁殖的新粒子位置相互重叠，所以看起来就只繁殖了1个，这时只要配合"方向混乱"参数，将粒子的位置打乱，就可以看出繁殖效果了。参照图12-34对粒子的繁殖和方向混乱参数进行设置，观察粒子的繁殖效果。

图 12-34

下面我们利用繁殖功能，制作飞船在飞行过程中变形的动画效果。

（1）选择粒子对象，在"修改"面板堆栈栏选择"导向板绑定（WSM）"编辑层，在堆栈栏下端单击"从堆栈中移除修改器"按钮，将修改器移除，如图12-35所示。

图 12-35

（2）移除修改器后，此时粒子对象就不受导向板的影响了，播放动画，可以看到飞船径直向远处飞走。

（3）首先要将当前粒子的"寿命"参数修改为20，这样飞船粒子在刚飞行到第20帧时就消亡了。

（4）然后在"粒子繁殖效果"选项组中选择"消亡后繁殖"选项，将"繁殖数目"参数设置为2。将"速度混乱"选项的"因了"参数设置为0.0，如图12-36所示。

图 12-36

此时播放动画可以看到，在第20帧粒子消亡后会再繁殖一次，繁殖出的新粒子向前移动至第20帧时再次消亡。接下来在"寿命值队列"和"对象变形队列"选项组中可以对第二次繁殖出的粒子寿命和外形进行更改。

（1）在"寿命值队列"选项组内设置"寿命"参数为15，然后单击"添加"按钮，添加一个寿命列队值，如图12-37所示。

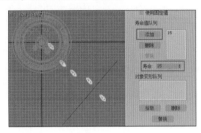

图 12-37

（2）在"顶"视图仔细观察粒子的寿命，第二次繁殖出的粒子移动15帧消亡，而不是原来的20帧，"寿命值队列"可以对再次繁殖的粒子寿命进行修改。

（3）在"对象变形队列"选项组单击"拾取"按钮，在"顶"视图拾取"飞行器002"模型，如图12-38所示。

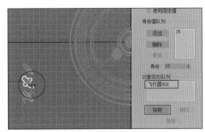

图 12-38

（4）播放动画观察粒子，可以看到粒子第二次繁殖后的形体会由"对象变形队列"中的模型替换。

（5）下面我们设置飞船的第三次繁殖，首先将"繁殖数量"参数修改为3，观察粒子的发射过程，可以看到粒子进行了第三次繁殖，繁殖出的新粒子延续了第二次繁殖粒子的特征。

（6）在"寿命值队列"选项组内设置"寿命"

参数为 30，然后单击"添加"按钮，设置第三次繁殖粒子的寿命。

（7）在"对象变形队列"选项组，单击"拾取"按钮，在"顶"视图拾取"飞行器 003"模型，设置第三次繁殖粒子的外观形态，如图 12-39 所示。

图 12-39

在"寿命值队列"和"对象变形队列"选项组中还提供了"替换"和"删除"按钮，可以对已添加的队列信息进行替换和删除操作。

通过对本案例的学习，相信大家对粒子的繁殖设置方法，已经非常熟悉了，在附带文件中包含了该动画的渲染视频，大家可以打开查看。

12.2.5 加载和保存预设

通过对"粒子阵列"粒子对象的学习，可以发现，高级粒子包含了繁杂的设置选项和参数，我们设置一种粒子效果，需要进行很多的设置与调校。所以 3ds Max 贴心地为大家设置了"加载/保存预设"卷展栏，用户可以将自己辛苦设置的粒子效果保存为一个预设文件，然后在其他场景中，如果需要这效果可以快速加载。

"加载/保存预设"卷展栏的操作方法非常简单，下面我们做简单的介绍。

（1）在场景中选择已经设置完毕的粒子对象，在"修改"面板的最下端，展开"加载/保存预设"卷展栏。

（2）在"预设名称"参数栏输入新建预设的名称，然后在卷展栏底部单击"保存"按钮，预设文件就保存好了，如图 12-40 所示。

图 12-40

（3）如果要加载预设文件，首先在场景中选择粒子对象，然后在"加载/保存预设"卷展栏的"保存预设"列表栏内选择预设名称，最后单击"加载"

按钮，即可将预设参数应用于选定对象。

（4）单击"删除"按钮可以删除，也可以将"保存预设"列表栏内的预设删除。

（5）在"保存预设"列表栏内 3ds Max 已经为大家保存了一些预设文件，大家可以尝试载入，查看一下效果。

12.3 课时 48: 粒子流源如何工作?

"粒子流源"是一种功能强大且灵活多样的粒子系统。3ds Max 已将"粒子流源"定为今后主流的粒子系统。

"粒子流源"使用"粒子视图"对话框，来设置和管理粒子的各种属性和运动状态。在"粒子视图"对话框中，将粒子的形状、速度、旋转等属性，以堆栈的方式管理，用户需要对粒子施加什么影响，就添加一项命令堆栈。这样做的优点是将粒子的动画形态管理得更加直观准确，将粒子运动的逻辑描述得也更加清晰、易于理解。本课将对上述功能进行讲解。

学习指导：

本课内容属于必修课。

本课时的学习时间为 40~50 分钟。

本课的知识点是掌握粒子流源的工作原理。

课前预习：

扫描二维码观看视频，对本课知识点进行学习和演练。

12.3.1 粒子流源操作方法

"粒子流源"的操作方法与普通的粒子系统有所区别，它能够实现十分复杂的粒子动画。为了使读者能够直观地了解其操作方法，接下来通过一组实例操作带领大家学习。在该实例中将制作一组浆果坠落的动画，当浆果从空中落到木板时，浆果会被撞扁。

1. 粒子视图

"粒子视图"对话框是"粒子流源"粒子系统的主要设置环境。下面我们首先熟悉"粒子视图"对话框的界面。

（1）打开本书附带文件 /Chapter-11/ 浆果 / 浆果 .max。场景已经为大家准备了所需的模型对象。

（2）打开"创建"面板下的"几何体"次面板，在面板内的下拉列表内选择"粒子系统"选项。

（3）在"对象类型"卷展栏内单击"粒子流源"按钮，在"顶"视图中创建一个粒子流源对象，如图12-41所示。

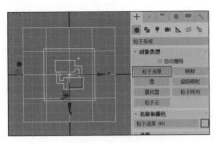

图12-41

（4）使用"选择并移动"工具，在"前"视图调整粒子对象的高度，将其移至摄影机对象的上方。

（5）在"修改"面板展开"发射"卷展栏，该卷展栏可以对粒子系统的徽标和图标的大小进行设置，如图12-42所示。

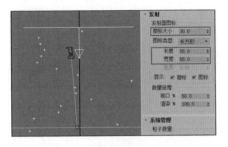

图12-42

徽标就是标明该粒子类型的图案，它并没有实际的作用。图标是该粒子系统的覆盖范围，在该范围内会喷射粒子。使用"长度"和"宽度"参数可以对该范围进行设置。在"数量倍增"选项组内，可以对场景视口和渲染状态下的粒子数量进行倍增设置。

下面来看一下"粒子流源"系统的"粒子视图"对话框，"粒子视图"对话框是粒子的主要设置环境。

在"修改"面板展开"设置"卷展栏，单击"粒子视图"按钮，打开"粒子视图"对话框，如图12-43所示。

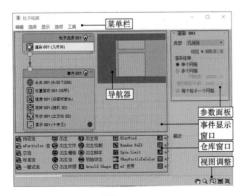

图12-43

"粒子视图"对话框主要分为3个区域，分别是"事件显示"窗口、"参数"面板和"仓库"窗口。

在"事件显示"窗口可以对粒子的属性及运动方式进行设置，每项设置以命令堆栈的形式罗列在窗口内。例如，出生堆栈可以设置粒子的发射时间；速度堆栈项可以设置粒子的喷射速度。

在"参数"面板可以对选择的堆栈命令进行设置。在"事件显示"窗口选择"出生"堆栈，这时该堆栈的设置参数会出现在"参数"面板中。

在"仓库"窗口内提供了更多的控制命令，将这些命令拖至"事件显示"窗口，即可对粒子施加影响。

2. 熟悉粒子流源的工作方式

在对"粒子视图"对话框简单了解后，下面我们来看看该对话框如何管理粒子的属性与运动方式。

当前在"事件显示"窗口内默认包含两个事件，上端的"粒子流源001"事件是全局事件，该事件选项卡的名称与粒子对象的名称相同。

粒子系统的第一个事件必须是全局事件，它作用于所有粒子事件。默认情况下，全局事件中包含"渲染"操作符，"渲染"操作符用来管理粒子的渲染方式。

（1）选择"渲染"操作符，"参数"面板会呈现该操作符的设置参数，如图12-44所示。

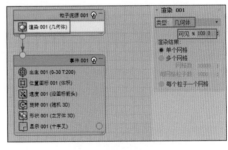

图12-44

（2）在"类型"下拉选项栏可以设置粒子的渲染方式，默认是"几何体"方式，如果设置为"无"选项，当前粒子将不被渲染。

（3）设置"可见"参数，可以对参与渲染的粒子数量进行设置。

与全局事件选项卡连接的是"事件001"选项卡，该选项卡内包含的操作符可以对粒子的外观及运动方式进行设置。

（1）选择"出生"操作符，在"参数"面板可以对粒子的发射时间和数量进行设置，如图12-45所示。

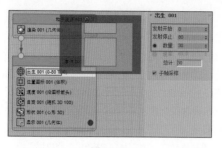

图 12-45

（2）"位置图标"操作符可以对粒子图标发射粒子的方式进行设置。

（3）选择"位置图标"操作符，在"参数"面板的"位置"选项组内，可以设置粒子图标以何种形式发射粒子。图 12-46 展示了不同选项下粒子的发射效果。

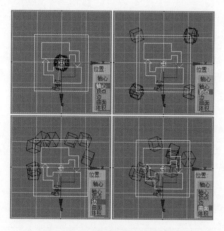

图 12-46

（4）选择"速度"操作符可以对粒子的发射速度进行设置，如图 12-47 所示。在"方向"下拉选项栏可以设置粒子的发射方向，这些选项都很直观，大家可以自行设置查看。

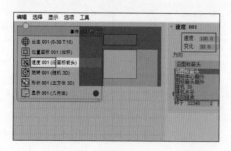

图 12-47

（5）选择"旋转"操作符可以对粒子当前的角度进行设置，在其"参数"面板中，默认以"随机3D"方式对粒子设置一个初始旋转角度。

（6）在此可以将"旋转"操作符替换为"自旋"操作符，这样粒子在发射过程中，可以产生翻滚效果。

（7）在"仓库"窗口内找到"自旋"操作符，将该操作符拖曳到事件选项卡中的"旋转"操作符之上，松开鼠标便替换操作符，如图 12-48 所示。

图 12-48

注意

拖曳操作符时，松开鼠标前一定要确认操作符放置的位置，操作符可以进行替换，也可以插入操作符之间，注意观察红色辅助线标出的位置。

（8）选择"自旋"操作符，在"参数"面板设置自旋速率、随机变化和自旋轴等参数，如图 12-49 所示。

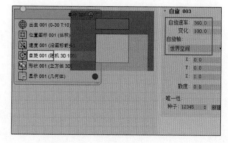

图 12-49

（9）选择"形状"操作符可以对粒子的外观形状进行设置，在"参数"面板选择"2D"选项，粒子的形状变为平面的面片，在"2D"选项下拉栏内提供了丰富的形状和字母，大家可以选择不同的选项，观察粒子的变化，如图 12-50 所示。

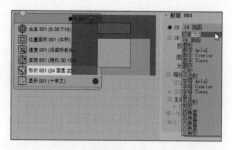

图 12-50

（10）在"参数"面板选择"3D"选项，粒子的形状变为几何体，其下拉栏内同样也预设了丰富的模型形状，大家可以自行设置并查看。参照图 12-51 对"形状"操作符进行设置。在下拉栏下端详细描述了图形的网格面数量，以及形状预览窗口。

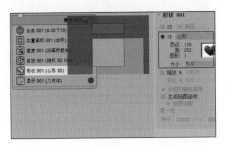

图 12-51

（11）事件选项卡最后一个操作符是"显示"操作符，该操作符与"渲染"操作符类似，它可以设置粒子在场景视图的显示方式，对该操作符的设置不会影响渲染结果。

播放动画观察当前粒子发射效果，如图 12-52 所示。通过上述操作相信大家已经对"粒子视图"对话框的工作原理熟悉了。下面我们设置浆果掉落到板的动画。

图 12-52

12.3.2 项目案例——制作浆果掉落动画

每个"粒子流源"对象可以设置几个事件，这取决于粒子动画的复杂性。但第一个事件必须是全局事件。然后根据粒子的动画需要，安插不同的事件和操作符。操作符以命令堆栈的形式排列在事件选项卡内，粒子按操作符顺序做出响应和变化。

在第 12.3.1 节内容，我们只是对"粒子流源"对象做了最基础的设置，可以看到粒子图形从上空坠落，并穿过了木板。如果要粒子受到木板的影响，还需要在场景中加入导向器和更多的事件。本节将制作浆果下落后摔扁变形的动画效果。

1. 建立导向器

如果想让粒子产生真实的碰撞效果，必须加入"空间扭曲"对象，以便对粒子施加影响。

（1）在"创建"面板打开"空间扭曲"次面板，在上端下拉栏选择"导向器"类型。

（2）单击"导向板"按钮，然后在"顶"视图单击并拖动鼠标，创建导向器对象，如图 12-53 所示。导向器的尺寸和位置可以参考木板模型。

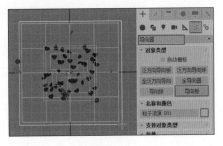

图 12-53

2. 插入测试器

在"粒子流源"对象中，测试器是一种非常重要的功能组件。将测试器加入事件中，粒子动画运行至测试器时会进行判断，如果满足了测试器设置的条件，粒子将进入另一个事件中；如果满足不了条件，则继续执行本事件的动画设置。

为了便于理解，给大家举个例子。当前粒子在执行移动和旋转的下落动画，此时加入一个"碰撞"测试器来影响下落的粒子,当下落的粒子接触到"碰撞"测试器所设定的导向器时，会执行一个事件。如果没有遇到导向器，粒子将继续执行原有事件。

（1）选择"粒子流源"对象，在"修改"面板单击"粒子视图"按钮，打开"粒子视图"对话框。

（2）在"仓库"窗口内，测试器被全部标为黄色的图标。

（3）找到"碰撞"测试器，将该测试器拖拽至"事件001"选项卡的底部，如图 12-54 所示。

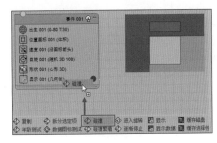

图 12-54

（4）选择"碰撞"测试器，在"参数"面板的"导向器"选项组内单击"添加"按钮。接着在"顶"视图拾取我们新建立的导向板对象，如图 12-55 所示。

图 12-55

（5）此时播放动画，可以看到粒子遇到导向器后会进行反弹。

为了加深大家对测试器的理解，我们可对导向板的位置进行调整，使一半粒子可以接触到导向板，另一半接触不到。这样粒子事件在运行至测试器时就会产生判断，会产生两种不同的粒子发射结果。

（1）在"顶"视图选择导向板对象，沿 x 轴方向向左移动其位置，使导向器只能覆盖木板的一半区域。

（2）播放动画，在"前"视图可以看到，接触到导向器的粒子会反弹，接触不到则依然下落，如图 12-56 所示。

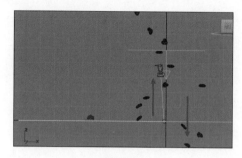

图 12-56

（3）观察完后，将导向板的位置调整回木板位置处。

粒子事件在运行至测试器时，如果符合测试器所设定的条件，可以插入新的事件动画。使用该功能，下面我们来制作浆果下落时遇到测试器摔扁的动画效果。

（1）首先，需要将粒子的形态设置为浆果模型。

（2）在"粒子视图"对话框的"仓库"窗口内，找到"图形实例"操作符。将该操作符拖曳至"事件001"选项卡，替换原有的"形状"操作符，如图 12-57 所示。

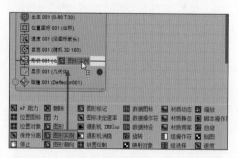

图 12-57

（3）选择"图形实例"操作符，在"参数"面板的"粒子几何体对象"选项组内单击"无"按钮，然后在"顶"视图拾取"浆果"模型，如图 12-58 所示。

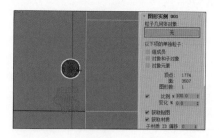

图 12-58

（4）播放动画可以看到粒子的形态变为了浆果模型。

（5）接下来，设置粒子模型遇到测试器后变为摔扁的浆果模型动画。

（6）在"仓库"窗口再次将"图形实例"操作符拖曳至"事件显示"窗口的空白处，如图 12-59 所示。

图 12-59

（7）此时会自动创建"事件002"选项卡，而且事件中会自动设置"显示"操作符，因为该事件必须设置在场景中的显示方式。

（8）将"事件002"选项卡的输出套管拖曳至"碰撞"测试器的输入套管内。将事件与测试器连接，如图 12-60 所示。

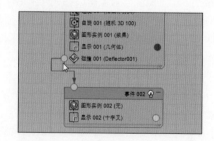

图 12-60

（9）接着选择"事件002"选项卡的"图形实例"操作符，在"参数"面板单击对象拾取按钮，将"浆果变形"模型指定给操作符。

此时播放动画，可以看到浆果模型在接触到木板后，转变为浆果变形模型。但是浆果变形模型并没有停留在木板上，而是产生向上反弹的动作。这时候，还需要在"事件002"选项卡内添加更多的操作符，来控制粒子的运动方式。

（1）分别拖曳"速度"和"自旋"操作器至"事

件002"选项卡内,如图12-61所示。

图12-61

（2）在"参数"面板将"速度"操作符的"速度"参数设置为0,粒子的移动将停止。

（3）将新添加的"自旋"操作符的"自旋速率"参数设置为0.0。"自旋轴"选项设置为"世界空间"方式,如图12-62所示。

图12-62

注意

"事件001"和"事件002"的"自旋"操作符,一定要同时将"世界空间"设置为自旋轴,并且 x 轴和 y 轴要设置为0,不发生自旋。否则浆果变形模型落地时角度会发生错误。

（4）为了使落下的浆果形体产生一些变化,可以在"事件001"和"事件002"选项卡中,将"图形实例"操作符的比例"变化"参数增加到30%,这样浆果模型的体积会随机变化。

至此整个案例就制作完成了,本书附带文件中包含了该案例的完成文件,大家可以打开查看,希望通过学习本实例的操作能够让初学者掌握"粒子流源"对象的基本设置方法,以及工作原理。

"粒子流源"对象是非常强大的粒子系统,其内部还包含了丰富的操作符和测试器命令。但本书由于篇幅有限,不能详细讲述,大家在了解其原理后,在日后的工作学习中,可慢慢进行学习掌握。

12.4 课时49:如何设置力空间扭曲?

"空间扭曲"对象是动画设置辅助工具。在场景中它不会被渲染。"空间扭曲"对象可以模拟各种物理力场,例如推力、重力、风等力场。这些力场可以影响粒子系统的动画形态,例如雪花被风吹开。"空间扭曲"对象对粒子变形的过程类似于使用修改器调整网格模型的形态。

在3ds Max中有两种空间扭曲是针对粒子系统进行控制的。这两种空间扭曲分别为"力"和"导向器"。

"力"空间扭曲对象用来控制粒子系统和动力学系统。所有"力"空间扭曲,全部可以和粒子系统一起使用,该类空间扭模拟物理世界的各种力场,通过力场的方向,来改变对象的运动状态。本课将对"力"空间扭曲进行讲解。

学习指导:

本课内容属于必修课。

本课时的学习时间为40~50分钟。

本课的知识点是掌握力空间扭曲的使用方法。

课前预习:

扫描二维码观看视频,对本课知识点进行学习和演练。

12.4.1 项目案例——使用推力设置液体喷射效果

"推力"空间扭曲为粒子系统提供正向或反向的单向力。正向力向液压传动装置上的垫块方向移动。力没有宽度界限,其宽幅与力的方向垂直,使用"范围"选项可以对其进行限制。本节将利用"推力"空间扭曲制作生动的液体喷射效果。

（1）打开本书附带文件 /Chapter-11/ 喷射器 .max,该场景已经设置了粒子系统动画效果。

（2）在"创建"面板打开"空间扭曲"次面板,单击"推力"按钮,在"左"视图单击并拖动鼠标建立"推力"对象,如图12-63所示。

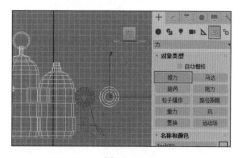

图12-63

（3）如果想要"推力"对象对粒子系统产生影

响，需要将粒子绑定到空间扭曲对象上。

（4）在 3ds Max 工具栏单击"绑定到空间扭曲"工具，然后在"顶"视图，单击粒子对象，并将鼠标拖至空间扭曲对象，执行绑定操作，如图 12-64 所示。

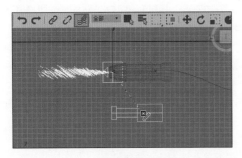

图 12-64

（5）选择"推力"对象，打开"修改"面板，在"参数"卷展栏提供了"推力"对象的各项设置。

（6）在"计时"选项组可以定义产生推力的开始时间和结束时间，默认是在第 0~ 第 30 帧时产生推力。

（7）在"强度"选项组内将"基本力"参数设置为 50，加大推力。该参数下端有"牛顿"和"磅"两个选项可以定义推力的单位，如图 12-65 所示。

图 12-65

此时播放动画，可以看到在第 0~ 第 30 帧的时间里，粒子系统的喷射产生了推力效果。"推力"对象还可以设置有节奏的周期推力效果。

（1）首先在"计时"选项组，将"结束时间"参数设置为 150 帧，这样推力效果将持续整个动画。

（2）在"周期变化"选项组选择"启用"选项，此时该选项组内的参数可以设置了。将"周期 1"参数设置为 30 帧，此时以 30 帧的时间产生一次推力周期。

（3）将"振幅"设置为 150.0，会在原有推力的基础上产生 150.0 倍的推力，如图 12-66 所示。

播放动画可以看到，粒子的喷射以 30 帧为周期产生推力效果。

图 12-66

12.4.2 项目案例——使用马达制作粉碎机动画

"马达"空间扭曲对象的工作方式与"推力"对象非常类似，不同点是"马达"对象产生的推力是围绕轴心旋转推动的。本节将利用"马达"空间扭曲，制作粉碎机的搅拌动画。

（1）打开本书附带文件 /Chapter-12/ 粉碎机 .max，场景中粒子系统的动画已经设置完毕。

（2）场景中包含两个粒子系统，上端的粒子系统模拟原料下落，下端的粒子系统模拟粉碎后的原料，现在需要下端粒子喷射轨迹随着粉碎刀片产生旋转动作。

（3）在"创建"面板的"空间扭曲"次面板，单击"马达"按钮，在"顶"视图参考粒子对象的位置，单击并拖动鼠标创建"马达"对象。

（4）在 3ds Max 工具栏单击"绑定到空间扭曲"工具，然后在"顶"视图，单击粒子对象，并将鼠标拖至空间扭曲对象，执行绑定操作，如图 12-67 所示。

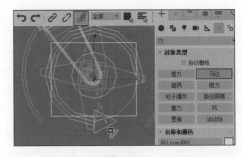

图 12-67

（5）选择"马达"对象，打开"修改"面板，在"计时"选项组将"结束时间"参数设置为 100 帧，此时空间扭曲效果将作用于整个动画。

（6）在"强度控制"选项组设置"基本扭矩"参数为 30.0。播放动画粒子的喷射轨迹受到了"马达"对象的影响，如图 12-68 所示。

图 12-68

和"推力"空间扭曲对象相同,"马达"对象也可以设置有节奏的周期动画。

在"周期变化"选项组中选择"启用"选项,然后设置"周期 1"参数为 30 帧。播放动画,可以看到粒子轨迹以 30 帧为周期产生了旋转移动效果。

12.4.3 项目案例——使用漩涡空间扭曲制作液体流动动画

"漩涡"空间扭曲可以使粒子的喷射轨迹产生螺旋状的推力变化。该空间扭曲配合粒子对象,可以生动地创建类似黑洞、涡流、龙卷风等动画效果。本节将利用"漩涡"空间扭曲制作生动的液体流动效果。

(1)打开本书附带文件 /Chapter-12/ 石柱 / 石柱 .max,该场景中粒子系统的动画已经设置完毕。

(2)在"创建"面板的"空间扭曲"次面板,单击"漩涡"按钮,在"顶"视图参考石柱模型的位置,单击并拖动鼠标创建"漩涡"对象。

(3)选择"绑定到空间扭曲"工具,在"顶"视图单击粒子对象,并将鼠标拖至空间扭曲对象,执行绑定操作,如图 12-69 所示。

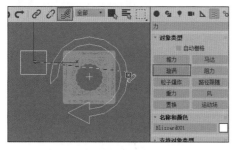

图 12-69

(4)"漩涡"对象的位置,对粒子系统的喷射轨迹影响非常大。在"前"视图沿 y 轴方向将"涡流"对象的位置调整至石柱模型的顶端。

播放动画可以看到,粒子系统的喷射轨迹绕着石柱模型产生了漩涡效果,如图 12-70 所示。

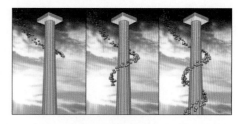

图 12-70

12.4.4 项目案例——使用阻力空间扭曲制作鱼缸气泡动画

"阻力"空间扭曲可以按照设置降低粒子的运动速率。"阻力"对象可以模拟粒子遇到风阻、致密介质(如水)的缓慢移动动作。下面我们通过一个简单实例来逐步理解"阻力"空间扭曲的工作方式。

(1)打开本书附带文件 /Chapter-12/ 鱼缸 .max,该场景中的粒子气泡动画已经设置完毕。

(2)在"创建"面板的"空间扭曲"次面板,单击"阻力"按钮,在"顶"视图单击并拖动鼠标创建"阻力"对象。

(3)选择"绑定到空间扭曲"工具,在"顶"视图单击粒子对象,并拖动鼠标至空间扭曲对象,执行绑定操作,如图 12-71 所示。

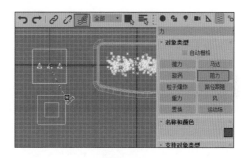

图 12-71

(4)选择"阻力"对象,打开"修改"面板,在"阻尼特征"选项组将"z 轴"参数设置为 8.5,播放动画可以看到,气泡移至水面处时将会停止,如图 12-72 所示。

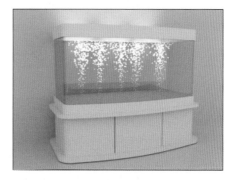

图 12-72

12.4.5 项目案例——使用粒子爆炸空间扭曲模拟逼真的爆炸碎片分裂效果

在前面内容学习"粒子阵列"对象时，介绍了该粒子系统可以制作爆炸效果，但使用粒子系统不能控制爆炸碎片的喷射轨迹。将粒子的爆炸动作和"粒子爆炸"空间扭曲相结合，可以制作出逼真的爆炸碎片分裂效果，图 12-73 展示了本节案例的动画效果。

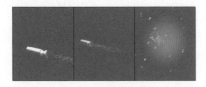

图 12-73

（1）打开本书附带文件 /Chapter-12/ 鱼雷 .max，该场景中的粒子动画已经设置完毕。

（2）场景中有两个粒子对象，分别用于生成喷射气泡和鱼雷的爆炸碎片。

（3）首先我们使用"漩涡"空间扭曲使气泡产生螺旋状的喷射轨迹。

（4）在"创建"面板单击"漩涡"按钮，在"左"视图参考鱼雷模型的位置，单击并拖动鼠标创建"漩涡"对象。

（5）因为"漩涡"对象的位置对粒子轨迹有影响，所以需要将"漩涡"对象设置为鱼雷模型的子对象，这样"漩涡"对象会跟随鱼雷模型产生移动动作。

（6）在 3ds Max 工具栏单击"选择并链接"按钮，单击"漩涡"对象 / 然后将鼠标拖至鱼雷模型，如图 12-74 所示。

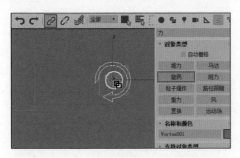

图 12-74

（7）播放动画可以看到"漩涡"对象跟随鱼雷模型进行了移动。

（8）此时还需要选择"绑定到空间扭曲"工具，将"气泡"粒子对象绑定到"漩涡"对象，这样才能对粒子产生漩涡变形控制。

（9）绑定空间扭曲对象后，在"修改"面板对"漩涡"对象进行设置，如图 12-75 所示。

图 12-75

播放动画可以看到气泡产生了漩涡动画效果。接下来使用"粒子爆炸"空间扭曲对粒子设置爆炸碎片飞射动画。

（1）将时间滑块拖至第 50 帧位置，该帧就是发生爆炸的开始时间。

（2）在"创建"面板单击"粒子爆炸"按钮，在"顶"视图参考鱼雷模型的位置，单击并拖动鼠标创建"粒子爆炸"对象。

（3）选择"绑定到空间扭曲"工具，在"顶"视图单击"爆炸"粒子对象，并将鼠标拖至空间扭曲对象，执行绑定操作，如图 12-76 所示。

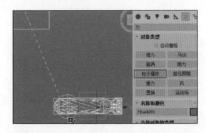

图 12-76

> **注意**
>
> "粒子爆炸"对象对爆炸碎片的飞射轨迹是有很大影响的，所以要根据粒子对象的位置准确地放置空间扭曲对象。

通常在使用"粒子爆炸"空间扭曲对象来控制爆炸效果时，粒子系统的"速度"和"分散度"参数需要设置为 0。此时，粒子系统只需提供爆炸碎片模型，而爆炸碎片的飞行轨迹交由"粒子爆炸"空间扭曲对象来实现。从而实现更加逼真的爆炸效果。

选择"粒子爆炸"对象，在"修改"面板对其参数进行设置，如图 12-77 所示。播放动画可以看到鱼雷产生了生动的爆炸效果。

图 12-77

12.4.6 项目案例——使用重力空间扭曲制作弹珠自然下落动画

"重力"空间扭曲可以让粒子动画产生真实的自然重力的下落效果。该空间扭曲具有方向性，沿重力箭头方向运动的粒子呈加速状；逆着箭头方向运动的粒子呈减速状。本节将利用"重力"空间扭曲制作弹珠自然下落的动画效果。

（1）打开本书附带文件 /Chapter-12/ 祖玛弹珠 .max，该场景中的粒子动画已经设置完成，为了避免误操作，已经将无关的对象冻结。

（2）在"创建"面板的"空间扭曲"次面板，单击"重力"按钮，在"顶"视图单击并拖动鼠标创建"重力"对象。

（3）选择"绑定到空间扭曲"工具，在"顶"视图单击粒子对象，并将鼠标拖至空间扭曲对象，执行绑定操作，如图 12-78 所示。

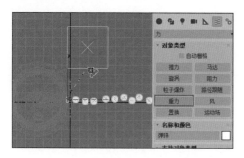

图 12-78

（4）播放动画可以看到弹珠产生了自然下落的效果，如图 12-79 所示。

图 12-79

12.4.7 项目案例——使用"路径跟随"空间扭曲制作弹珠路径跟随动画

"路径跟随"空间扭曲可以强制粒子沿指定路径运动。下面我们通过一组操作来了解"路径跟随"空间扭曲的工作方式。在案例中将设置弹珠沿指定路径进行滚动的效果。

（1）再次打开本书附带文件 /Chapter- 12/ 祖玛弹珠 .max。

（2）在视图右击，在弹出的快捷菜单中执行"显示"→"全部取消隐藏"命令，将隐藏的路径图形显示出来。

（3）在"创建"面板单击"路径跟随"按钮，在"前"视图单击并拖动鼠标创建"路径跟随"对象。

（4）选择"绑定到空间扭曲"工具，在"前"视图单击粒子对象，并将鼠标拖至空间扭曲对象，执行绑定操作，如图 12-80 所示。

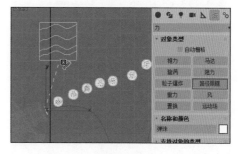

图 12-80

（5）选择"路径跟随"对象并打开"修改"面板，在"当前路径"选项组单击"拾取图形对象"按钮，然后拾取场景中的路径图形。

（6）此时可以看到粒子对象沿路径产生了喷射效果，如图 12-81 所示。

图 12-81

12.4.8 项目案例——使用风空间扭曲模拟烟雾吹动效果

"风"空间扭曲可以模拟风吹动粒子系统的效果。风力具有方向性。顺着风力箭头方向运动的粒子呈加速状，逆着箭头方向运动的粒子呈减速状，同时还可设置粒子的混乱程度。下面通过一组案例操作来了解"风"空间扭曲的操作方法。

（1）打开本书附带文件 /Chapter-12/ 风力 / 风力 .max，该文件内有一个粒子系统模拟的烟雾效果。

（2）在"创建"面板单击"风"按钮，在"左"视图单击并拖动鼠标创建"风"对象。

（3）选择"绑定到空间扭曲"工具，在"左"视图单击粒子对象并将鼠标拖至空间扭曲对象，执行绑定操作，如图 12-82 所示。

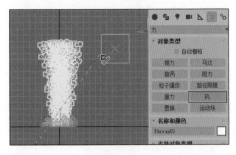

图 12-82

（4）选择"风"对象，在"修改"面板将"强度"参数设置为 0.3，播放动画，观察风对粒子的影响效果，如图 12-83 所示。

图 12-83

12.5　课时 50：如何设置导向器空间扭曲？

"导向器"空间扭曲对象可以为粒子的运动轨迹做出导向，模拟类似于反弹、阻力等的作用力，从而改变粒子的运动方向。本课将介绍"导向器"空间扭曲的设置方法。

学习指导：

本课内容属于必修课。

本课时的学习时间为 40~50 分钟。

本课的知识点是掌握导向器的使用方法。

课前预习：

扫描二维码观看视频，对本课知识点进行学习和演练。

12.5.1　项目案例——制作逼真的果酱过滤动画

"泛方向导向板"对象是空间扭曲的一种平面泛方向导向器，它可以模拟反射、折射和粒子繁殖等效果。本节将使用导向板制作果酱过滤动画。

（1）打开本书附带文件 /Chapter-12/ 过滤 / 过滤 .max，该文件为一个已经设置完成的果酱通过过滤网流到盘中的动画。

（2）在"创建"面板的"空间扭曲"次面板，单击下拉栏选择"导向器"选项。接着单击"泛方向导向板"按钮。

（3）在"顶"视图参考过滤网模型的位置绘制"泛方向导向板"对象，如图 12-84 所示。

图 12-84

（4）"泛方向导向板"对象的位置对粒子的影响很大，所以需要在"前"视图沿 y 轴方向，向上将"泛方向导向板"对象移动至滤网位置。

（5）选择"绑定到空间扭曲"工具，在"顶"视图单击粒子对象并将鼠标拖至空间扭曲对象，执行绑定操作。

（6）绑定后即可看到粒子受到"泛方向导向板"对象的影响，反弹到了天空。

（7）选择"泛方向导向板"对象，打开"修改"面板。"反射"选项组内的参数可以控制粒子的反射力度，将"反射"参数设置为 30.0，"反弹"参数设置为 0.0，此时粒子将不会反弹，如图 12-85 所示。

图 12-85

（8）"反射"选项组内的参数，可以控制粒子穿过"泛方向导向板"对象时的状态。

（9）将"通过速度"参数设置为 0.3，粒子在穿过过滤网模型后，速度会降低。

（10）"扭曲"参数可以控制穿过粒子的移动角度，其下的"变化"参数则随机化扭曲角度。

（11）"散射"参数可以控制穿过粒子的分散程度，其下的"变化"参数则随机化散射角度，参照图 12-86 对"泛方向导向板"对象的折射参数进行设置。

图 12-86

（12）在"公用"选项组中，"摩擦力"参数用于设置粒子在碰撞导向器后，沿平面滑动减速的程度。

（13）将"摩擦力"参数设置为 100.0，播放动画可以看到粒子在过滤网上将静止不动。

此时过滤网的过滤动画就设置完毕了，下面还需要在盘子模型的位置添加"泛方向导向板"对象，让穿过过滤网的粒子可以停留在盘子模型处。

（1）使"泛方向导向板"对象对齐，进行移动并复制操作，将复制出的对象放置在盘子模型处。

（2）使用"绑定到空间扭曲"工具，将粒子对象绑定至复制出的导向器对象。

（3）参照图 12-87 对导向器对象进行设置，完成案例的制作。播放动画可以看到过滤后的粒子停留在盘子模型上。

图 12-87

12.5.2 项目案例——制作生动的箭镞停留在箭靶上的动画

"全泛方向导向"空间扭曲对象提供更加灵活的导向方式。该导向器可以将模型对象指定为导向器的范围。导向器可以精确到面，所以几何体可以是静态的、动态的，可以用粒子碰撞导向器，也可以用导向器去碰撞粒子。本节将利用导向器制作箭镞停留在箭靶上的动画效果。

"全泛方向导向器"空间扭曲与"泛方向导向板"参数基本相同，只是增加了"拾取对象"按扭。下面将通过一组案例操作来学习该导向器的使用方法。

（1）打开本书附带文件 /Chapter-12/ 射箭 / 射箭 .max，该场景已经设置了射箭的粒子动画，此处需要使用导向器将箭镞停留在靶子上。

（2）在"创建"面板上单击"全泛方向导向"按钮，在场景中创建一个导向器。

（3）选择"绑定到空间扭曲"工具，将粒子对象绑定到导向器对象。

（4）选择"全泛方向导向"对象，打开"修改"面板，单击"拾取对象"按钮，拾取"木头人"模型作为导向器，如图 12-88 所示。

图 12-88

（5）在"修改"面板，将"反弹"参数设置为0，"摩擦力"参数设置为 100，播放动画可以看到箭镞射中木头人后，会停留在箭靶上，如图 12-89 所示。

图 12-89

12.5.3 其他导向器

在导向器面板中还有另外几种导向器对象，在学习了前两种导向器后，再来看这些导向器就非常简单了，下面我们通过一组操作来简单地了解一下。

1. 泛方向导向球

除了"泛方向导向板"空间扭曲对象以外，还有"泛方向导向球"空间扭曲对象。该导向器和"泛方向导向板"对象设置方法完全相同，属于同一类的导向器。

不同点是"泛方向导向球"对象外形是球形的，这样可以模拟篮球飞过雨滴时产生的碰撞效果，如图 12-90 所示。

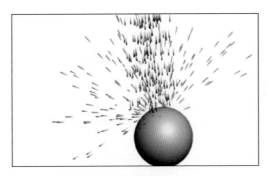

图 12-90

2. 全导向器

使用"全导向器"空间扭曲对象，可以将网格模型指定为导向器的范围。利用模型的网格面对粒子产生碰撞效果，只是相比于"全泛方向导向"对象，功能设置更简单。

（1）打开本书附带文件 /Chapter-12/ 弹跳球 .max，场景中已经设置了粒子的动画效果。

（2）播放动画可以看到粒子直接穿过了地面模型，此时可以利用"全导向器"空间扭曲对象，将地面模型指定为导向器。

（3）在"创建"面板单击"全导向器"按钮，在"顶"视图创建导向器。

（4）使用"绑定到空间扭曲"工具将粒子对象与空间扭曲对象绑定，如图 12-91 所示。

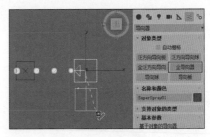

图 12-91

（5）选择"全导向器"对象，在"修改"面板上端单击"拾取对象"按钮，然后在场景里拾取"地板"对象。

（6）播放动画可以看到粒子接触到地板模型会产生弹跳效果。

在"粒子反弹"选项组中可以对反弹的动画效果进行设置。"反弹"参数设置反弹的力度。其下的"变化"参数可以对反弹力度设置随机化效果。设置"混乱度"可以使粒子在碰撞后变得更混乱。"摩擦"参数可以减缓粒子碰撞后的速度。参照图 12-92 对"全导向器"对象进行设置，完成动画的制作。

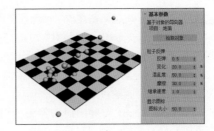

图 12-92